HISTOIRE

NATURELLE

DE L'AIR

ET

DES MÉTÉORES.

Naturalem caufam quærimus &

affiduam, non raram & fortuitam.

Sen. nat. quæft. l. 2, c. 55.

HISTOIRE

NATURELLE

DE L'AIR

ET

DES MÉTÉORES.

Par M. l'Abbé RICHARD.

TOME PREMIER.

Prix, 18 liv. les six vol. brochés en carton.

A PARIS,

Chez SAILLANT & NYON, Libraires,
rue Saint Jean-de-Beauvais.

M. DCC. LXX.

Avec Approbation, & Privilege du Roi.

APPROBATION.

J'AI lu, par ordre de Monseigneur le Chancelier, l'*Histoire Naturelle de l'Air & des Météores*. Cet ouvrage intéressant, qui présente les connoissances les plus variées, promet un grand succès. On y fait usage des découvertes de la Physique moderne, pour conduire agréablement le lecteur dans toutes les parties du monde, dont il a le plaisir d'apprécier les productions, les usages & les mœurs. Le célèbre Auteur de l'Histoire Naturelle n'a eu besoin, pour remplir son objet, que de traiter la Théorie de la Terre; M. l'Abbé Richard embrasse le système général des effets de l'Air & des Météores, sur le globe terrestre, de sorte que son Ouvrage pourroit être regardé comme la suite de celui de M. de Buffon. Fait à Paris, ce 5 Septembre 1769.

CAPPERONNIER.

PRIVILÉGE DU ROI.

LOUIS, PAR LA GRACE DE DIEU, ROI DE FRANCE ET DE NAVARRE. A nos amés & féaux Conseillers, les Gens tenans nos Cours de Parlement, Maîtres des Requêtes ordinaires de notre Hôtel, Grand-Conseil, Prévôt de Paris, Baillifs, Sénéchaux, leurs Lieutenans Civils, & autres nos Justiciers qu'il appartiendra. SALUT : Notre amé CHARLES SAILLANT, Libraire, Nous a fait exposer qu'il desireroit faire imprimer & donner au Public un Ouvrage intitulé : *Histoire Naturelle de l'Air & des Météores*, par Mr. l'Abbé RICHARD, s'il Nous plaisoit lui accorder nos Lettres de Permission pour ce nécessaires. A CES CAUSES, voulant favorablement traiter l'Exposant, Nous lui avons permis & permettons par ces présentes, de faire imprimer ledit Ouvrage autant de fois que bon lui semblera, & de le faire vendre & débiter par tout notre Royaume pendant le temps de trois années consécutives, à compter du jour de la date des Présentes. FAISONS défenses à tous Imprimeurs, Libraires, & autres personnes, de quelque qualité & condition qu'elles soient, d'en introduire d'impression étrangere dans aucun lieu de notre obéissance. A LA CHARGE que ces Présentes seront enregistrées tout au long sur le registre de la Communauté des Imprimeurs & Libraires de Paris, dans trois mois de la date d'icelles ; que l'impression dudit Ouvrage sera faite dans notre Royaume & non ailleurs, en bon papier & beaux caracteres ; que l'Impétrant se conformera en tout aux Réglemens de la Li-

braîrie, & notamment à celui du 10 Avril
1725, à peine de déchéance de la préfente
Permiffion; qu'avant de l'expofer en vente,
le Manufcrit qui aura fervi de copie à l'impreffion dudit Ouvrage, fera remis dans le
même état où l'Approbation y aura été
donnée, ès mains de notre très-cher &
féal Chevalier, Chancelier, Garde des
Sceaux de France, le Sieur DE MAUPEOU;
qu'il en fera enfuite remis deux exemplai-
res dans notre Bibliotheque publique, un
dans celle de notre Château du Louvre,
& un dans celle dudit Sieur DE MAUPEOU:
le tout à peine de nullité des Préfentes.
DU CONTENU defquelles VOUS MANDONS
& enjoignons, de faire jouir ledit Expo-
fant & fes ayant caufes, pleinement &
paifiblement, fans fouffrir qu'il leur foit
fait aucun trouble ou empêchement. VOU-
LONS qu'à la copie des préfentes qui fera
imprimée tout au long au commencement
ou à la fin dudit Ouvrage, foi foit ajoutée
comme à l'original. COMMANDONS au
premier notre Huiffier ou Sergent fur ce
requis de faire pour l'exécution d'icelles
tous actes requis & néceffaires, fans demander autre permiffion; & nonobftant cla-
meur de haro, charte Normande, & Lettres à ce contraires: Car tel eft notre plai-
fir. DONNÉ à Paris, le treizieme jour
du mois de Septembre, l'an mil fept
cent foixante-neuf, & de notre Regne

le cinquante - quatrieme. Par le Roi en
son Conseil.

Signé, LE BEGUE.

Regiftré fur le Regiftre XVIII. de la Chambre
Royale & Syndicale des Libraires & Imprimeurs
de Paris, N°. 667, fol. 2, conformément
au Réglement de 1723. A Paris, ce 15
Septembre 1769.

Signé, BRIASSON, Syndic.

***

De l'Imprimerie de P. ALEX. LE PRIEUR,
Imprimeur du Roi.

DISCOURS

DISCOURS

PRÉLIMINAIRE

Sur l'étude de la Nature.

Lₐ Nature a dans tous les temps récompensé les travaux de ceux qui se sont appliqués à la suivre dans ses opérations, & à étendre la connoissance de ses merveilles. Il semble qu'il ait suffi de croire que ses mystères n'étoient pas inaccessibles, & de porter une main courageuse sur le voile qui les enveloppe, pour pénétrer dans leur secret, & se mettre en état de le dévelop-

Tome I.   a

per. Cependant lorſqu'on réfléchit ſur les ouvrages de
Démocrite, d'Ariſtote, d'E-
picure, de Sénèque, de Pline
& des autres écrivains célèbres de l'antiquité ; on eſt
étonné qu'en ſuivant leurs
traces, on n'ait pas fait plutôt
des découvertes plus lumineu-
ſes & plus intéreſſantes. Seroit-ce parce que ces ſublimes
génies ſe ſont enveloppés exprès dans une obſcurité myſtérieuſe, pour ne pas mettre
leur doctrine à la portée du
vulgaire ?

La religion ſuperſtitieuſe
de ces temps, pour laquelle
ils devoient au moins avoir
un reſpect extérieur, les empêchoit de s'expliquer ouver-
tement ſur quantité de ſujets,
qu'ils rapportoient en appa-

rence à des causes surnaturel-
les & occultes; quoiqu'ils en
connuſſent la véritable origine, qu'il ne leur étoit pas
permis de dévoiler. Une politique religieuſe, & ſans doute utile, les forçoit au ſilence:
il eût été dangereux de faire
briller alors le flambeau de la
vérité, de tout ſon éclat.

Dans ces ſiècles reculés,
où les droits de l'humanité
n'avoient pas encore pour ba-
ſe une morale divine, également favorable à tous les peuples; où le droit du plus fort
décidoit de tout; où les loix
de l'égalité naturelle entre les
hommes, étoient continuellement violées, par l'intérêt
du moment: les grands phénomènes de la Nature, &
leurs effets les plus formida-

bles, étoient presque le seul moyen qui pût persuader aux hommes leur origine commune, & leur dépendance d'un Être suprême, à la volonté duquel toute la Nature paroissoit se mettre en mouvement, pour les récompenser ou les punir.

C'est encore l'idée de ces peuples sauvages, parmi lesquels on retrouve la simplicité du premier âge du monde. Dans le nord de l'Amérique, & dans toutes les régions habitées par des nations généralement ignorantes, on voit que lorsqu'au milieu des tonnerres & des éclairs, des tourbillons violens, des vents impétueux, l'univers semble au moment de rentrer dans le chaos ; lorsque la lourde masse de la terre agitée par des mouvemens convulsifs, retentit de ces bruits souterrains, si effrayans que la superstition les fit passer autrefois, pour les gémissemens de la mère commune désolée de sa prochaine destruction; on voit ces hommes grossiers si orgueilleux de leur indépendance, se prosterner & reconnoître avec crainte & tremblement, une puissance invisible à laquelle rien ne peut résister. C'est ainsi que les Péruviens regardoient Yllapa ou le tonnerre, comme le ministre le plus redoutable des vengeances du soleil.

Ces idées les avoient tellement frappés, que leurs descendans ne reconnoissent presqu'encore que des divinités mal-faifantes. Nourris par la fuperftition, dans la terreur des effets d'une vengeance imprévue & inévitable, leurs yeux fe lèvent rarèment vers le ciel pour l'implorer ; ils les tiennent fixés fur la terre & les ténèbres qui règnent dans fes profondeurs, pour en conjurer les efprits nuifibles. Ces fauvages, fi terribles pendant le jour, deviennent des enfans timides à l'approche de la nuit, & n'ofent prefque faire un pas dans l'obfcurité.

Telles durent être les idées de ces Grecs anciens, qui faifoient defcendre les dieux du ciel embrafé, & fortir des fpectres infernaux de la terre qui s'entrouvroit. Comme ces phénomènes effrayans n'occupoient jamais la région fu-

périeure de l'air, & qu'ils ne
paroiſſoient nulle part auſſi
terribles que dans le ſein de
la terre, à cauſe des circonſtances inconnues & des bruits
ou des mugiſſemens qui les
accompagnoient ; ils fixèrent
la félicité dans les régions les
plus hautes de l'air, & les châ-
timens dans les antres les plus
profonds de la terre. C'eſt
ainſi que par des routes très-
détournées, la Nature en mouvement ramenoit les hommes
à la connoiſſance de la vérité.

Il eût été difficile, & ſans
doute dangereux, de lever le
voile épais ſous lequel tous ces
peuples étoient enveloppés :
on voit de quelle utilité il étoit
que les choſes reſtaſſent pour
lors dans cet état. La ſuperſ-
tition détruite, eût peut-être

rompu la barrière qui retenoit la multitude, dans les bornes du devoir & de la soumiſſion.

C'eſt ce qui fait douter que malgré la hardieſſe avec laquelle Ariſtote avoit ſecoué le joug des préjugés dominans, ſa doctrine ait généralement été répandue : peut-être auſſi que les peuples n'euſſent pas été capables de le ſuivre dans ſes ſublimes ſpéculations ; & lui-même n'avoit-il pas trop entrepris ? La carrière qu'il s'étoit ouverte étoit ſi vaſte, ſes objets ſi multipliés, que l'on ne voit qu'avec admiration qu'il ait oſé donner tant d'étendue à ſes recherches & à ſes vues. On n'eſt pas ſurpris qu'il n'ait traité que ſuperficiellement la plupart de ſes ſujets.

Les autres anciens qui ont marché fur fes traces, ne font pas allé beaucoup plus loin. On en peut juger par l'Hiftoire Naturelle du monde, de Pline. Il eft entré dans des détails inftructifs par rapport à quelques parties ; le refte de fon ouvrage n'eft qu'une nomenclature raifonnée, qui peut fervir feulement à nous donner une idée de la maffe des connoiffances dans ces fiècles reculés. Quelques parties de phyfique, auxquelles Sénèque s'étoit attaché avant Pline, montrent un philofophe plus inftruit des loix de la Nature, parce qu'il s'étoit reftraint à peu d'objets, & qu'il n'avoit pas entrepris de porter fes regards fur toutes les parties d'un tout auffi vafte, quoique l'on foit obligé de convenir qu'elles tiennent toutes enfemble, & dépendent les unes des autres.

Les chofes reftèrent longtemps dans cet état, & pendant près de feize fiècles ; on s'en tint à ce que les anciens avoient vu, fans ofer avancer au-delà. Des obfervations nouvelles, des expériences démontrées, faifoient quelquefois éclater la vérité : on en étoit frappé ; mais l'irréfragable autorité d'Ariftote & des anciens arrêtoit l'obfervateur, il étoit forcé de fe taire. On entendit un noble Vénitien, convaincu par fes propres yeux que l'origine des nerfs eft dans le cerveau & non dans le cœur, comme le prétendoit l'oracle de l'ancienne philofophie, répondre à un habile anatomifte, qui lui en faifoit la démonftration: « j'a- » voue que vous m'avez fait » voir la chofe très - claire- » ment & que fi l'autorité » d'Ariftote, qui fait partir » les nerfs du cœur ne s'y op- » pofoit, je ferois de votre » fentiment ». On fçait ce qu'il en coûta au célèbre Galilée pour avoir démontré le mou- vement de la terre & la ftabi- lité du foleil.

Ce font des événemens de cette efpèce, un enthoufiafme aveugle, qui retardèrent les progrès de la phyfique, & qui furent caufe qu'on ne la con- nut prefque point avant le dix-feptième fiècle. Ariftote n'avoit étudié la Nature que dans la Grèce, & cependant

on s'étoit perfuadé qu'il avoit
vu tout ce qui peut fe voir.
La découverte que l'on avoit
faite des Indes occidentales,
& de toutes les régions fituées
entre les tropiques, où les
phénomènes de la Nature font
fi multipliés, où fes forces
ont une action fi prodigieufe,
fi conftante, fi variée, avoient
jufqu'alors peu contribué à
étendre la fphère des connoiffances phyfiques : on ne s'é-
toit occupé qu'à y détruire
l'efpèce humaine, & à chercher de l'or. Depuis ce temps
& fur-tout dans notre fiècle,
d'autres vues y ont conduit.
On a pénétré auffi avant dans
les terres polaires, & les effets
combinés d'une chaleur extrême & du froid le plus rigoureux, ont appris à rendre

raiſon de ce qui ſe paſſe de
plus ſingulier dans les zones
tempérées relativement à l'air,
& à ſon influence ſur la ſanté,
la vie & la mort des hommes
& des animaux, ſur les progrès de la végétation. Ces découvertes ont prolongé & fort
enrichi toutes les branches de
l'Hiſtoire Naturelle, & ont
mis les phyſiciens à portée de
ſuivre la Nature de plus près,
& de la mieux connoître.

Avant cette époque la plus
grande partie des hommes,
ſemblables à ces malheureux
qui ſont nés dans des mines
profondes, & y meurent
ſans avoir jamais vu le ſoleil,
ignoroient la Nature & ſes
grands effets ; toutes les beautés du ciel leur étoient inconnues : à peine s'en trouvoit-il

quelques-uns qui euffent affez de lumières, pour jouir en gros du magnifique fpectacle de l'univers: les ténèbres étoient prefque univerfelles : on connoiffoit moins les grands phénomènes de l'air, par les avantages qu'ils peuvent procurer, que par l'effroi qu'ils infpiroient affez généralement.

Tout d'un coup la face des chofes changea ; quelques illuftres modernes, reftaurateurs de la vraie philofophie, ayant en quelque forte abandonné les anciens pour ne plus fuivre que la Nature ; Defcartes, Gaffendi, Newton, Huighens & quantité d'autres génies célèbres, voulurent tout voir, tout connoître, tout développer. Ils imaginèrent les hypothèfes les plus

ingénieufes ; ils expliquèrent
les phénomènes les plus fin-
guliers avec une précifion ma-
thématique ; ils donnèrent des
démonftrations géométriques
d'effets de la Nature, qui
tombent à peine fous les fens,
de ceux même qu'ils ne peuvent faifir : ils calculèrent,
réglèrent, mefurèrent, dé-
montrèrent tout, même les
hafards ; & leur méthode fut
trouvée fi belle & fi fûre, que
leurs imitateurs & leurs rivaux l'ont fuivie jufqu'à préfent.

Mais cette méthode eft la
plupart du temps fi relevée ;
les obfervations portent fur
des calculs & des opérations
fi peu à la portée du commun
des hommes, que leurs ou-
vrages ne font vraiment utiles

qu'à ceux qui marchent à leurs côtés dans la même carrière ; & qui, après les avoir bien étudiés, veulent partir du point où les premiers font reftés, pour aller à de nouvelles découvertes & étendre la fphère des connoiffances. Ils ont beaucoup fait, on leur doit une reconnoiffance immortelle, & c'eft à eux que la poftérité réferve de préférence les honneurs de l'Apothéofe.

Sans prendre un effor auffi fier & auffi élevé ; ne pourroit-on pas tenir une autre route, planer à une hauteur moyenne, & s'exprimer de manière à être conçu aifément de tous ceux qui auroient deffein de s'inftruire de matières que l'appareil le plus impofant de la fcience, leur fait

croire si relevées, si merveil-
leuses qu'ils n'osent même en
faire le sujet de leurs réflexions? Ne seroit-ce pas
travailler aux intérêts de la
physique, & à la gloire des
plus grands maîtres, que de
détruire les obstacles qui empêchent que l'on ne profite
plus généralement de leurs
travaux? obstacles qui flat-
tent la paresse & la légèreté,
en faisant croire que l'esprit
humain ne peut découvrir
qu'avec trop de peine, ce qu'il
est pourtant capable d'apprendre, dès qu'il y donne des soins
suffisans.

La connoissance de l'air,
des matières qui le composent, de sa température dans
les différens climats; ses effets
sur les caractères & les tem-

péramens, forment un tableau
général de l'univers phyſique,
& que l'on peut ſuivre ſans quitter ſon niveau. Si on s'élève plus
haut, on découvre la cauſe des
vents, des pluies, de la neige
& de la grêle, la formation
du tonnerre, de la foudre &
des éclairs ; l'origine de l'arc-
en-ciel, des parhélies, des aurores boréales, & de tous les
phénomènes brillans du ciel ;
on prend une idée de la manière
dont ſe forment tous les météores ; du feu élémentaire
conſidéré dans le rapport qu'il
a avec eux. Une hiſtoire
ſuivie de la plupart des phénomènes de l'air & du feu,
ſimple, quoique fondée ſur
les grands principes dont la
ſolidité eſt généralement re-
connue ; mais dépouillée de

ces hypothèſes ingénieuſes, ſouvent ſi obſcures qu'elles ſont arbitraires, de ces calculs interminables, de ces démonſtrations ſi ſèches & ſi préciſes, même des hiérogliſes de l'algèbre : cette partie de l'Hiſtoire Naturelle traitée de cette manière, appuyée ſur des expériences & des obſervations certaines, détaillées de façon à être rendues ſenſibles, & miſes à la portée de tous ceux qui ſont ſans prétention au titre reſpectable de philoſophe, ne leur ſera-t-elle pas d'une utilité réelle, & capable de leur donner des notions diſtinctes de ce qui ſe paſſe ſous leurs yeux, de ce qui intéreſſe leur ſanté, leur vie, & qui dès-lors doit les toucher de ſi près, & même les occu-

per agréablement ? Il ne faut
que leur donner affez d'af-
furance, pour lever le voile
qui leur couvre tant d'effets
merveilleux, dont tous les
jours ils font témoins, qu'ils
voient fans intérêts, fans attention, ou qu'ils n'exami-
nent qu'à la fauffe lueur de la
prévention, de l'ignorance ou
de la fuperftition.

C'eft donc au plus grand
nombre des hommes que cette
Hiftoire doit être utile : elle
rendra la Nature plus aifée à
fuivre dans fes opérations, en
apparence les plus fublimes
& les moins concevables :
peut-être encore éclairera-
t-elle ou détruira - t - elle par
l'expérience, tant de petites
théories, formées dans le repos indolent du cabinet, ou

d'après les notions obscures & étroites de l'école. Ce n'est pas ainsi qu'on peut voir & observer la Nature dans ses phénomènes les plus grands, n'y en prendre aucune connoissance : il faut l'avoir suivie long-temps, avoir bravé ce que la chaleur & le froid ont d'extrême, pénétré dans le sein des nuages, étudié la formation de la foudre au milieu de ses éclats, l'avoir vu produire plus d'une fois les effets les plus marqués ; n'avoir pas négligé les plus petits phénomènes dont l'observation conduit à la connoissance des plus grands & des plus rares de même espèce : c'est par ces travaux long-temps continués, c'est par une multitude d'expériences faites librement, sans esprit de systême & de préjugés, plus dans la tranquillité de la campagne, que dans la dissipation tumultueuse des villes, que l'on peut rassembler cette suite de faits nécessaires à la composition d'une Histoire Naturelle de l'Air & des Météores.

Qant aux principes sur lesquels je me fonde, je n'en ai pas d'autres que ceux que j'ai tirés des philosophes les plus célèbres anciens & modernes, dont je respecte la mémoire, que je reconnois pour mes maîtres; mais je ne jure sur la parole d'aucun d'eux. Les Pythagoriciens, par ce respect outré, s'en tinrent à ce qu'ils avoient appris de leur chef, ne croyant pas pouvoir aller plus loin; c'est sans doute le même uſage qui fixe encore à la Chine les ſciences & les arts au même point à peu près où ils étoient il y a trois ou quatre mille ans. Cette méthode ſervile ne peut jamais conduire à la découverte de la vérité; ce n'eſt pas celle qu'ont ſuivi la plupart des anciens. Il paroît qu'ils paſſoient le premier temps de leurs études dans le ſilence & dans la ſoumiſſion, après lequel chacun ſe livroit aux impulſions de ſon génie. C'eſt ce qui a formé cette multitude de ſectes, dont les chefs, ſans être tourmentés bien vivement par l'eſprit de ſyſtême, ou par le deſir de la prééminence, alloient tous d'un pas à peu près égal à l'immortalité ; ſuivis d'un nombre de partiſans, proportionné à la

folidité de leur doctrine, &
plus encore à la manière dont
ils la faifoient valoir.

Il eft vraifemblable qu'ils
fçavoient déja profiter habile-
ment des découvertes de leurs
prédéceffeurs ou de celles de
leurs contemporains, qu'ils fe
les approprioient, qu'ils les
déguifoient autant qu'il étoit
en eux, pour les rendre mé-
connoiffables. Cela leur étoit
d'autant plus aifé qu'alors on
écrivoit peu. Pour fçavoir ce
que penfoit un maître habile,
il falloit entreprendre de longs
& pénibles voyages, pour
l'entendre, l'interroger & juger de fa doctrine. Bien loin
d'être embarraffés dans le
choix de cette multitude de
livres dont on eft accablé, ils
n'avoient prefque aucune ref-
source

source de ce genre, point de bibliothèques, de dictionnaires ou de journaux. Cependant quels progrès étonnans n'ont-ils pas fait ? on est porté à croire qu'il ne leur a manqué que les machines de ces derniers temps, & la connoissance du monde que la navigation a donnée nouvellement, pour aller aussi loin que nos plus illustres modernes. Ce que l'on ne peut attribuer qu'à leur constance à suivre la Nature & à l'étudier, à la prodigieuse quantité d'observations, comparées entre elles, qu'ils faisoient, à leur peu de dissipation qui les portoit à chercher les solitudes les plus reculées pour se livrer plus assiduement aux charmes de l'étude & de la réflexion.

Tome I. b

C'eſt dans la ſombre horreur des tombeaux que le célèbre Démocrite s'inſtruiſoit des phénomènes de l'air, au point de prédire, par la ſeule inſpection du ciel, ſes variations à venir ; c'eſt-là que dans l'anatomie des différens animaux dont il connoiſſoit les inclinations & les goûts, il cherchoit les cauſes naturelles des paſſions humaines : ſans autre ſecours que quelques inſtrumens groſſiers, tels qu'on les avoit alors : ſans autre livre que le ſpectacle de la Nature, toujours ouvert à ſes regards pénétrans, & à ſes ſpéculations profondes. D'après ces faits ſi bien conſtatés, il ſemble que l'étude de la Nature ſoit celle où il y ait le plus de ſuccès à eſpérer, celle où il

eſt le plus naturel d'eſpérer &
de faire des progrès.

La Nature, dit-on, eſt ſimple dans ſes opérations ; mais
qui peut connoître cette ſimplicité ſublime? Qui peut en
juger que ſon Auteur ſuprê-
me, qui voit d'un ſeul regard
& en même-temps toutes les
choſes & leurs relations ? Il
n'y a que l'Intelligence divine
qui puiſſe ſaiſir d'une ſeule
vue, cette chaîne immenſe de
rapports divers, qu'elle voit
ſe réſoudre tous dans l'unité,
& l'unité dans ſa cauſe. L'u-
nivers eſt un tout : comment
en douter après tant de faits,
tant de ſi belles preuves de
l'enchaînement univerſel de
toutes ſes parties, qui ſont ſou-
miſes à des loix ſimples &
uniformes, les mêmes dans

tous les temps & dans tous les lieux ? Nous eſt-il permis de fixer nos regards ſur cette admirable ſimplicité ? Pouvons-nous eſpérer d'en ſaiſir l'enſemble ?

« La Nature, dit un célèbre
» auteur, eſt dans un mouve-
» ment de flux continuel, &
» c'eſt aſſez pour l'homme de
» la ſaiſir dans l'inſtant de ſon
» ſiècle, & de jetter quelques
» regards en avant & en ar-
» rière, pour tâcher d'entre-
» voir ce que jadis elle pou-
» voit être, & ce que dans la
» ſuite des temps elle pour-
» roit devenir (a) ». C'eſt-à-dire que nous ne pouvons examiner les faits que ſéparé-

____

(a) Hiſtoire Naturelle du Cabinet du Roi, *tom.* 18, *édit. in-*12.

ment les uns des autres : mais il faut, autant qu'il eſt poſſible, les conſidérer dans leur ordre naturel, ne les pas diviſer en-tr'eux, ne pas rompre les liens qui les uniſſent, en un mot ſuivre la Nature dans ſon immenſité, & ne pas ſe fermer la route aux découvertes & à la connoiſſance de la vérité, en voulant la réduire à de pe-tits ſyſtêmes : il ne faut pas s'en tenir dans la chaîne in-finie des êtres, à quelques points apparens auxquels on rapporte tout. C'eſt la manie dominante de tous les créa-teurs de petits ſyſtêmes, de croire que l'ordre hypothéti-que de leurs idées, fait l'ordre réel des choſes, & de prendre une formule étroite, obſcure, arbitraire, pour un flambeau

lumineux, à l'aide duquel on ne peut plus s'égarer. Mais qu'il s'en faut qu'ils réalifent leurs prétentions. Ils prennent la route la plus oppofée à leur but, & tous leurs efforts concentrés vers un feul point, ne peuvent que les en écarter. « Ce n'eft point en refferrant
» la fphère de la Nature, en la
» renfermant dans un cercle
» étroit qu'on peut la connoî-
» tre : ce n'eft point en la fai-
» fant agir par des vues par-
» ticulières, qu'on faura la
» juger, ni qu'on pourra la
» deviner : ce n'eft point en
» lui prêtant nos idées qu'on
» approfondira les deffeins de
» fon Auteur ; au lieu de ref-
» ferrer les limites de fa puif-
» fance, il faut les reculer,
» les étendre jufques dans

» l'immenfité, il ne faut rien
» voir d'impoffible, s'atten-
» dre à tout & fuppofer que
» tout ce qui peut être, eft...»
Hiftoire Naturelle, tom. 9, *in-*
12, page 135.

Ces maximes lumineufes,
qui portent avec elles l'empreinte du génie qui les a con-
çues & développées fous un
fi beau jour, m'ont enhardi
dans l'entreprife que j'avois
formée d'écrire l'Hiftoire Naturelle de l'Air & des Météores : elles ont donné plus d'é-
tendue à mes vues, plus de
force à mes idées ; elles m'ont
appris le moyen de faifir l'enfemble de cette vafte chaîne
d'effets furprenants, qui fe re-
produifent les uns les autres
à mefure qu'ils fe détruifent.
S'ils reftent peu de temps ex-

poſés à nos regards, ſi nous ne pouvons pas en faire le ſujet immédiat de nos ſpéculations conſtantes, comme ils ſe remontrent ſouvent & que leurs accidens variés ne nous empêchent pas de remonter à leurs cauſes, que nous retrouvons toujours être les mêmes, ainſi que les obſervations comparées nous en aſſurent; en ne ſuivant que les principes que la Nature elle-même nous fournit, nous ne craignons pas de nous écarter de la route qu'elle nous trace.

Ainſi nous avons eſſayé de vaincre le plus grand obſtàcle à l'avancement des connoiſſances humaines, qui eſt moins dans les choſes mêmes que dans la manière dont on les conſidère. « Il eſt moins

» difficile de voir la Nature
» telle qu'elle eſt, que de la
» reconnoître telle qu'on nous
» la repréſente ; elle ne porte
» qu'un voile, nous lui don-
» nons un maſque, nous la
» couvrons de préjugés, nous
» ſuppoſons qu'elle agit,
» qu'elle opere, comme nous
» agiſſons & nous penſons » ;
nous portons dans ſes ouvrages les abſtractions de notre
eſprit, nous lui prêtons nos
moyens, nous ne jugeons de
ſes fins que par nos vues, nous
mêlons perpétuellement à ſes
opérations qui ſont conſtantes, à ſes faits qui ſont toujours certains, le produit il-
luſoire & variable de notre
imagination ; c'eſt ce qui
donne lieu à cette foule de
ſyſtêmes purement arbitraires,

à ces hypothèses imaginaires & frivoles, dans lesquelles on reconnoît à la premiere vue, qu'on nous présente la chimere pour la réalité. *Voyez l'Hist. Natur. tom.* 14, *pag.* 24.

Dans les nouvelles méthodes par lesquelles on cherche à connoître & à suivre la Nature, rien n'est plus commun que de se laisser surprendre au plaisir de créer un systême nouveau, & de donner dans des vraisemblances que l'on confond avec la certitude. On cherche une cause, on veut la trouver ; une idée se présente, on la saisit, ce n'est pourtant pas la plus juste, c'est seulement la plus conforme à quelque préjugé : il n'importe, elle plaît par-là même ; on ne va pas plus loin. On voit des spéculateurs auxquels il suffit d'imaginer une cause possible, après quoi ils ne songent plus qu'à y rapporter par ordre les phénomènes de la Nature ; quelquefois même avec tant de prévention qu'ils ne comptent que sur ceux qui s'accommodent avec leurs conjectures, & sur les circonstances qui peuvent s'ajuster avec elles ; pour tout le reste ils en détournent l'attention. C'est ainsi que sont nées la plupart de ces grandes méthodes, de ces systêmes fameux dont la célébrité de leurs inventeurs n'a pas empêché de reconnoître les illusions ; après que l'enthousiasme de la nouveauté a permis de considérer à tête reposée, quel rapport, telle ou telle méthode

générale avoit avec les phénomènes de la Nature

Cependant tous paroiſſoient
appuyés ſur l'expérience &
l'obſervation : mais comment
s'en ſervoient-ils ? Unique-
ment à y chercher des con-
firmations de l'hypothèſe en
faveur de laquelle ils s'étoient
prévenus : tandis qu'ils n'auroient dû y chercher que des
correctifs à leurs conjectures,
& ne jamais établir ſur l'expérience la vérité d'une hypothèſe, que quand il n'eſt pas
poſſible de l'expliquer autrement. On convient généralement de la néceſſité de ſe conformer à cette règle ; auſſi rien
n'eſt-il plus commun que de
voir les différens antagoniſtes
s'accuſer réciproquement de
ne la pas ſuivre, de donner

toute l'attention aux expériences qui s'accordent avec le fyftême favori, & de négliger celles qui le combattent ou qui lui paroiſſent contraires.

Ces méthodes en apparence fi profondes, fi ſcientifiques, ne font donc que le chemin qui auroit dû conduire à la connoiſſance des choſes. « Au » lieu de marcher fur la mê- » me ligne & dans un ſentier » étroit, on doit étendre la » voie & mener de front les » obſervations comparées & » faites en divers temps fur » les phénomènes de la Na- » ture, & fur leurs effets ». En examinant tous les fyftê- mes, les comparant les uns avec les autres, fur-tout en ſe gardant bien de la chimère

de leurs auteurs, qui prétendent toujours avoir découvert
la vérité exclufivement. Si
l'on agit autrement, fi on fe
laiffe entraîner à la prévention, il arrive que chacun
n'étant occupé que d'une manière déterminée de voir fon
fujet, ne le confidérant jamais que feul & indépendant
de ce qui lui reffemble & de
ce qui en diffère; il n'eft pas
poffible que l'on parvienne à
aucune connoiffance folide,
encore moins que l'on s'éleve à aucun principe général.
Voyez l'Hift. Natur. ut fup.

Mais d'un autre côté, il ne
faut pas que la difficulté de
connoître l'enchaînement des
effets avec leurs caufes nous
accable. Il faut ofer interroger la Nature, voir quel eft

l'agent général qu'elle emploie, arriver par une fuite d'obfervations & d'expériences exactes à cette découverte fi importante, & ne pas fe laiffer éblouir par la multitude des effets réfultans d'une même caufe, relativement aux modifications innombrables des corps fur lefquels elle agit. Dès qu'on en eft à ce point, on croit fe dégager de tout préjugé de fyftême, en ramenant tout à l'analogie de la Nature, & on retombe dans un autre abus, en voulant abroger toutes les loix admifes & que l'on prétend connoître, pour n'en plus admettre qu'une feule. C'eft une autre manière plus fpécieufe de foumettre la Nature à fon opinion, de la réfor-

mer, & de fixer l'ordre de fa
marche : comme fi elle devoit
changer fes loix au gré de nos
prétentions. Il s'en faut beaucoup que nous connoiſſions
toutes ces loix ; & dans celles
qu'elle nous a laiſſé voir , elle
a mis des conditions , dont la
plupart nous font encore inconnues , & felon lefquelles
les loix que nous croyons les
plus certaines , varient & fouffrent des interprétations &
des exceptions.

Ainſi tout bien confidéré ,
il eſt peut-être plus utile que
chacun fe conforme à fa maniere de voir & de connoître ,
que d'admettre une méthode
générale & excluſive. De-là
naîtront à la vérité une multitude de fyſtêmes oppofés que
l'intérêt particulier voudra

rendre dominans. Mais ſi malgré ce défaut on eſt de bonne foi, ſi on cherche à augmenter la maſſe des connoiſſances, ſi on ne s'enveloppe pas dans une obſcurité myſtérieuſe, qui ſouvent n'eſt que le voile d'une ignorante ſuffiſance, on fait infailliblement quelques pas dans la carrière de la vérité; en partant du terme où les autres ſont reſtés, on peut eſpérer de faire quelques progrès dans la route immenſe de la ſcience de la Nature.

« Ce qu'il y a de plus dif
» ficile dans les ſciences n'eſt
» donc pas de connoître les
» choſes qui en font l'objet
» divers, mais c'eſt qu'il faut
» auparavant les dépouiller
» d'une infinité d'enveloppes

» dont ont les a couvertes,
» leur ôter toutes les fauſſes
» couleurs dont on les a maſ-
» quées, examiner le fonde-
» ment & le produit de la
» méthode par laquelle on les
» recherche, en ſéparer ce
» que l'on y a mis d'arbitrai-
» re, enfin tâcher de recon-
» noître les préjugés & les
» erreurs adoptées, que ce
» mélange de l'arbitraire au
» réel a fait naître : il faut
» tout cela pour retrouver la
» Nature, mais enſuite pour
» la reconnoître il ne faut plus
» la comparer qu'avec elle-
» même ». *Voyez l'Hiſtoire*
» *Naturelle, tom.* 14, *ut ſup.*
Ce ſont les préceptes que
nous donne le plus célèbre philoſophe de notre ſiècle, & c'eſt
le ſeul art que j'aie employé.

Si j'ai réuſſi à répandre quelque lumière ſur la théorie générale de l'air, ſur la production des météores différens & ſur leurs effets variés, je ne dois l'attribuer qu'à cette méthode que j'ai conſtamment ſuivie, & que j'ai rendue auſſi générale & auſſi étendue que mes connoiſſances me l'ont permis : comparant les phénomènes différens entr'eux, tels qu'ils ſe montrent dans tous les climats où ils ont été obſervés : ayant cherché à m'aſſurer de la vérité des obſervations par celles que j'ai faites, ſans prétendre diminuer en rien le mérite des obſervateurs & des écrivains qui m'ont précédé ; étant bien éloigné de donner pour des découvertes nouvelles & importantes, de petits faits qui leur ont échappé, parce qu'il n'eft pas poffible à un homme de tout appercevoir, & qu'un nain dès qu'il a pu fe placer fur les épaules d'un géant découvre plus loin que celui qui le porte. C'eft donc avec raifon que j'ai cru que malgré les foins que de grands hommes fe font donnés pour approfondir certaines parties de l'Hiftoire Naturelle, on pouvoit encore difcuter les mêmes faits. C'eft par ce moyen qu'appuyé fur la confiance que l'on doit à leur pénétration, on apprend à marcher dans la route qu'ils ont tenue; avec d'autant plus de fûreté, que l'on fe met à portée de juger de la vérité de leurs découvertes, de la folidité de leurs principes ; que l'on en tire des inductions que peut-être ils ont negligées , qui ne fe font pas préfentées à eux , parce que le génie le plus étendu a fes bornes , & qu'en phyfique , une obfervation omife , peut faire obftacle à la découverte d'une vérité importante. Ce n'eft pas mé-prifer l'autorité que de ne pas fe repofer fur elle fans exa-men , c'eft au contraire lui rendre un culte légitime , que de la faire fervir à prolonger fes vues , en découvrant fes refforts , & en les employant aux mêmes ufages.

Le mérite de mon entre-prife , fi elle en a un , eft d'a-voir rapproché les faits , d'en avoir développé les caufes , diftingué les caractères , établi les différences , d'avoir comparé enfemble ce que les anciens & les modernes les plus accrédités ont écrit à leur fujet : d'avoir levé les contra-riétés , fouvent plus apparen-tes que réelles , des divers té-moignages qui nous ont été tranfmis ; d'avoir diffipé les doutes qui réfultent du peu d'exactitude de quelques ob-fervateurs , en les rectifiant les uns par les autres ; enfin d'avoir réuni à un feul point tous les rayons lumineux qui partent des flambeaux diffé-rens , allumés depuis près de deux fiècles , à l'aide defquels on a tâché d'examiner la Na-ture , de la connoître & de la fuivre dans fes procédés. Dans cette étude , où l'on eft con-traint de marcher continuelle-

ment, entre des préjugés &
des probabilités, il faut démêler, avec la plus grande
attention, ce qui appartient à
l'opinion des hommes, ou
aux actes vrais de la Nature,
féparer par-tout la fuppofition de la réalité.

S'il eſt vrai que l'empreinte
de la Nature ne conſerve pas
toute ſa pureté dans les objets
que l'homme a beaucoup ma-
niés, parce qu'alors il en rai-
fonne moins ſur la connoiſ-
fance profonde qu'il a de ces
objets, que relativement aux
changemens que l'art y a mis :
il ſemble que dans ceux qui
font hors de ſa main, tels que
les Météores & tous les grands
phénomènes de l'Air, on ne
devroit rien redouter de ces
altérations. Mais comme il

les a foumis à une méthode
fyftématique, dans les explications qu'il en a données,
que les caufes fuppofées peuvent nous tenir dans l'ignorance des caufes réelles ; il ne
faut pas employer moins de
précautions pour tracer fidè-
lement leur hiftoire, & fe garantir des préjugés & de leurs
illufions, que dans toute autre
partie de l'Hiftoire Naturelle.
Ainfi les connoiffances néceffaires à notre objet, étant
en quelque forte accablées
fous une multitude de fuppo-
fitions inutiles, obfcures, gê-
nantes, il faut s'en débarraffer,
établir fes rapports, & fon-
der fes raifonnemens fur les
faits les mieux conftatés, les
plus conformes aux règles
généralement reconnues, rap-

procher

procher les expériences & les observations de tous les siè-cles, & sur-tout ne pas pren-dre les faits particuliers pour des loix générales. C'est la sage conduite qu'ont tenue les plus célèbres Académies de l'Europe ; occupées du fonds immense d'expériences & d'observations qui font l'ob-jet de leurs recherches, elles attendent que le siècle soit arrivé, d'établir un systême général de la Nature.

Il se forme à la découverte des phénomènes nouveaux dans l'ordre de la Nature, des espérances lumineuses qui semblent annoncer une suite de vérités auxquelles il ne paroissoit pas que l'esprit hu-main pût arriver. On croit lever le voile qui couvroit les

Tome I. c

opérations les plus myſtérieu-
ſes de la Nature : la curioſité
des philoſophes porte des regards avides ſur la nouvelle
carrière qui s'ouvre : la Nature laiſſe pénétrer ſon ſecret,
& pour la ſuivre dans ſes re-
tranchemens les plus reculés,
on multiplie les expériences,
on invente des machines , on
perfectionne les procédés. Les
Académies parlent, les unes
décident, les autres doutent,
mais toutes s'intéreſſent à l'objet dont la découverte promet
une gloire certaine à ceux qui
y arriveront les premiers.
C'eſt alors que les conjectures
les plus ſimples ſe changent
en réalités ; on ſe preſſe de ſe
jetter dans des régions inconnues, on y marche, on y court,
ſans ſçavoir où l'on va. Quel-

ques fuccès plus fpécieux que
réels éblouiffent ; on les fait
reparoître fous un autre forme , on les annonce comme
de nouveaux progrès , quoique l'on en foit toujours au
même point. Le vulgaire qui
ne fçait qu'admirer ce qu'il ne
comprend pas , croit voir des
chofes étonnantes , adopte
tous les bruits qui fe répandent, ajoute par fa crédulité
au merveilleux de ce qu'on
lui annonce ou de ce qu'on lui
laiffe voir : mais à la fin , après
bien des expériences, les maîtres même de l'art font obligés
de convenir que l'on peut entrevoir quelque chofe des fecrets de la Nature, mais que
l'on ne peut jamais les connoître entièrement , & que
nos opérations les plus fub-

c ij

tiles ne font que des jeux
d'enfans; comparées avec ce
moteur univerfel, dont les
effets nous annoncent plutôt
la puiffance de celui qui l'emploie, qu'ils ne nous enfei-
gnent la manière dont il agit.

En croyant découvrir, par
le moyen de l'électricité, la
manière dont fe forme la foudre, & dont elle agit fur les
corps; en voulant expliquer,
par fon fecours, le fyftême
général de l'univers, & réfoudre toutes les difficultés
qu'offroient les phénomènes
les plus étonnans; n'eft-ce pas
faire comme ces pyrotechnif-
tes ingénieux, qui, dans les
fpectacles qu'ils donnent au
public, annoncent la repré-
fentation d'un volcan tel que
le Véfuve, dont ils imiteront

les éruptions les plus formidables ? On sçait ce que l'on doit attendre de ces sortes de promesses , & on prévoit d'avance quel sera l'effet de ces foibles feux , comparés à un des plus terribles phénomènes de la Nature. N'en est-il pas de même de la plupart des expériences de l'électricité ? elles sont amusantes , subtiles : elles représentent fort en raccourci quelques grandes opérations de la Nature : mais doit-on en espérer davantage que ce que l'on en sçait déja ? En rendant les instrumens plus considérables , on fera des expériences plus frappantes , plus dangereuses , & la masse des connoissances n'en sera peut-être pas augmentée.

C'est ce goût pour la nou-

veauté qui donne la manie des
fyftêmes : on s'y attache, on
veut les rendre dominans,
par la fantaifie que l'on a d'y
ramener tout, de prétendre
expliquer tous les phénomènes
de la Nature par un feul &
même principe, dont on croit
reconnoître par-tout l'action,
parce qu'on n'eft plus occupé
d'autre chofe : ainfi cet amour
de prédilection auquel on fe
laiffe aller pour quelques nouvelles découvertes, n'eft pas
un petit obftacle à la connoiffance de la vérité, & au progrès des fciences : on ne juge
des objets que par le côté que
l'on voit, on néglige tous
les autres, jamais on n'eft au
point de vue jufte & précis
d'où il faut obferver ; & de-là
réfulte une multitude d'erreurs.

Car que l'on étudie avec attention ce qu'ont écrit les plus éclairés des anciens & des modernes, fur les phénomènes de la Nature ; on voit que les uns & les autres ont eu les mêmes vues, qui fe font plus ou moins développées proportionnellement aux moyens qu'ils ont employés. Ils ont tendu au même but, quoique par des routes différentes ; tous ont à-peu-près apperçu les mêmes chofes & de la même manière : ils ne diffèrent d'ordinaire que dans les termes. De-là ces difputes interminables qui ne roulent que fur des mots : faute de fe rendre attentif à la réalité des chofes, à leur véritable manière d'être, on difpute fans avoir des fentimens oppofés :

l'un affure d'un fujet ce qu'un autre en nie ; toute cette con- tradiction n'eft qu'apparante, parce que fous un même nom, les uns & les autres entendent des qualités très-différentes, fur lefquelles tous ont raifon de penfer différemment. Ils ne font divifés que parce qu'ils croient tous entendre la même chofe, avoir le même objet. C'eft ce qui fe renouvelle tous les jours : fi l'on voit un parti dominer fur un autre, pref- que tout fon avantage eft de fe fervir de termes à la mode, d'avoir adopté des principes & des définitions plus géné- rales, qui dès-lors paroiffent plus convenables, plus natu- rels, s'accorder mieux avec les phénomènes qu'ils doivent expliquer.

On feroit bien plus de chemin, & les travaux feroient plus utiles, fi l'on admettoit ce qui fe trouve de vrai & de lumineux dans les différens fyftêmes. On fent affez généralement combien ce procédé feroit avantageux ; mais en l'adoptant, il faudroit convenir qu'indépendamment des principes que l'on avoue, on pourroit parvenir à la connoiffance de quelques vérités effentielles, & qui s'expliquent plus heureufement par les principes fimples admis par le parti contraire : on aime mieux les remplacer par des définitions obfcures, vagues, & fouvent inintelligibles, que l'on donne comme nouvelles. Car voilà ce qui arrive quand on veut tout expliquer par

quelques principes qui ne conviennent qu'à une chose vue
de certains côtés, mais non
sous toutes les faces par où on
peut l'envisager ; c'est l'inconvénient des systêmes particuliers, dans lequel les anciens
sont tombés, aussi-bien que
les modernes.

De tout temps le ton systé-
matique a été pris pour celui
de la science, & le vulgaire
des lecteurs a eu d'autant plus
de respect pour les écrivains
qui ont mis en avant certaine
méthode qui leur étoit particulière, qu'ils ont employé
plus d'art à lui présenter les
choses les plus claires & les
plus simples, sous un point
de vue obscur & difficile à
saisir. Une marche ouverte &
facile à suivre, des expressions

nettes & lumineuses, n'offrent rien de merveilleux, & exigent si peu d'attention, qu'à peine daigne-t-on écouter un homme qui n'annonce rien d'extraordinaire. Il semble qu'il faille étonner l'imagination, & que la plupart des hommes mettent le vrai, l'utile, le beau, dans ce qui est si difficile, si compliqué, si fort au-dessus de leurs vues ordinaires, que lorsqu'ils croient l'avoir le mieux conçu, ils sont fort embarrassés d'expliquer ce qu'ils sçavent, ou ce que l'on a voulu leur dire. Ils ne s'entendent point eux-mêmes : ils n'avoient pas compris leurs maîtres : mais cette prétendue science ne leur en paroît que plus admirable, & le système n'en a que plus de crédit fur leur efprit. C'eft ainfi que dans mille circonf-tances, la plupart des hom-mes combattent pour des vé-rités qu'ils n'ont jamais con-nues : l'imagination féduite les emporte, & ils fe livrent à l'erreur avec une conftance qui étoit digne d'une meilleure caufe.

C'eft en étudiant les uns & les autres que j'ai appris à me garantir des excès où ils font tombés, relativement à cette partie de l'Hiftoire Naturelle que j'entreprends de traiter. J'ai reconnu que tous les chefs des différens partis, auroient vu les chofes telles qu'elles font, s'ils euffent voulu fe fervir du flambeau que leur préfentoient leurs rivaux dans la même carrière : mais ils

auroient rougi de devoir quelque chofe à des gens qu'ils
s'obftinoient à faire croire
dans l'erreur. Pour fapper
leurs explications, & faire
valoir les leurs, ils ont tiré
les conféquences les plus ou-
trées, de principes fouvent
fimples & vrais dans leur origine: ils ont voulu tout ramener à leur façon de voir &
d'expliquer les chofes. D'une
caufe qui n'avoit que certains
effets déterminés, connus, &
dès-lors très-intelligibles, ils
en ont fait une caufe générale,
de laquelle, felon eux, réfultent tous les effets poffibles &
même imaginables : de - là
toutes les explications forcées,
toutes les conféquences fauffes,
toutes les abfurdités qu'entraîne après foi l'efprit de fyftême,

quand on se livre sans réserve à tout ce que son intérêt exige.

Je ne m'éleve ici contre aucun auteur en particulier: anciens ou modernes, j'ai cherché dans leurs écrits ce qu'ils ont dit de vrai, relativement à l'objet actuel de mes recherches. Je les ai comparés les uns avec les autres, j'ai vu qu'ils avoient tous connu la vérité, au moins par rapport à quelques parties, & que pour s'y attacher il ne leur avoit manqué que de se mettre au-dessus des préjugés dont ils étoient imbus: ainsi je leur dois à tous des égards & de la reconnoissance: je leur suis redevable des lumières que j'ai puisées dans leurs ouvrages, & faisant abstraction de tout intérêt de parti, j'ai formé le plan de mes observations sur les leurs, & j'ai vérifié la plupart de leurs conjectures par mes expériences.

L'Histoire Naturelle doit sans doute beaucoup aux modernes illustres, qui lui ont donné une nouvelle forme, si lumineuse qu'ils semblent l'avoir créée : mais il ne faut pas croire que les travaux des anciens philosophes soient inutiles. Si on les examine on y retrouve à-peu-près le fonds des connoissances que l'on a depuis étendues avec plus d'avantage : on y voit la plupart des observations, faites avec moins de soin que de nos jours, parce que les instrumens manquoient, & qu'alors on faisoit beaucoup plus de raisonnemens que d'expériences. La

mode a changé, tout le monde aujourd'hui obferve, tout
le monde fait des expériences:
mais font-elles exactes & dé-
fintéreffées? N'y cherche-t-on
pas plutôt les preuves du fyftême que l'on a embraffé, que
la connoiffance de la Nature
dans fes effets? C'eft ce qu'il
feroit aifé de démontrer par
le peu de fuccès qui en réfultent pour l'avancement des
fciences. Car une expérience
exacte, un fait bien vérifié,
procurent plus de lumières,
que le fyftême le plus ingénieux n'en peut donner, s'il
n'eft établi que fur des conjectures; c'eft cependant ce
que l'on trouve dans la plupart
des expériences & des obfervations, que l'on cite en preuve
des méthodes nouvelles.

D'ailleurs combien de philofophes prétendus ne font que compiler des raifonnemens triviaux, qu'ils habillent d'expreffions énigmatiques, chamarrées de quelques termes techniques , à l'aide defquels ils s'érigent en auteurs , tout prêt à fe donner pour chefs de parti, fi on le leur permettoit. Ils fe parent d'un habit d'emprunt , & crainte qu'on ne reconnoiffe qu'il ne leur appartient pas , ils en altèrent la couleur, les uns l'éclairciffent , les autres la rembruniffent ; les plus adroits font ceux qui fçavent fe mettre au ton de la Nature , & qui n'ont pas la prétention de donner une couleur fauffe pour une couleur vraie.

Nous fommes peu à portée

de juger des grands phénomènes de l'air ; il n'est pas
possible de les saisir dans toute
leur étendue, de combiner
leurs causes avec leurs effets,
ils forment entr'eux un tout
que nous ne pouvons appercevoir que par détails ; cependant ils ont une telle liaison,
qu'il est bien difficile de prendre une connoissance exacte
des uns, & d'ignorer en même-temps ce qui a rapport aux
autres. Je n'avois d'abord eu
dessein que de traiter ce qui
regarde le tonnerre, la formation de la foudre & ses
effets ; mais ces objets ne sont
pas si distincts des autres Météores, qu'ils n'aient des rapports avec eux, qu'ils ne s'al-
lient & ne se confondent avec
eux en plusieurs points, soit

dans les généralités, soit dans les détails

A s'en tenir à ce qui regarde le tonnerre & la foudre, on n'envisage ces phénomènes de l'air que sous de grands traits, qui éblouissent, qui étonnent plus qu'ils n'instruisent. Mais si le Maître de la Nature marche quelquefois sur les flots, s'il monte sur les vents, souvent aussi sa puissance se fait sentir sous l'appareil tranquille d'une majesté bienfaisante & douce, dans un calme profond. Les modifications générales de la Nature répondent à ces grands effets de la volonté suprême, dans les unes & les autres, c'est la même matière qui prend des formes différentes.

C'est dans l'air, dans cette

masse fluide & transparente, que les exhalaisons & les vapeurs se rassemblent ; elles l'établissent par leur mélange dans l'état où il doit être, pour que nous puissions y vivre ; les différens degrés de raréfaction & de condensation dont elles sont susceptibles, produisent les divers météores relatifs à la température, soit ordinaire soit accidentelle des climats. Ainsi dans la théorie générale de l'air, on verra quels effets ont les météores différens, sur les dispositions de l'air & du sol, sur les productions de la terre, sur la santé, la force, la beauté, les qualités du corps & de l'esprit des hommes qui l'habitent.

S'il eût été possible de mener de front toutes ces matières

diverses, de traiter de l'origine de tous les météores, à mesure que j'ai eu occasion de parler de leurs effets, on auroit eu sous un même point de vue tout ce qui a rapport à la partie d'Histoire Naturelle que j'ai entrepris d'écrire : mais tant de sujets différens se feroient fait un obstacle réciproque, je les ai séparés, & chacun sera traité dans un discours à part.

Je commence par établir quelle est la matière des météores, & je n'en discute l'existence qu'autant qu'il est nécessaire pour la rendre sensible, mais j'en explique les effets généraux, & j'essaie de concilier les différens systêmes, en les ramenant à la simplicité originelle qu'ils devroient avoir; perfuadé que je fuis, que s'ils diffèrent en- tr'eux, c'eft plus dans la ma- nière dont ils font préfentés, que dans le fond des chofes; car tous n'ont regardé la ma- tière que comme l'effet nécef- faire d'une caufe éternelle, dont l'effence eft d'agir & de produire fans ceffe.

Dans ce genre d'étude, pour parvenir à quelque chofe d'inf- tructif & d'utile, il faut re- monter, autant qu'il eft poffi- ble, jufqu'aux premiers pas de la Nature, pour la fuivre dans fa marche myftérieufe, tantôt rapide, tantôt lente; quelquefois au milieu d'un océan de lumière, quelquefois dans les ténèbres les plus épaif- fes; en un mot, pour aller avec elle du centre de la terre, aux régions les plus élevées de l'air. C'est ce que l'on verra développé, fur-tout dans la théorie générale de l'Air, qui eft la partie la plus intéreffante de cette Hiftoire, celle à laquelle j'ai cru devoir donner le plus d'étendue. De-là paffant à l'hiftoire particulière des Météores, j'ai commencé par réunir ce que l'on fçait de plus précis & de plus méthodique fur l'évaporation & fes premiers effets. De-là je paffe au traité de l'origine des vents, dont l'action eft fi puiffante, pour varier les différens météores, les former, établir l'état de la température de toutes les régions connues de la terre. On ne verra peut-être pas fans étonnement les phénomènes variés qu'ils produifent, foit

fur terre, foit fur mer ; phénomènes prodigieux , par les
mouvemens locaux , & les
révolutions effrayantes qu'ils
excitent dans quelques parties
de l'atmofphère , & qui femblent vouloir replonger la matière dans fon ancien chaos.
Dans la théorie générale de
l'Air , une multitude de petits
faits , qui ont rapport à chaque
météore en particulier , auroient fait tort à des faits plus
importants : ils auroient divifé
l'action principale : mais comme ils fervent à faire connoître les opérations diverfes de
la Nature , qu'ils conduifent
aux plus grandes & aux plus
compliquées par les plus fimples , je ne les ai pás négligés ,
& on les trouvera rapportés à
la fuite de l'hiftoire de chaque

météore

météore auquel ils se rapportent.

Ainsi j'ai essayé de former de tous les phénomènes de l'air, dont la connoissance n'est pas sans intérêt & sans utilité, un vaste tableau qui aidât la mémoire à s'en rappeller les objets principaux, en intéressant l'imagination. Indifférent sur tous les partis, ne cherchant que la vérité, j'ai tâché de la présenter telle que je la concevois, avec le plus d'ordre & de clarté qu'il m'a été possible, ayant toujours eu la plus grande attention de bien concevoir moi-même ce que je voulois rendre intelligible à mes lecteurs. Persuadé encore que la vérité ne peut sortir que du choc des opinions, je n'ai pas tenté d'en

Tome I.   d

subjuguer quelques-unes pour
en faire valoir d'autres ; je n'ai
travaillé qu'à les concilier toutes, en tirant de chacune ce
qui étoit conforme aux loix
de la bonne phyſique, aux
vrais procédés de la Nature.
C'eſt par cette indifférence ſur
tous les partis & tous les ſyſtêmes, qui n'en rejette aucun,
& n'en admet aucun excluſi-
vement, que l'on arrive à de
nouvelles connoiſſances, &
que l'on ſe délivre des anciennes erreurs. Les différens ſyſtêmes en ſe combattant les
uns les autres, en s'attribuant
tous une vérité excluſive, ne
peuvent que faire naître des
doutes ſur leurs prétentions :
ces doutes ſont le premier pas
vers la vérité ; ils déterminent
à des obſervations qui n'inſ-

pirent que de la confiance, &
d'où réfultent des difcuffions
approfondies, des conféquences lumineufes, qui arrachent
les épines des études les plus
abftraites, & qui fouvent couvrent de fleurs des difficultés
toujours rebutantes, quand
elles fe montrent avec toutes
leurs afpérités.

Tenebrafque neceffe eft
Non radii folis, nec lucida tela diei
Difcutiant, fed naturæ fpecies ratioque.
Lucret. l. 6, v. 38.

d ij

TABLE
DES TITRES
DU TOME PREMIER.

Introduction, *page* 1

DISCOURS PREMIER.

Sur l'Élément.

§. I. *Ce que c'est que l'élément,* 11

§. II. *Idées plus précises de l'élément,* 21

§. III. *Modifications générales de l'é-lément,* 26

§. IV. *Quelle est la matière de l'uni-vers & de tous les corps qu'il renfer-me,* 36

§. V. *Sentiment des anciens sur l'é-lément,* 45

§. VI. *Agent général, principe de toute modification,* 53

§. VII. *Ether ou matière subtile, son action universelle,* 60

§. VIII. *Qualités de la matière sub-tile,* 69

§. IX. *L'éther considéré relativement à quelques systêmes,*   78

§. X. *Nouvelles observations sur les effets de la matière subtile,*   89

§. XI. *Action de la matière subtile sur l'air, preuves tirées de l'état de l'air sur les plus hautes montagnes,*   96

§. XII. *Action de la matière subtile dans les profondeurs de la terre,*   110

DISCOURS SECOND.

THÉORIE GÉNÉRALE DE L'AIR.
Première partie.

§. I. *Idée générale de l'air,*   119

§. II. *Atmosphère : matieres dont elle est formée,*   128

§. III. *Hauteur & figure de l'atmosphere,*   143

§. IV. *Causes accidentelles des variations de l'atmosphere,*   149

§. V. *Action de la matiere subtile sur les corps, relativement à l'atmosphere,*   160

§. VI. *Température des pays situés sous la ligne,*   165

lxxviij TABLE.

§. VII. *Situation de Quito. Beauté du climat,* 168

§. VIII. *Elévation & température variée des Andes,* 175

§. IX. *Qualités de l'air à Lima & dans quelques autres régions de l'Amérique méridionale,* 186

§. X. *Température de l'isthme de Panama, de Carthagène & de Porto-Belo ; chaleur de la France comparée à celle de l'Amérique,* 204

§. XI. *Observations sur quelques causes particulieres & locales des qualités de l'air dans la zone torride,* 228

§. XII. *Saisons des pays situés sous la ligne & entre les tropiques ; exemple tiré de la Nouvelle-Grenade,* 239

§. XIII. *Causes des différences des saisons dans les mêmes climats,* 245

§. XIV. *Pourquoi il ne pleut jamais dans certains pays,* 251

§. XV. *Température & qualités de l'air dans les Antilles,* 261

§. XVI. *Climat de la Barbade, de la Martinique, de la Guadeloupe, & de quelques autres des Antilles,* 268

§. XVII. *Observations sur l'isle de*

TABLE. lxxix

Saint-Domingue, la Jamaïque, & quelques autres, 292

§. XVIII. Idée de l'air, relativement aux observations précédentes, 334

§. XIX. Température des Indes Orientales, situées entre les tropiques, 336

§. XX. Autres régions de l'Asie, situées dans la zone torride, 375

§. XXI. Observations sur l'Archipel des Indes Orientales, 385

§. XXII. Idée de quelques isles & contrées de l'Afrique, situées dans la zone torride, 407

§. XXIII. Réflexions sur les effets de l'air, relativement à la couleur & aux inclinations des nègres, 434

§. XXIV. Observations sur le chaud & le froid des différens climats, 450

DISCOURS

Contenus dans les six premiers Tomes.

Tome premier. Difcours préliminaire
sur l'étude de la Nature.
Difcours I. Sur l'élément.
Difcours II. Théorie générale de l'Air.
Première partie.

T. II. Difcours III. Théorie générale de
l'Air. Seconde partie.

T. III. Difcours IV. Théorie générale de
l'Air. Troifième partie.
Difcours V. Théorie générale de l'Air.
Quatrième partie.

T. IV. Difcours VI. Théorie générale de
l'Air. Cinquième partie.

T. V. Difcours VII. Sur l'évaporation.
Difcours VIII. Sur les premiers effets
l'évaporation.
Difcours IX. Sur la pluie.

T. VI. Difcours X. Sur les vents.

La suite paroîtra en 1771.

HISTOIRE

HISTOIRE
NATURELLE
DE L'AIR
ET
DES MÉTÉORES.

INTRODUCTION.

L'histoire naturelle de l'air n'est pas une étude de simple spéculation; elle tient à toutes les sciences & aux arts, au génie des peuples, à

Tome I.   A

leur caractère, à leur tempérament:
elle intéreſſe également la navigation, l'agriculture, la médecine:
elle eſt même utile au grand art de
gouverner les hommes. Ses phénomènes variés dans les différens climats de la terre, offrent un ſpectacle
particulier à chaques régions, qui
conduit à la connoiſſance de leur
température, de leur fertilité, de
leurs reſſources. Les obſervations
des voyageurs, des géographes, des
aſtronomes, les relations conſignées
dans les Mémoires des différentes
Académies, les travaux des ſçavans
qui ſe ſont exercés ſur ce ſujet dans
les diverſes parties du monde, les
réflexions & les ſyſtêmes des philoſophes comparés entr'eux, nous
fourniſſent des faits particuliers
relatifs à l'ordre général, & d'après
leſquels il eſt poſſible d'en établir
la théorie.

C'est sous ce point de vue que nous avons considéré l'Histoire naturelle de l'Air; c'est avec ces secours que nous avons entrepris de l'écrire. Nous n'avons adopté aucun système, nous ne nous sommes appliqués qu'à constater les faits en les examinant sous leurs différens aspects, pour en démêler les circonstances essentielles, suivre de plus près la Nature dans ses effets, & former un corps d'observations qui serve à appuyer nos connoissances sur les fondemens inébranlables de l'expérience.

C'est la méthode que nous avons suivie en traitant des Météores, notre but n'a été que d'expliquer, par les mêmes moyens, comment se peuvent former dans l'air ces phénomènes, de nature & d'espèces différentes, dont les uns sont communs & presque journaliers, les autres propres à certaines faisons, d'autres à des climats particuliers & plus rares.

De quelque façon qu'on les confidère, on ne peut les concevoir que comme des mixtes imparfaits, muables & inconftans, qui paroiffent en l'air, & qui font formés de la matière des élémens, qui ne femble ni transformée ni même altérée, mais feulement modifiée de façon à prendre l'apparence d'un corps, & toujours dans la difpofition la plus prochaine à fe réfoudre dans fon état primitif, dès que la caufe modifiante ceffera d'agir. Ainfi la chaleur rétabliffant le mouvement que le froid avoit arrêté, la neige qui fembloit être un corps folide différent de l'eau, perd fa folidité apparente & redevient fluide.

Les météores font donc moins

des corps que des effets ou des accidens des corps, qui font produits
dans l'air, qui s'y forment & qui
y acquièrent quelque confiftance.
Peut-on regarder autrement le tonnerre, l'éclair, l'arc-en-ciel, l'aurore boréale, & tous les phénomènes
ignées? D'autres à la vérité tiennent plus de la nature des mixtes,
en ce qu'ils font compofés des particules les plus déliées des mixtes
parfaits, qu'ils prennent une folidité
momentanée par la combinaifon
de ces particules, & par la modification qu'elles acquièrent ; mais
ces corps n'exiftent qu'accidentellement, & quelque grande que
paroiffe leur folidité, elle n'eft que
paffagère ; on ne doit donc les mettre, comme les premiers, qu'au rang
des phénomènes des corps.

Leurs principes font les vapeurs

& les exhalaisons, dont la réunion, la condensation, ou la raréfaction, constituent & forment les météores de divers genres; tantôt ignées, tantôt aqueux, suivant leurs qualités primitives, quelquefois aériens, qui tiennent de la nature de l'un & de l'autre. Ainsi les différentes combinaisons, la température de l'air ou la position du climat, donneront lieu à la pluie, à la grêle, aux tonnerres, à la neige, aux aurores boréales, aux arcs-en-ciel, aux vents, & à tous les autres météores qui tiennent de la nature de ceux que nous venons d'indiquer.

Les météores aqueux font plus fréquens, plus sensibles & plus abondans que tous les autres; la raison en est que le soleil ou le feu principe du mouvement, l'éther ou fluide subtil répandu par-tout quoiqu'ils agiſſent également ſur toutes les parties du globe ; cependant par la force de leur action il s'élève généralement plus de vapeurs aqueuſes que d'exhalaiſons terreſtres, ſalines ou ſulfureuſes, parce que les parties de l'eau étant plutôt ſeulement contigues qu'attachées les unes aux autres, à raiſon de leur fluidité & de leur poli, elles ſe ſéparent plus aiſément entr'elles, ſe diviſent en petites parties très-légères, & s'élèvent de la maſſe totale pour être emportées dans la région de l'atmoſphère où leur réunion forme les météores aqueux.

Il n'en eſt pas de même des météores ignées, qui ſont très-rares en comparaiſon, qui ne paroiſſent qu'en certaines ſaiſons, & en certains climats déterminés, & qui ſont de peu de durée, relativement aux autres. Le tonnerre & les éclairs font réservés aux climats où les exhalaifons fulfureufes & falines peuvent fe combiner avec les vapeurs aqueufes. Le fiège ordinaire des aurores boréales paroît fixé au nord, ou dans les régions qui participent accidentellement à la température de la zone glaciale.

On pourroit dire que les vents tiennent le milieu entre les météores dont nous venons de parler. Dans leurs variations ils font conftans & durables, ils règnent dans tous les climats, leur action eft univerfelle, & peut-être doit-on les regarder comme une des caufes qui contribuent le plus réellement à la formation de la plupart des météores. C'eft ce que nous expliquerons plus en détail dans la partie de cette Hiftoire où nous traitererons des vents.

Quant aux exhalaisons purement terreſtres, & aux météores qui peuvent en réſulter, on a ſi peu d'occaſion de les obſerver & de les connoître; ils ſemblent par eux-mêmes ſi peu ſuſceptibles de ce mouvement continuel qui donne aux autres leur exiſtence, & les rend ſenſibles, qu'il paroît ſuperflu de leur aſſigner une claſſe particulière.

Nous avons dit que les météores ſont formés de la matière des élémens; cette propoſition n'eſt pas difficile à prouver, quoiqu'ils ne ſoient que des mixtes imparfaits, leur compoſition n'en a pas moins une analogie réelle avec celle des corps ſolides ou mixtes parfaits; & quand même la manière de leur formation demeureroit inconnue, on ne pourroit pas pour cela la

A v

révoquer en doute , quoiqu'on trouve dans l'obſervation les raiſons les plus plauſibles d'en déterminer les cauſes.

Mais avant que de donner une idée préciſe de chacun de ces phénomènes en particulier, nous devons expliquer ce que l'on doit entendre par le terme d'élément; c'eſt un premier principe qu'il faut développer avant que d'en venir à ſes effets; il ne ſera pas moins néceſſaire de s'inſtruire de la nature de l'air & de ſes qualités, relativement aux divers climats de la terre; c'eſt le vaſte champ où les ſcenes brillantes que nous avons entrepris de retracer, ont leur développement.

DISCOURS PREMIER.

SUR L'ÉLÉMENT.

§. I.

Ce que c'est qu'Élément.

Y A-T-IL plusieurs élémens ? n'y en a-t-il qu'un ? Je réponds d'abord à ces questions, que ce que l'on appelle élément en physique, est le principe prochain des mixtes, le corps simple qui en fait l'essence & dans lequel ils se résolvent. La matière est essentiellement la même, elle ne diffère que par les modifications sans nombre dont elle est susceptible, & desquelles résultent cette multitude infinie de corps dont l'ensemble forme l'univers :

A vj

ce qui d'abord semble indiquer
qu'il n'y a qu'un seul élément dont
les modifications principales sont
les grands corps, desquels on a
formé d'autres élémens primitifs
que l'on fait entrer dans la composition de tous les corps particuliers.

Suivant les Cartésiens l'élément
est un corps simple, divisible, formé de telle sorte qu'il entre dans
la composition de tous les autres
corps; on ne doit pas conclure de là
qu'il n'ait aucunes parties, ou qu'il
n'ait point de forme. Si cela étoit
ainsi, il ne pourroit pas servir à la
composition des autres corps : mais
sa simplicité consiste dans la conformité de ses parties entr'elles,
en quoi il diffère des mixtes qui
ont des parties spécifiquement différentes. Quelques philosophes plus
récens, à la tête desquels on doit
mettre le célèbre Newton, ont
donné plus de développement à
cette idée, ils pensent qu'il est
probable, que Dieu forma dès le

commencement la matière en particules, solides, dures, impénétrables & mobiles, de diverses grandeurs & figures, avec les autres propriétés qui pouvoient le mieux concourir au but qu'il s'est proposé. Ces particules primitives sont d'une telle solidité que rien ne peut les briser, aucune puissance ordinaire n'étant capable de diviser ce que Dieu lui-même a fait tout d'une pièce dans le moment de la création. Ces particules étant entières, elles doivent composer des corps de la même nature & du même tissu dans toute la suite des siècles, parce que si elles s'usoient ou se brisoient, l'état des choses qui en dépend seroit changé ; la terre & l'eau composées de vieilles particules usées ou de fragmens de particules rompues, n'auroient plus la même nature ni le même tissu, que la terre & l'eau composées de particules entières dans le commencement ; elles auroient une autre forme, d'autres propriétés.

Ainsi pour que l'univers puisse subsister tel qu'il est, il faut que les
changemens des choses corporelles
ne dépendent que des séparations
différentes, des nouvelles associa-
tions, & des mouvemens variés
de la matière première ou de l'é-
lément : or quoique les corps composés ou mixtes puissent se dissoudre & éprouver une destruction
totale en apparence, leur matière
est la même, la solidité de ses
particules n'éprouve aucune altération : elles se séparent les unes
des autres, mais elles restent entières, & sont employées à la composition d'autres corps semblables
ou différens, suivant le nouvel
arrangement auquel elles sont destinées. Déjà l'on voit que les grands
mixtes, ces compositions générales
auxquelles on a donné le nom
d'élémens, ne le méritent qu'improprement, puisqu'elles ont des
parties spécifiquement différentes.
On ne peut en douter par rapport
à la terre, l'eau & l'air : le feu

feul fembleroit mériter le nom
d'élément, fi nous pouvions concevoir qu'il exifte feul par lui-
même & dégagé de toute matière,
fi l'on pouvoit divifer fon action
de l'objet fur lequel il agit.

Ce feroit donc improprement
que les philofophes auroient dit
que la forme de chaque élément,
confifte dans une grandeur, une figure, un repos & un mouvement
fixes & déterminés, qui diftinguent
un élément d'un autre : ne font-
ce pas plutôt ces qualités qui dif-
férentient les corps entr'eux, fans
quoi il y auroit autant d'élémens
que de formes dont la matière eft
fufceptible ? L'élément tel que je
le conçois, entre dans la compofition de tous les corps, en fait la
baze, & s'y conferve jufqu'à la
deftruction totale du corps, conformément à l'ordre qui fe trouve
entre la compofition & la réfolution, que ce qui eft le premier
dans la compofition, fe trouve le
dernier dans la réfolution, com-

me le fondement par rapport à la masse totale de l'édifice.

Les corps composés quelconques, sont donc sujets à se détruire ou à se briser, non par l'altération des particules solides de la matière ; mais parce que ces particules qui ne se touchent, & ne sont jointes ensemble que par un certain nombre de points, se séparent les unes des autres. Pour se faire une idée générale de la manière dont les particules élémentaires entrent dans la composition des corps, on peut imaginer que les parties qui se touchent sous de grandes surfaces, & sont fortement comprimées les unes sur les autres, composent un corps fort dur : si elles ne sont pas si solidement unies, ni si exactement entrelacées, le corps sera cassant : si elles se touchent par de moindres surfaces, le corps ne sera pas si dur, & cependant pourra être plus solide ; si elles ne font que s'approcher sans glisser les unes sous les

autres , le corps eſt élaſtique &
propre à reprendre ſa première
forme après les chocs les plus violents : ſi elles gliſſent les unes ſous
les autres , le corps eſt mou , cède
& s'affaiſſe ſous le poids ou le
choc qui le comprime. Si elles ne
font que ſe toucher , le corps eſt
friable , & tel que ſes parties peuvent aiſément ſe ſéparer : ſi elles
ont des ſurfaces inégales & ſont
accrochées & entrelacées les unes
dans les autres , le corps eſt fle-
xible & pliant ; enfin ſi elles ſont
petites , rondes ou gliſſantes , ſi
elles reçoivent aiſément l'impreſ-
ſion de la chaleur , le corps eſt
fluide. Telle eſt l'idée générale que
l'on peut ſe faire des modifications
diverſes dont l'élément ou la matiere ſont ſuſceptibles : modifications qui ne changent rien à l'eſ-
ſence de la matière , indépendamment deſquelles elle exiſte inaltérable & indeſtructible ; mais qui
une fois établies , décident de la
forme & de la propriété des corps.

Quelque abſtraites que paroiſſent d'abord ces conſidérations diverſes, cependant on peut les regarder comme des points démontrés & des découvertes certaines. La Nature , je l'avoue, eſt une énigme , mais l'expérience en étendant nos vues , nous conduit à un terme, duquel nous pouvons la deviner & pénétrer ſon ſecret ; quelque obſcures & cachées que ſoient les cauſes de la plupart des phénomènes qui frappent nos ſens, nous les ramenons à notre portée, dès que nous pouvons les appliquer avec une égale facilité à toutes les parties & à toutes les circonſtances du phénomène. Il eſt ſans doute plus difficile de faire des découvertes ſur leſquelles on puiſſe compter , lorſqu'il s'agit de ces grandes opérations de la Nature, auxquelles tient le ſyſtême général du monde, c'eſt alors qu'il faut ſe borner à de modeſtes conjectures. Cependant il eſt néceſſaire d'avoir quelques notions de ces opérations primitives, pour espérer quelques succès dans la connoissance des effets particuliers, & quelque hardies que soient les tentatives que l'on peut faire en ce genre, elles n'en paroissent pas moins utiles à l'accroissement des sciences, & au bien général qui doit en résulter.

Si une crainte pusillanime eût arrêté les philosophes célèbres, sur les traces desquels nous marchons, nous eussent-ils ouvert la belle carrière, où ils nous invitent d'entrer & de les suivre. Le tems viendra, disoit l'un d'eux, que ce qui nous est caché à présent, sera mis au jour par les travaux de ceux qui doivent nous succéder (a). Ces génies entreprenans, oserent percer le voile épais qui déroboit la nature encore sauvage aux regards

------

(a) *Veniet tempus quo ista quæ nunc latent in lucem dies extrahat, & longioris ævi diligentia* ... Seneca. nat. quæst. l. 7. c. 25.

des mortels ; ils créèrent la science, ils ouvrirent la route, qui, depuis eux, a été poussée si loin, &
c'est en imitant leur noble curiosité, qu'une industrie sans cesse re-
nouvellée, a si fort augmenté les
richesses dont ils nous avoient in-
diqué la source. C'est ainsi qu'un
jour ajouté à un autre, & que la
masse des connoissances s'accroît ;
on profite des découvertes des anciens en les perfectionnant, on ac-
quiert une connoissance exacte de
ce qu'ils n'ont fait que soupçonner,
parce qu'alors leurs vues ne pouvoient pas s'étendre davantage.
N'est-ce pas la conduite que les anciens eux-mêmes ont tenue relativement à ceux qui les ont précédés ? Imitons-les donc, & sui-
vons notre projet.

§. II.

Idées plus précises de l'Élément.

On ne doit donc entendre par
le mot élément , que la matière
première, susceptible de cette infinité de formes, desquelles résultent en général tous les corps ;
dans quelque état qu'on les considère , l'élément est leur substance
primitive, sans que ces diverses
modifications changent rien à son
essence. Car de quelque manière que
l'on envisage la matière , soit dans
sa masse totale, soit dans ses parties , on voit qu'elle n'a jamais
pu exister sans modifications ; non
que de sa nature elle exige telle
ou telle modification déterminée,
si elle en possédoit ainsi quelqu'une,
rien ne l'en dépouilleroit ; mais il
lui faut des modifications quelconques, accidentelles & destructibles,
ainsi que tous les corps qui sont
formés en conséquence. Car quand

on suppoſeroit que le monde a d'a-
bord été compoſé d'une matière
unique & homogène, cette matière
par ſa ſeule ſituation ſeroit devenue bientôt capable de denſité, &
dès lors de modifications différentes. Les couches les plus voiſines
du centre auroient été inceſſam-
ment formées d'une matière plus
compacte, parce que par la loi générale de la gravitation, les couches intérieures ſont d'autant plus
comprimées, & leurs molécules
d'autant plus unies, d'autant plus
ſerrées les unes contre les autres,
qu'elles s'approchent davantage du
centre ; tant par le poids de toutes les autres couches qu'elles portent, que par la ſurface intrinſè-
que de la gravitation, qui eſt d'autant plus grande qu'elle s'exerce
plus près du centre ; c'eſt ainſi que
les philoſophes les plus célèbres ont
conclu l'arrangement primitif de la
matière, comme nous l'allons expoſer.

Parmi les différentes qualités

dont la matière peut se revêtir, il
en est qui la modifient dès son
origine, & qu'elle conserve toujours; il en est de passagères qu'elle
perd aisément & qu'elle recouvre
avec la même facilité; les unes ne
lui appartiennent pas plus que les
autres, elle les a toutes reçues. Dès
le premier instant où la main du
Créateur la tira du néant, elle
commença d'être modifiée.

Cette matière que nous imagi-
nons comme informe au moment
où elle fut créée, ayant été mise en
mouvement; ses particules qui n'é-
toient pas rondes, mais de figures
différentes & anguleuses, propres
à s'assembler & à se réunir sans
aucun vuide intermédiaire, n'ont
pu être long-temps dans le mouvement d'agitation sans se briser en se
heurtant les unes contre les autres
Les parties les plus légères se sont
éloignées davantage du centre du
mouvement ; celles qui s'étoient
arrondies par la force du frottement
réciproque, ont continué de tour-

ner fuivant la même impreffion, confervant dans leurs intervalles une partie de cette matière plus fubtile qui étoit emportée dans le cercle le plus excentrique. Enfin la partie la plus lourde & la plus épaiffe, quoiqu'elle ait eu également un mouvement de rotation, eft reftée en maffe au centre du tourbillon, fans fe divifer fenfi-blement.

De la matière conçue fous ces trois divifions, réfultent autant d'é-lémens, ou plutôt les modifications générales de l'élément. Le premier eft léger, fubtil & lumineux; le fecond eft tranfparent; le troifième eft folide & opaque, & réfléchit les rayons de la lumière. Le pre-mier eft donc celui où nous obfer-vons tous les corps lumineux, dont il eft la matière; le fecond eft la maffe de l'air, ou l'atmofphère na-turellement affez tranfparente pour tranfmettre la lumière des corps lumineux fupérieurs; le troifième eft le globe terreftre.

En

En admettant cette hypothèse, on conçoit comment les élémens conservent inaltérable leur forme primitive. Ils sont simples, leurs qualités, s'ils en ont de distinguées, non-seulement ne font pas opposées entr'elles, mais au contraire elles paroissent toutes concourir à se conserver mutuellement, c'est leur propriété principale.

Il n'en est pas de même des corps mixtes : ils sont composés, & dès-lors ils renferment plusieurs qualités fort contraires, qui agissant continuellement les unes sur les autres, s'altèrent & se détruisent d'autant plus rapidement, qu'elles sont plus opposées ; quoique ce soit la même matière, mais qui, soumise dans un trop petit espace, a des modifications particulières contraires à la loi générale, tend naturellement à s'en débarrasser. C'est sans doute la cause pour laquelle les corps le plus parfaitement organisés, & qui dans leur mouvement particulier, participent plus au mouvement général, font ceux qui durent le moins.

§. III.

Modifications générales de l'Élément.

A préfent il nous refte à expofer comment les philofophes ont expliqué ces modifications générales, & comment ils en ont déterminé leur forme. Selon eux la première modification de l'élément ou la première forme, confifte dans la très-grande ténuité de fes parties, la variété de leur configuration & leur légéreté. Cette légéreté contribue à conferver leur ténuité, parce qu'étant dans un mouvement continuel, fe heurtant fans ceffe les unes contre les autres, & avec une force égale, elles n'éprouvent aucune altération, de-là encore la continuité de leur mouvement, parce que n'étant mues qu'en raifon de leur maffe, & n'agiffant que sur des corps d'un même poids, d'un même volume, & qui sont dans la même agitation, elles en reçoivent autant de mouvement qu'elles leur en communiquent. La seconde modification de l'élément consistant dans la grandeur médiocre de ses parties, leur rondeur & leur agitation modérée, ses parties différentes eu égard à leur masse, communiquent leur mouvement à celles qui les environnent, de manière qu'il leur en reste toujours à peu près la même quantité qui est entretenue par une communication réciproque, recevant à peu près autant qu'elles donnent. Ainsi toutes ces parties considérées ensemble & dans leur état habituel de mouvement ne se heurtant pas violemment les unes contre les autres, doivent conserver leur forme & leur grandeur primitive. La troisième modification de l'élément dépend de la pesanteur de ses parties, de l'irrégularité de leur figure & de leur peu de mouvement, & par-là très-propre à les tenir dans un état de repos ou d'inertie habituelle : le peu de mouvement dont elles font fusceptibles ne pouvant pas rien changer à leur folidité, elles reftent les mêmes, unies & ferrées les unes contre les autres, d'où réfulte leur fixité & leur pefanteur.

De ce que nous venons de dire fur le mouvement de la matière ou de l'élément, il ne faut point conclure que les parties de la matière aient une force intrinfèque qui les détermine à agir réellement les unes fur les autres. C'eft le langage ordinaire de la phyfique, mais il fuppofe toujours que la matière mue par l'impreffion d'un premier moteur immatériel, ne fe donne point le mouvement à elle-même ni à fes différentes parties par une vertu qui lui foit propre & indépendante, mais que feulement en vertu des loix du choc établies par le créateur ; ce mouvement fe diftribue, fe partage entr'elles & se répand des unes aux autres. Ainsi la communication du mouvement d'un corps à un autre, quoiqu'elle nous paroisse une action du premier sur le second, n'est pas un don spontané que le premier lui fasse de son mouvement ; si cela étoit, il faudroit reconnoître dans le premier des corps une force innée distincte du mouvement même. Cette communication n'est donc qu'un simple transport du mouvement, par où l'un des corps en perdroit autant que l'autre en reçoit, étant l'un & l'autre également passifs, si le premier moteur n'entretenoit pas continuellement la cause active qui imprime le mouvement aux corps. En vain pour conserver à la matière cette propriété essentielle de se mouvoir elle-même, a-t-on admis un progrès à l'infini, & une communication continuelle du mouvement d'un corps à l'autre, du premier au dernier, & de celui-ci au premier ; on sent que ce n'est qu'un subterfuge

qui ne doit faire aucune illusion ;
car que l'on suppose tant qu'on
voudra une infinité de substances
corporelles qui ont reçu le mouvement les unes après les autres, ou
qui s'est communiqué des unes
aux autres à l'infini, il faudra toujours remonter à la cause de ce
mouvement, & admettre un premier principe qui l'ait imprimé à
cet amas de corps contigus, & par
conséquent on ne peut se dispenser
de reconnoître dans l'univers une
puissance souveraine, invisible &
toujours active, de laquelle la matière reçoit son mouvement, dans
quelque état qu'on la considère. Ce
qui se passe en nous est la même chose
que ce qui arrive dans l'univers :
dans chaque action corporelle, le
mouvement sensible du corps est
une preuve de l'action invisible de
l'ame, qui ordonne, qui entretient,
qui varie ou arrête à son gré ce
mouvement, & c'est cette action
invisible, mais très-réelle, qui nous
sert à établir la distinction entre

l'ame & le corps, l'esprit & la matière. Or de ce que ces actions particulières prouvent par rapport à
notre ame : la belle harmonie, le
mouvément général de l'univers,
ne nous démontrent-ils pas qu'un
agent invisible, qu'un esprit infiniment supérieur, que Dieu en un
mot remue cette machine immense,
& lui sert d'ame. Il m'a paru nécessaire de donner une idée juste
du premier principe du mouvement
répandu dans l'univers, elle tient
à mon sujet, dont elle sembloit
m'avoir écarté, & auquel je reviens.

Quelque propres que paroissent
les modifications différentes dont
nous venons de parler, à conserver
les formes attribuées à l'élément,
cependant il leur arrive des changemens sensibles & fréquens, non
pas dans la masse générale, il s'en-
suivroit un renversement total de
l'ordre établi, & le cahos lui suc-
céderoit; mais par leur action réciproque, il est constant que le premier agit sur le second & le troi-
B iv

sième, & le second sur le troisième;
le troisième paroît purement passif,
& tous ses changemens viennent
de l'action du premier & du second.

Telle est la doctrine de Descartes
& de ses successeurs sur les élémens ; ils n'en admettent que trois,
la terre & l'eau dont ils ne font
qu'un avec raison, l'air, le feu ou
la lumière. On peut imaginer
un temps auquel après le premier
débrouillement du chaos, la matière première n'eut que ces trois
modifications générales, distinctes
les unes des autres ; mais depuis la
formation des corps, elles se font
nécessairement confondues, au
moins dans les individus, qui
relativement à leurs qualités, tiennent davantage de l'une ou de
l'autre de ces modifications, ou si
l'on aime mieux de la nature d'un
des élémens principaux. Déjà, au
moyen de ce méchanisme général,
on peut prendre une idée de la
manière dont se forment tous les
corps qui ne sont pas organisés,

& dont la structure est à peu près la même, malgré leurs différences apparentes. Les métaux, les marbres, les cryſtaux, les bitumes & l'eau même ne diffèrent que par la denſité plus ou moins grande des molécules qui les compoſent. Egalement inanimés, ne renfermant point en leur ſein la cauſe de leur reproduction, ces corps ſont tous plongés dans une ſemblable inertie, & c'eſt au mouvement ſeul qu'ils doivent leur exiſtence : ils ſe forment ſuivant ſes loix, par le concours des parties homogènes, qui ſe rapprochent dès que rien ne s'oppoſe à leur union, s'arrangent ſelon leur figure, & parviennent enfin à ſe placer dans un ordre ſolide, d'autant plus durable qu'il eſt plus naturel. C'eſt ce qui fait que les métaux diffèrent eſſentiellement des autres corps; leurs parties ſolides, celles où l'on arriveroit par une diſſolution ou décompoſition pouſſée à l'extrême, ſont plus petites & en plus grand nombre; de-

B v

là vient qu'ils font plus pefans,
& que l'art ne peut parvenir qu'à
en féparer les parties intégrantes
& non les parties élémentaires,
ainfi qu'il le fait fur les végétaux,
les marbres, &c. De l'or eft toujours de l'or, quelque divifion &
fubdivifion qu'on en faffe: fes pores
vont donc en décroiffant à mefure
qu'on le fubdivife, & fi on pouvoit
arriver à la fin à deux parties élémentaires infiniment petites, on auroit
trouvé l'infiniment petit, le terme
de toute divifion. ... (*a*) Mais la
ftructure des plantes & des animaux
ne reffemble pas à ces maffes diverfes, elle n'eft pas comme elles
un fimple amas de parties homogènes entaffées ; l'élément pour la
compofition des corps organifés &
vivans, qui ne fe forment, ne s'ac-
croiffent & ne s'entretiennent que
par un mouvement propre à chaque

(*a*) Voyez les Mémoires de l'Académie des Sciences , ann. 1737. Hift.
pag. 40.

espèce, & relatif à la force de chaque individu, est soumis alors à
des loix particulières, en vertu desquelles il favorise le développement des germes, en fournissant
pour leur nutrition, leur accroissement & leur entretien, les parties
similaires qui doivent produire cet
effet merveilleux. Entreprendre
d'expliquer comment il agit, quelles sont les modifications successives
par lesquelles il faut qu'il passe,
ce seroit porter un œil téméraire
sur le sanctuaire même de la Nature, & vouloir sonder des profondeurs impénétrables, dont le
secret n'est connu que de l'Intelligence suprême, qui dispose de tout
par des loix aussi sages qu'elles sont
simples & invariables.

§. IV.

Quelle est la matière de l'univers & de tous les corps qu'il renferme.

L'élément proprement dit, est donc la matière de l'univers & de tous les corps individuels qu'il contient. Incorruptible, inaltérable, indestructible, il ne fait que changer de forme; l'astre éclatant, la beauté touchante, l'arbre majestueux, la tendre fleur, le nuage qui porte la grêle & la foudre, les rosées fécondes, ces pluies douces & salutaires qui tempèrent le feu de la Nature agissante, tout ce que la main rapide & cachée de la Nature répand à la fois dans les jardins de couleurs riantes sur les fleurs, & de parfums dans l'air, les métaux qu'elle forme dans le sein de la terre, les blocs froids & insensibles; c'est toujours le même

élément différemment modifié, du
quel tout est formé, & dans lequel
tout se résout. La cause motrice,
l'ame matérielle de cet élément
ainsi modifié, est le premier élément, le fluide subtil, cet éther
généralement répandu que l'on connoît plutôt par ses effets que par
sa présence sensible, que l'on doit
cependant supposer dans tous les
corps, & que l'on y découvre plus
ou moins aisément, relativement
aux qualités des corps dans lesquels
il circule, & des obstacles qu'il
rencontre de la part des causes
étrangères qui empêchent son développement, ou qui arrêtent son
action.

Cette doctrine, à laquelle on peut
croire aisément que l'imagination
a beaucoup de part, est néanmoins
d'une vraisemblance si frappante,
qu'elle peut tenir lieu de la vérité,
sur-tout dans le sujet le plus vaste
& dès-lors le plus difficile à saisir
que l'on puisse se proposer. Comment avec des vues aussi bornées

que les nôtres, mettre fous un
même point de vue le fyftême général de la matière de l'univers?
à moins que d'admettre une hypothèfe à l'aide de laquelle on arrive,
finon au vrai, du moins au vraifemblable.

Dans les phénomènes particuliers
on a un moyen d'expliquer la Nature, que fouvent on emploie avec
le plus grand fuccès, c'eft celui de
la contrefaire, & de donner des
repréfentations de l'effet que l'on
cherche à découvrir, en le faifant
produire par des caufes que l'on
connoît & que l'on a mifes en
action. Alors on ne devine plus,
on voit de fes yeux, & on eft fûr
que les phénomènes naturels ont
les mêmes caufes que les artificiels,
ou au moins de fort approchantes:
mais ici on ne peut rien efpérer de
femblable, il y auroit même de la
folie à le tenter. C'eft donc beaucoup de pouvoir s'appuyer fur
une hypothèfe qui ne répugne en
rien à la faine philofophie, & à

laquelle on peut ramener les idées de ceux qui se font le plus appliqués à connoître le syftême général de la matière.

Il paroît conftant, dit Defcartes, que la matière de tous les corps du monde eft la même, divifible en une infinité de parties & déja divifée en effet, qui fe meut d'un mouvement circulaire, & qui conferve en général la même quantité de mouvement (refpectivement à fa maffe). Quant aux différens phénomènes qui peuvent en réfulter, c'eft à l'expérience à nous en inftruire, & à nous apprendre en quelque forte le grand fecret de la Nature, fur lequel nous nous déterminerons toujours avec quelque certitude, tant que nous aurons l'expérience pour guide. On ne peut, ajoute-t-il plus bas, donner une idée plus fimple, plus aifée à comprendre, & plus probable des principes des chofes. Ainfi quand même l'hypothèfe feroit fauffe, elle n'en feroit pas moins utile pour indiquer

Princip. de philof. part. 3. art, 46.

au moins la route qui conduit à la vérité, supposé qu'il soit possible d'y arriver.

On doit s'en tenir à ces principes généraux avec d'autant plus de constance, qu'ils servent de flambeau à ceux qui veulent pénétrer dans le sanctuaire de la Nature : en les perdant de vue, on ne peut que s'égarer ; combien de qualités attachées par le vulgaire à la nature des corps, & traitées de qualités essentielles, qui peut-être ne sont que de simples accidens, des modifications produites par une cause étrangère & totale. Un roi de Siam après une longue suite de recherches & d'observations faites dans le climat brûlant qu'il habitoit, décida, d'accord avec ses Talapoins, que l'eau étoit toujours & essentiellement fluide, vérité que l'on regarda comme démontrée à Siam, & dont peut-être il n'y est pas permis de douter. Mais si le prince observateur & ses échos les Talapoins eussent gravi sur le sommet des montagnes d'Ava, voisines de son royaume, ils eussent vu que toutes leurs observations n'étoient plus appliquables à un autre climat que celui qu'ils habitoient. Si l'on consulte les habitans des terres Polaires, l'eau, répondront-ils, est un crystal fusible, une pierre transparante, que la moindre fermentation peut dissoudre, mais qui naturellement dure ne devient fluide que par un effet de la chaleur. Ainsi chacun juge de la nature d'une chose par ce qu'il en apperçoit communément, & prend pour des qualités essentielles les dehors sous lesquels il a coutume de la voir. Or des deux états dont l'eau se montre susceptible, aucun ne lui est essentiellement propre; elle coule agitée par les particules du fluide ignée qui sont renfermées entre les interstices des molécules dont elle est formée, l'évaporation de ces particules de feu la convertit en glace, ainsi que nous l'expliquerons dans la suite de cette Histoire.

La même matière est donc tantôt un solide, tantôt un liquide. Le morceau de glace pesant, froid, dur & transparent, la neige qui couvre les campagnes, la fumée qui, du fond d'un vase échauffé par le feu, s'élève dans les airs, ne font que de l'eau : ce fluide se montre sous mille formes différentes. Quoi de plus dur que le fer, cependant une masse de ce métal est mise en fusion par le feu. En un mot il n'est point de corps fluides qui ne puissent cesser de l'être, point de corps durs qui ne puissent devenir fluides. Ces modifications ne tiennent donc pas à l'essence primitive de la matière, elle peut subsister sans elle comme avec elle. Toutes les masses que l'on croit les plus pesantes peuvent devenir légères. L'expérience & la raison démontrent encore que ces deux qualités ne font ni l'une ni l'autre essentielles à la matière. Un bloc de marbre réduit en poussière devient le jouet des vents, sans que les molécules dont il étoit compofé perdent rien de leurs qualités pro-pres. Si l'art imitateur de la Nature entreprend de les réunir, il leur rend quelque folidité & quelque dureté : la matière en eft la même, l'ordre feul eft changé, & ce n'eft plus du marbre,

Si certaine modification déter-minée étoit effentielle à la matière, rien ne feroit capable de l'en dé-pouiller, & nulle autre ne pourroit la remplacer; mais comme c'eft la feule tranfpofition des parties des corps, l'accroiffement ou la dimi-nution de leur nombre qui fait difparoître ces formes vifibles, elles ne font donc pas néceffaires à la matière, toute modification, toute figure lui eft donc accidentelle. Il en eft de même du mouvement; la matière ne le defire pas plus que le repos, parce qu'elle eft égale-ment propre à ces deux états. Sans ceffer d'être la même elle peut, ou refter immobile, ou céder aux caufes du mouvement, fans avoir droit de se choisir une modification plutôt qu'une autre; elle ne peut que conserver celle qu'elle a reçue. Le mouvement de la matière, ses changemens de modification, la formation des corps qui en résulte, annoncent donc une cause motrice indépendante de la matière & qui lui est supérieure. Sans cette cause aucun être ne pourroit sortir de son premier état, ou s'il en sortoit, ce seroit pour troubler l'ordre établi par la suprême Intelligence, & rejetter la matière dans son ancien chaos. L'art merveilleux de l'arrangement de la matière & du renouvellement des corps décèle une main sçavante, & un ouvrier intelligent qui seul a sçu rassembler ces particules éparses, & choisir entre les combinaisons sans nombre dont elles étoient susceptibles, telles ou telles déterminément, qui se renouvellent par les mêmes causes, avec les mêmes propriétés, & sous les mêmes formes, des mêmes molécules indissolubles & inaltérables.

§. V.

Sentiment des Anciens sur l'Élément.

Les modernes en admettant une matière unique, un seul élément sensible par quelques modifications générales, subdivisées ensuite dans une multitude de formes particulières, n'ont rien avancé de nouveau : les anciens l'avoient considéré de même, & on ne trouve entr'eux, d'autre différence, que dans la manière de s'expliquer ; les modernes l'emportant en ce point sur les anciens.

Anaximène, dit Cicéron (*a*), prétend que l'air est Dieu, qu'il est produit, qu'il est immense & infini, & qu'il est toujours en

____

(*a*) *Cicero de Natura Deorum.* l. 1. art. 10.

mouvement. Qu'a voulu indiquer par-là ce philosophe ? sinon qu'il ne reconnoissoit qu'un seul élément, une matière unique dans l'univers; opinion qu'il avoit prise d'Anaximandre son maître, qui n'admettoit qu'une substance unique & infiniment étendue. Pour lui donner un air de nouveauté, pour s'ériger au moins en apparence en créateur d'un nouveau systême, & assigner un nom particulier à cette substance; il dit que c'étoit l'air, comme Thalès avoit prétendu que c'étoit l'eau, il en fit même l'essence de la divinité. Ayant observé que l'air est toujours en mouvement, qu'il occupe un espace immense, qu'il pénètre par-tout, que nous ne vivons qu'en le respirant; Aximène eut au moins autant de raison de conclure que les attributs divins, tels que l'immensité, l'infinité, & le mouvement perpétuel convenoient à l'air, que Talès en avoit eu de les attribuer à l'eau.

Ces philofophes ne confidéroient (*a*) comme nous l'élément que dans fon état actuel. Ainfi, donc Aximène que je cite ici feul pour tous les anciens, raifonnant fur la matière dans fon fecond état, lorfqu'elle eut paffé du chaos à une forme déterminée, dit que d'abord elle devint air, que par conféquent, l'air qui comprenoit alors tout ce qu'il y avoit de matière étoit infini, & que l'air modifié produifit la terre, l'eau & le feu, d'où fe formèrent enfuite tous les êtres particuliers.

Ce fyftême, comme l'on voit, rentre tout-à-fait dans la manière dont les modernes ont imaginé les modifications différentes de l'élément. On ne peut reprocher aux anciens que la folle idée d'en avoir fait un dieu, & de l'avoir regardé comme une fubftance éternelle, ainfi que le monde. Mais c'étoit l'ufage de ces temps reculés, on rifquoit beau-

---

(*a*) Remarques fur la Théologie des philofophes Grecs, par M. l'Abbé d'Olivet.

coup moins de propofer de nouvelles divinités au culte public,
que de n'admettre qu'un feul Etre
fouverain & maître de l'univers.

Ecartant donc ce que cette théologie peut avoir d'abfurde d'avec
ce que la phyfique préfente de raifonnable, on y retrouve des vues
faines & juftes, on y voit la diftinction de l'élément modifié tel
que nous l'admettons. On y reconnoît fur-tout l'action de ce fluide
fubtil, l'éther, que l'on peut appeller l'ame matérielle du monde,
le principe fecond de la reproduction des êtres & de toutes les modifications, tant générales que particulières dont l'élément eft fufceptible.

Saint Auguftin nous a confervé
à ce fujet un paffage admirable de
Varron, qui développe en peu de
mots les myftères les plus fecrets
de la haute phyfique. L'éther, felon lui, eft l'ame du monde, dont
la force s'élevant jufqu'aux aftres
forme les dieux, ce qui pénetre
dans

dans la terre donne l'exiſtence à la déeſſe *Tellus*, ce qui s'en échappe & ſe répand dans la mer & toute l'étendue des eaux, devient le dieu Neptune (*a*) : voilà en raccourci le tableau de l'élément, de la maſſe entière de la matière miſe en mouvement, les aſtres formés, la terre fertiliſée & peuplée, ainſi que l'océan d'une multitude d'invidus.

En réfléchiſſant ſur l'énergie de ce paſſage, on voit qu'au moins pour les faits généraux, pour les grands principes, les anciens avoient porté leurs vues bien loin, & que les noms de leurs divinités, n'étoient pour les plus ſenſés d'entr'eux, que les différens effets de la nature exprimés par des termes particuliers

------

(*a*) *Æthera porrò animum ejus (mundi) ex cujus vi quæ pervenit ad aſtra, ipſam quoque facere Deos, & per ea quod in terram permeat, deam Tellurem : quod autem inde permeat in mare atque Occeanum, deum eſſe Neptunum.* . . . Aug. de civitate Dei. l. 7. n. 23.

qui ne préfentoient rien aux philofophes que de fimple & de précis,
mais que la fuperftition des peuples avoit accablé fous une maffe
énorme d'idées plus extravagantes
les unes que les autres.

Il eft bien vrai que fouvent les
anciens fe font exprimés d'une manière fi obfcure, que l'on peut douter s'ils ont bien conçu ce qu'ils
entreprenoient d'expliquer. Peut-
être avoient-ils dès lors l'art de
fubftituer des termes myftérieux &
vuides de fens à des idées claires
& diftinctes ; c'eft ce qui fait que
chacun croit encore avoir raifon
d'appuyer fon fyftême de leur autorité. Ariftote dont la doctrine a
fi long-temps régné dans tout l'u-
nivers inftruit, dont le nom a re-
pris, dans ces derniers temps, une
confidération nouvelle, imaginoit
une matière première qui par elle-
même n'a point de forme propre,
qui eft indifférente à toutes les formes, mais qui tend à toutes. Selon lui, la forme eft une qualité

qui fpécifie la matière, & qui détermine chaque portion de ce tout
indécis. Arbitre de chaque être particulier, elle feule le conftitue ce
qu'il eft : mais née de la matière,
elle ne peut fubfifter fans elle, elle
ne furvit pas à la diffolution du
corps qu'elle modifie. Il admet la
matière & la forme comme deux
principes qui fe fuppléent réciproquement ce qui manque à chacun
d'eux. Il les unit indivifiblement,
la matière reftant fubordonnée à la
forme : car c'eft celle-ci, qui, dif-
pofant à fon gré de toutes les parties de cette matière commune, en
fabrique des corps, les façonne, les
meut, préfide à leur arrangement
avec toute la fageffe de l'intelligence la plus éclairée. Encore un
pas, & le père de l'ancienne philofophie arrivoit au fanctuaire de
la vérité : il répandoit la plus vive
lumière fur fon fyftême, s'il eût
reconnu un Etre fuprême qui im-
primoit par des loix conftantes à
chaque partie de la matière, la

C ij

forme des corps à la compofition defquels elle étoit deftinée. Mais en érigeant fes formes fubftantielles, fes qualités occultes, fes propriétés cachées en autant de divinités ou de caufes premières & néceffaires, il eft refté dans l'obfcurité profonde, où il femble qu'il ait voulu envelopper fa doctrine : fi l'on peut appeller doctrine, un fyftême, qui loin d'éclairer l'efprit, le répaît de termes inintelligibles, & jette de nouveaux nuages fur les queftions qu'il fe propofe d'expliquer.

Si les chofes, quant à ce grand objet, ne font pas éclaircies davantage, s'il eft à préfumer qu'elles conferveront toujours une partie de leur obfcurité primitive, c'eft que difficilement on pourra raffembler un affez grand nombre de faits pour nous les repréfenter dans un détail qui nous en apprenne toutes les circonftances effentielles ; l'ordre général ne fera jamais affez connu, il faudra s'en tenir à des ob-

fervations particulières, & y affurer l'idée que l'on doit fe faire du
grand fyftême de la nature, de
cette modification univerfelle de la
matière. On n'aura même jamais
une connoiffance parfaite de la nature des corps organifés & vivans.
Il eft dans cette étude des myftères
impénétrables, & qui fe refufent
à toute la fagacité de l'efprit humain. Il eft trop borné pour em-
braffer l'innombrable multitude
d'effets que produifent toutes les
combinaifons poffibles des parties
de la matière.

§. VI.

Agent général, principe de toute modification.

La Nature femble manifefter par-
tout, quel eft cet agent général,
principe de toute modification. Les
anciens l'ont connu & en ont parlé. Ils en ont fait un cinquième

élément auquel ils ont assigné une place déterminée. Ils ont dit que commençant où notre atmosphère se termine, il occupe toute l'étendue des cieux: Dans la région supérieure de l'air où le feu se porte, (dit Sénèque *) il semble y être attiré par la chaleur de l'éther qui est au-dessus : car à juger par analogie, il paroît nécessaire que l'éther inférieur soit d'une qualité approchante de celle de l'air supérieur, & que celui-ci ne diffère pas beaucoup de l'éther inférieur, parce qu'il n'est pas dans la nature de passer tout d'un coup à des excès opposés, c'est ce qui fait que le voisinage confond tellement leurs qualités, que l'on pourroit prendre l'air supérieur pour l'éther inférieur.

Il n'est pas question de discuter ici la vérité de la spéculation du philosophe de Rome, il nous suffit qu'il ait reconnu l'éther, pour la matière la plus subtile & la plus active ; s'il n'a pas parlé de ses

* *Natur. quæst. l. 2. c. 14.*

effets, c'eſt qu'il les a confondus avec ceux de l'air, le reconnoiſſant néanmoins pour beaucoup plus pur & plus léger, & formant une zone qui entouroit le monde, & qui commençoit au-deſſus de la région ſupérieure de l'atmoſphère. C'eſt ſans doute cette idée qui détermina la plupart des phyſiciens à regarder l'éther comme la matière qui remplit cet eſpace indéfini qui s'étend de la terre, aux extrémités de la ſphère céleſte. Des obſervations plus exactes leur apprirent encore que cette matière eſt d'une nature ſi ſubtile, qu'elle pénètre l'air & les autres corps. Ils la conſidérèrent donc comme l'état le plus parfait de la première modification de l'élément dont elle eſt diſtinguée par ſa ténuité, ſon activité, & les autres propriétés qui en réſultent. Propriétés qui étonnèrent les anciens, au point de leur faire croire que c'étoit un cinquième élément, d'une matière plus ſubtile, & plus ſpiritueuſe que toutes les ſubſtan-

C iv

ces connues, auquel on ne peut attribuer ni poids, ni étendue proprement dite, & n'est sensible que
par son action. Tel est en gros le
résultat de ce que les anciens ont
dit & pensé sur la matière éthérée.
Nous verrons que si dans la suite
des temps on s'est expliqué à ce sujet d'une manière plus précise, on
n'a fait que mettre leurs idées dans
un plus beau jour sans presque y
rien ajouter de nouveau. Les anciens, moins sûrs de la vérité de
leurs observations que les modernes, parce que les moyens de les
constater en les comparant leur
manquoient, craignirent toujours
de s'expliquer trop clairement. Ils
s'enveloppèrent d'une obscurité mystérieuse, & ne laissèrent pas le
flambeau de la Nature briller de
tout son éclat, parce que peut-être,
ils ne pouvoient pas le supporter
eux-mêmes.

Le restaurateur de la vraie philosophie, le célèbre Descartes, ne
fit que mettre de la méthode dans

la plus grande partie de leurs obfervations, il ne tenta de nouvelles
découvertes que fur celles qu'il
trouva faites. Ses difciples ont pouf-
fé plus loin encore la carrière qu'il
leur avoit ouverte. Ils ont vu comme lui qu'il y avoit dans la Nature,
une matière beaucoup plus fubtile
que l'air même le plus pur, qui
agit fur l'air, qui traverfe tous les autres corps, qui eft répandue dans
toutes les parties de l'efpace, & qui
peut produire tous les phénomènes
de la Nature... » Notre atmofphère,
» dit l'illuftre auteur de l'Antilucrè-
» ce, eft pénétrée d'un fluide très-
» fubtil, qui mû fans ceffe & tou-
» jours divifible, eft en quelque
» forte l'air de l'air même ; mer-
» veilleufe fubftance, chef-d'œuvre,
» inftrument d'une induftrie fouve-
» raine, invifible comme la main
» qui l'emploie, il échappe aux
» fens, & ne fe montre qu'à l'ef-
» prit, c'eft la partie la plus déliée
» de l'élément, la fleur de la ma-
» tière, le fang répandu dans toutes

L. 4.

» les veines de ce corps immenſe,
» diſtribué dans toutes les parties
» de ce vaſte univers, il en eſt la
» vie & l'ame, ſans lui la Nature
» n'auroit aucune beauté ». Ainſi,
l'obſervation & l'expérience réunies ont fait connoître ce fluide ſubtil & élaſtique, qui pénètre tous
les corps avec une rapidité inconcevable ; que ſa ténuité, ſon activité & ſon élaſticité répandent dans
tout l'univers ; quoiqu'il ſoit iné-
galement diſtribué dans les différens corps à proportion de leur denſité ; plus ils ſont denſes, moins ils
ont de porres, & plus l'éther qu'ils
contiennent eſt rare ; au contraire,
plus ils ſont rares & plus il y eſt
abondant & actif, enſorte qu'il eſt le
plus denſe qu'il puiſſe être dans l'eſpace le plus approchant du vuide &
le plus rare dans l'or, qui eſt le corps
le plus denſe que nous connoiſſions.
Enfin, l'action de ce fluide eſt le
mouvement même répandu dans la
Nature, par lequel les corps ſont
produits, conſervés, détruits & re-

nouvellés , par lequel exiſtent tous les phénomènes. Son action eſt la même , par rapport à toutes les productions de la Nature : ne ſemble-t-il pas que renfermé dans le ſein de la terre , dans ces retraites obſcures deſtinées aux premiers progrès de la végétation , ſon activité vivifiante ſe ſubdiviſe également dans tous les germes multipliés qu'elle anime , qu'elle ſoutient , qu'elle développe ? ils ſuivent tous la direction qu'il leur imprime : l'arbre majeſtueux qui cache ſa tête dans les nues , dont les branches multipliées forment une pyramide régulière , qui a pour baze ſes racines mêmes , d'où tire-t-il cette direction ? qui eſt-ce qui diſpoſe ſes parties dans ce bel ordre ? ſi ce n'eſt ce fluide qui , circulant dans toutes ſes fibres , & qui tendant toujours à s'élever , emporte dans ſon mouvement de direction , cet arbre & tous les corps vivans & organiſés , dans leſquels il exerce librement ſon action.

C vj

§. VII.

Éther ou matière subtile; son action universelle.

En admettant cette matière subtile comme le principe du mouvement & de toutes les modifications de l'élément, les philosophes
modernes n'ont pas prétendu donner une nouvelle existence aux qualités occultes, aux formes substan-
tielles, & aux autres rêveries de
l'école des Peripatéticiens qui, à
l'exemple d'Aristote son chef, a toujours eu la ressource d'imaginer des
termes barbares & vuides de sens,
pour exprimer les causes & les effets dont elle ne pouvoit pas donner une explication satisfaisante.
Ainsi, de ce que parmi quantité
de principes & de qualités arbitraires, elle a admis une matière
subtile dont elle avoit nécessairement conçu l'idée, pour peu qu'elle

eût réfléchi fur le fpectacle de la Nature, il ne s'enfuit pas que dans l'hiftoire de la phyfique moderne, on ne doive pas même en confer-ver le terme.

Matière fubtile, éther, premier élément de Defcartes, fluide éthéré qui pénètre les corps, agent invifi-ble, caufe d'une infinité, & peut-être de tous les phénomènes qui frappent nos fens, matière électri-que enfin, voilà à peu près les dif-férentes dénominations fous lef-quelles on peut faire connoître la matière fubtile, & qui toutes n'ont qu'un même objet, ne défignent qu'un même agent, dont une infi-nité d'expériences nous découvrent l'activité & l'exiftence.

Si les loix du mouvement de ce fluide nous étoient connues, il n'eft pas douteux, dit M. de Mairan (*a*), qu'elles ne nous inftruififfent fur les raifons d'un très-grand nombre

______

(*a*) Préface du Traité de la formation de la glace.

de phénomènes que les expériences
ne nous repréfentent que très-im-
parfaitement. Le méchanifme de la
Nature ne nous eft fi caché, que
parce qu'il s'opère par ce fluide
fubtil & invifible, quoique répandu
par-tout. Et quand même on n'admettroit cet agent univerfel que
comme l'hypothèfe la plus probable, on ne peut pas douter que
l'on en tirât de grands avantages
pour la perfection de nos connoiffances phyfiques. C'eft le moyen
qu'ont employé les plus grands philofophes, lorfqu'ils ont voulu rapporter à un caufe intelligible les
effets généraux de la Nature. M.
Newton a admis l'action de ce
fluide actif, élaftique, infiniment
fubtil, de cet éther répandu dans
les cieux & fur la terre, & traver-
fant librement les pores de tous
les corps; il n'y a pas même d'autre moyen de concevoir & d'expliquer comment les corps agiffent
les uns fur les autres fans fe toucher; il eft néceffaire qu'un agent

intermédiaire supplée à l'impulsion médiate, & opère le même effet. Plus nous examinerons cette hypothèse, plus nous la trouverons conforme aux loix de la philosophie la plus saine, nous verrons qu'elle ramène nos recherches aux notions les plus simples & les plus claires, d'après les faits & l'inspection réfléchie de la Nature. Attachons-nous donc à la mettre dans un jour encore plus favorable, & faisons voir que les différentes explications qu'on lui donne se réduisent toutes au même sens, & que s'il y a quelque dispute à ce sujet elle n'est que de mots.

Quelques philosophes qui ont essayé de rajeunir une opinion très-ancienne, & dont nous avons parlé plus haut, ont regardé l'éther, comme la partie de l'air la plus pure, dégagée de tout miasme, & de toute exhalaison; (ce qui le distingue absolument de l'air, ainsi que nous le prouverons ailleurs) c'est la substance la plus tenue, la

plus parfaitement fluide qui exiſte
dans la Nature. Infiniment plus ſubtil & plus actif que l'air groſſier
dans lequel nous vivons & que
nous reſpirons, il occupe la région
ſupérieure de l'air, il peut s'étendre à l'infini au-deſſus de l'atmoſphère, mais il paroît évident qu'il
forme autour d'elle un ſecond cercle qui l'environne de tous les côtés, & dont on a toujours reconnu
l'exiſtence ſous le nom de matière
ſubtile, principe ſecondaire du
mouvement général de la Nature,
& que les expériences de l'électricité nous ont appris ſe trouver par-
tout & dans tous les corps.

Après ce conſentement général,
on ne conçoit pas comment le docteur Freind a oſé taxer d'erreur,
ceux qui admettoient dans la Nature pour principe agiſſant, ce
fluide très-ſubtil, prétendant que
l'on ne pouvoit dire quelle étoit
la cauſe qui lui donnoit & lui con-
ſervoit ce mouvement continuel
qu'on lui ſuppoſe. Mais on peut

lui répondre avec le P. Mallebran-
che (*a*), que les molécules de l'é-
ther, font comme autant de petits
amas de matière extrêmement agitée, ou plutôt comme autant de
ballons & de petits tourbillons d'un
fluide encore plus fubtil, qui tournent autour de leur axe avec une
rapidité indéfinie. C'eft la force
que ces molécules tirent de cette
agitation pour fe dilater, & pour
repouffer autant qu'elles font pouffées, que l'on doit appeller leur
reffort. Or, il eft conftant par mille
expériences que la matière fubtile
a du reffort, il faut donc qu'elle
ait un mouvement d'où elle tire fa
force élaftique, & il n'y en a point
d'autre que l'on puiffe concevoir
comme capable de lui affurer cette
propriété que le mouvement de rotation fur un axe ou autour d'un centre. Si l'on va plus loin, & que l'on
demande quelle eft la premiere cau-

(*a*) Voyez le 16e. éclairciffement fur
la recherche de la vérité. Paris, 1712.

se naturelle qui communique ce mouvement de rotation aux molécules de la matière subtile, ne peut-on pas répondre qu'elles le reçoivent de l'action immédiate du soleil, principe le plus sensible du mouvement répandu dans le monde ? Et pourquoi encore ne pas réconnoître dans ce mouvement général de l'univers, la main puissante de l'Etre suprême qui a imprimé à ce fluide actif, cet attribut merveilleux & inaltérable ? Ce fluide que les chymistes & la plupart des physiciens appellent esprit universel, fluide moteur, ministre actif & infatigable de l'intelligence divine, dont il s'est servi pour débrouiller le cahos, donner l'existence à l'univers, animer les plus parfaits de ses ouvrages, & dont il se sert encore pour les conserver & les reproduire. Ce sentiment a son germe dans les écrits des plus grands hommes de l'antiquité ; il paroît que ce fut celui de Pythagore. Virgile, disciple de ce philosophe célèbre, & initié dans les mystères les plus secrets de sa doctrine, s'est expliqué à ce sujet de la manière la plus énergique » Il faut, dit-il, » que vous sçachiez que le ciel, la » terre, la mer, le globe brillant » de la lune, & tous les astres du » firmament ont une ame ; cette » ame générale répandue dans l'u- » nivers est le principe du mouve- » ment de tous les corps. De-là » viennent toutes les espèces dif- » férentes d'animaux, les hommes, » les quadrupèdes, les oifeaux, les » poiffons, ils poffèdent tous une » portion célefte, portion vive & » pure de cette ame universelle. » Mais la matière terreftre dont ils » font compofés, fujette à l'altéra- » tion, en produit auffi dans leur » ame ; tant que l'ame est emprifon- » née dans le corps, elle est courbée » vers la matière, & offufquée de » ténèbres (*a*) ». Ces illuftres anciens

____

(*a*) *Principio cælum & terras, campofque*
   liquentes,

n'ont cependant connu qu'à demi ce principe, en croyant que c'étoit le feu. Mais le feu en a lui-même beſoin pour agir, & deſtructif de ſa nature, il anéantiroit plutôt ce fluide univerſel qu'il n'en ſeroit le conſervateur ou le propagateur. Les modernes ont-ils été plus loin, en voulant le faire connoître par les termes de *minimum, maximum, Loi d'épargne*? Ce que l'on peut dire, c'eſt que les uns & les autres, en

---

Lucentemque globum lunæ, Titaniaque
    aſtra,
Spiritus intus alit : totumque infuſa
    perartus
Mens agitat molem, & magno ſe corpore
    miſcet :
Inde hominum pecudumque genus,
    vitæque volantum
Et quæ marmoreo fert monſtra ſub
    æquore pontus.
Igneus eſt ollis vigor, & cæleſtis origo
Seminibus : quantum non noxia corpora
    tardant,
Terrenique hebetant artus, moribunda-
    que membra....,

Virg. Æneid. 6°.

reconnoissant unanimement la réalité de cet esprit universel , ont donné dans mille opinions absurdes, lorsqu'ils ont voulu en établir la nature abstraite. Leurs divers sentimens sont des productions monstrueuses d'un sentiment confus du vrai qui leur a échappé , comme les idoles des Payens étoient l'expression ridicule du sentiment intérieur qui leur annonçoit un dieu, dont ils vouloient rendre l'existence sensible. Il est donc des vérités fondamentales qui s'offrent comme d'elles-mêmes , aux hommes de tous les temps & de tous les pays, qui s'appliquent sérieusement aux mêmes sujets.

§. VIII.

Qualités de la matière subtile.

Tout nous indique que l'éther, ce fluide si actif & si pénétrant, est inaltérable & incorruptible , sans pesanteur & sans légéreté spécifique, agissant sur tous les corps, se trouvant par-tout & conservant toujours la pureté de son essence. On ne connoît, dira-t-on, rien d'aussi parfait dans la Nature, je l'avoue : les sens ne sont pas capables de le découvrir, mais l'étude de la Nature, ses phénomènes & ses productions différentes nous démontrent l'existence de ce fluide, & la nécessité d'admettre par-tout son action.

Elle nous apprend que les particules de l'éther, ou de la matière subtile, n'ont ni dureté ni roideur, qu'étant extrêmement déliées, elles sont par elles-mêmes susceptibles d'une division qui va presqu'à l'infini. L'action du mouvement continuel qui les agite, les tenant toujours prêtes à se séparer ou à se réunir, elles peuvent quoique solides, prendre toutes sortes de formes, occuper toute sorte de lieu, parce que ne conservant pas toujours la même figure ni la même

maffe, elles pénètrent par-tout &
rempliffent tout efpace. Un exemple fimple & que l'on peut dire
groffier, nous donnera une idée de
la manière dont le fluide fubtil s'in-
finue. Dans un vaiffeau plein de fable ou de graines de figure ronde
ou irrégulière, on apperçoit quantité de petits efpaces, où la dureté
des folides ne leur permet pas de
pénétrer. Que l'on y verfe de l'eau,
ou toute autre liqueur, elle y en-
trera fans peine, & remplira tous
les intervalles. Mais pourroit-elle
s'infinuer dans les angles que font
entr'eux ces corps de figures variées;
fi les particules élémentaires dont la
liqueur eft compofée, confervoient
toujours leur forme fphérique? Elles
quittent cette forme, s'allongent,
& deviennent autant de traits fou-
ples & déliés qui s'ajuftent à toutes fortes de moules. Il en eft ainfi
de l'éther, fluide imperceptible,
toujours en mouvement, répandu
par-tout, & d'une ténuité fi grande,
qu'il échappe à la fagacité des ob-

fervateurs les plus attentifs; il n'eft fenfible que par fes effets.

Il eft évident que tous les corps qui peuvent fouffrir corruption ou altération, font également fufceptibles de raréfaction & de condenfation. Ces corps étant compofés de particules minces, unies les unes aux autres, on ne peut plus expliquer comment ils s'étendent ou fe refferrent, fi ce n'eft par l'acceffion ou la répulfion d'une matière très-fubtile. Ainfi, fuivant l'ordre de la Nature qui nous eft le plus fenfible, on doit néceffairement admettre l'action d'un fluide éthéré qui agiffe fur les particules les plus tenues des autres corps. Rien ne peut rendre la chofe plus claire, que la preuve que l'on tire de l'expanfion de l'air. Car étant certain que quelque atténué qu'il foit, fes particules fe touchent & reftent unies entr'elles, & que dans cet état de raréfaction, l'expanfion peut s'accroître au point que leur diftance les unes des autres devienne

toujours

toujours plus confidérable , alors il
eft néceffaire qu'elles foient pouffées & foutenues par quelque corps
intermédiaire. Or, entendant fous
la dénomination générale de l'air ,
cet amas de diverfes effluences, de
vapeurs aqueufes , d'exhalaifons terreftres, & d'autres corpufcules que
le mouvement & la tranfpiration infenfibles font continuellement fortir des corps mixtes , nous ne pouvons plus concevoir d'autre matière
qui puiffe fe mêler & s'introduire
dans les particules de l'air , fi ce
n'eft l'éther, qui étant parfaitement
fluide , continu , homogène , & la
plus déliée de toutes les fubftances,
remplit les pores de tous les autres
corps , ne laiffe aucun vuide dans
la nature, & fe trouve néceffairement par-tout , quoique fon action foit plus fenfible dans certains
corps que dans d'autres ; parce que
pénétrant diverfes fubftances, il s'y
meut différemment , il facilite , entretient , ou empêche leur adhéfion ,
leur attraction ou leur répulfion ré-

Tome I.   D

ciproque , à raison de son cours homogène ou hétérogène ; en un mot ,
les corps le reçoivent & en sont
pénétrés , comme une éponge sèche
se remplit d'autant d'eau qu'elle en
peut contenir.

Et pour ne pas sortir de la première comparaison que nous avons
établie , nous pouvons ajouter que
l'élasticité de l'air est une autre
preuve de l'action de la matière subtile. L'air , quelque comprimé qu'on
le suppose , ne perd jamais son ressort , il n'en est pas même affoibli ,
ainsi qu'il arrive à un arc ou à tout
autre corps élastique tendu trop
long-temps; il est donc évident qu'il
trouve dans lui-même , une cause
constante & inaltérable qui agit
continuellement sur ses particules
spirales , qui les porte à s'éloigner
de leur centre & à se dilater. En
assignera-t-on une qui soit aussi im-
muable , qui agisse avec autant de
force & d'énergie que le fluide éthérée , qui est toujours & par-tout
également présent , & déploie son

activité d'un mouvement égal &
non interrompu ? La fluidité des liquides & leur continuité, est encore
une preuve bien sensible de son action. Tout liquide est composé de
parties très-mobiles qui n'ont presque aucune liaison entr'elles ; glif-
fantes de leur nature, elles roulent
rapidement les unes fur les autres,
parce que leurs furfaces font liffes
& arrondies. On conçoit que le
moindre obftacle les fépareroit, &
que leur cours s'interromproit aifément, fi une matière fans ceffe agif-
fante, l'inftrument invifible de toutes les opérations de la nature, infiniment plus déliée que les parties
élémentaires du liquide, ne rem-
pliffoit les intervalles qui les féparent les unes des autres, & ne
faciliroit leur mouvement par fon
impulfion ; car quoique les particules des liquides n'aient ni la même
confiftance ni le même enchaînement que celles des folides, qu'elles
ne foient pas dans le même repos
refpectif ; cependant il n'en eft au-

cune qui n'ait une partie voisine :
le mouvement passe sans interruption de l'une à l'autre, & comme
elles sont toutes ébranlées à la fois,
elles ne cessent de se toucher,
quoique leur situation varie, & que
ce soit cette propriété qui établisse
la différence entre les solides & les
liquides. Or, ils ne tiennent cette
propriété que de l'action de la matière subtile : si elle s'échappe des
intervalles qu'elle occupoit, si elle
s'évapore & se répand dans l'atmosphère, dans l'instant le liquide
perd sa fluidité, ses parties élémentaires, se rapprochent, se fixent
& forment un corps solide & dur :
c'est ainsi que l'eau se change en
glace, comme nous l'expliquerons
ailleurs, & si elle retourne à son
premier état ; si elle reprend la
souplesse & la mobilité de ses parties, ce n'est qu'après que l'éther
l'a pénétrée de nouveau.

Il y a donc une différence réelle
entre la fluidité de l'éther & celle
de tous les autres corps fluides : elle

vient de ce que n'ayant aucune pesanteur spécifique, il est également répandu par-tout : c'est un élément commun à tous les autres corps au moins de notre globe, qui se porte non-seulement au centre, mais à la circonférence, non par une tendance naturelle, ou une force déterminante & précise, mais suivant l'impression générale qu'il reçoit du premier mobile, tandis que tous les autres fluides, s'ils ne sont soutenus & rassemblés par des corps étrangers, suivent tout de suite le mouvement de tendance à leur centre naturel, en raison de leur poids & de la force extérieure qui les détermine par la ligne la plus droite vers le centre. Ainsi un instrument universel & fort simple annonce la main puissante qui dirige l'univers, & le principe éternel d'où dépendent toutes choses ; c'est par cet instrument qu'il les fait agir & mouvoir sous ses ordres suprêmes ; il ramène les saisons dans leur temps, il émeut toute la nature, il la fait

D iij

produire; tout est en mouvement & tout se passe dans un silence mystérieux, mais il en résulte l'harmonie la plus éloquente & la plus sublime.

§. I X.

L'Éther considéré relativement à quelques systèmes.

Allons plus loin encore, & nous trouvons dans le mouvement du fluide éthérée, & dans son action, la réalité de ces qualités occultes, de cette horreur de la Nature pour le vuide, de l'attraction même & de quantité d'autres loix singulières, les unes anciennes, les autres nouvelles, aussi inintelligibles qu'inexplicables, que des génies hardis supposèrent suivant la différence des problêmes qu'ils avoient à résoudre, & des phénomènes qu'ils avoient à expliquer : loix souvent contraires à d'autres principes qu'ils avoient établis, mais que la célé-

brité de leur nom fit adopter comme des découvertes rares & subli-
mes qui leur étoient réservées.

Ces philosophes concevoient par attraction, l'action d'une puissance motrice, par laquelle le corps mû, s'approche le plus près possible du moteur qui l'attire, & dans lequel réside la qualité attractive. Cette qualité, que l'on supposoit inhérente au moteur, ne pouvoit agir que directement, car dès qu'elle étoit réfléchie, c'étoit le moteur qui s'approchoit de la chose mue; ainsi sa qualité attractive le quittoit pour passer dans le corps qui auroit dû être attiré. Malgré ces contradictions réelles on croiroit le systême de l'attraction démontré par une multitude d'expériences incontestables, telles que la respiration qui se fait dans les animaux par l'attraction de l'air, la fumée du tabac que la succion fait monter le long du tuyau d'une pipe, le lait que les enfans tirent par le même moyen des mamelles de leurs nour-

rices, l'aiman qui attire le fer,
toutes les subſtances électriques par
leſquelles les pailles, les plumes
& les corps légers ſont rapidement
emportés, le ſoleil qui élève les
vapeurs & les exhalaiſons.

C'eſt de ce même principe, ſuivant le célèbre Newton, que pro-
viennent la plupart des mouvemens,
& dès-lors des changemens qui ſe
font dans l'univers; c'eſt par l'attraction que les corps peſans deſ-
cendent, & que les corps légers
montent; c'eſt par elle que les projec-
tiles ſont dirigés dans leur courſe,
que les vapeurs s'élèvent, que la
pluie tombe, que les fleuves coulent, que l'air gravite, que l'O-
céan a un flux & un reflux, & qu'arrivent mille autres phénomènes
que l'on cite en preuve de ce ſen-
timent.

Mais ſi tous ces philoſophes
avoient mieux étudié la Nature,
s'ils avoient appellé l'expérience
au ſecours de leurs obſervations,
bientôt ils auroient reconnu que

toutes les merveilles qu'ils attri-
buoient à l'attraction, étoient opé-
rées par l'impulsion d'un fluide
très-subtil, toujours en mouvement
& répandu par-tout. Ainsi la plupart des phénomènes que l'on ex-
pliquoit par l'effet d'une puissance
secrete, merveilleuse & certainement plus obscure que les faits que
l'on prétendoit éclaircir par son
moyen, sont aujourd'hui attribués
à une cause plus naturelle & plus
sensible, à l'impulsion du fluide
éthérée.

Pour nous en tenir à ce qui regarde les vapeurs & exhalaisons
qui sortent de la terre & de l'eau,
il n'est pas nécessaire de mettre
l'attraction en jeu, pour expliquer
comment ce phénomène s'opère. Il
est bien plus naturel de concevoir
comment la matière subtile mise
en mouvement par l'action du soleil
& celle du fluide ignée répandu
dans le sein de la terre, venant à
frapper la surface des corps, en dé-
tache une quantité de parties, qui

font la matière des vapeurs & des
exhalaifons : ce dont il n'eft pas
permis de douter, fi l'on fait attention aux changemens fenfibles
que la force de la chaleur caufe
dans toutes les fubftances. Ces parties légères des corps terreftres, dé-
tachées de la maffe à laquelle elles
étoient d'abord unies, fe trouvant
moindres de poids & de volume
que les particules de l'atmofphère
dans laquelle elles fe répandent,
font fufceptibles d'un mouvement
plus rapide, & par conféquent d'un
plus grand effort pour s'éloigner
du centre de la terre : elles tendent donc néceffairement en haut,
& s'élèvent jufqu'à ce qu'étant parvenues à une certaine hauteur de
l'atmofphère, elles s'arrêtent dans
la région occupée par un fluide de
même légèreté fpécifique : ainfi les
liqueurs & les fumées s'élèvent fous
le récipient de la machine pneumatique encore plein d'air, & reftent immobiles après que l'air en a
été pompé. Tout démontre donc

dans la Nature ce mouvement général d'impulsion qui entretient
l'équilibre & l'harmonie entre les
différentes modifications dont la
matière est susceptible. Le fluide,
principe de l'impulsion, n'étant
qu'une substance très - subtile &
impénétrable comme les corps sur
lesquels il agit ; l'effet & l'infailli-
bilité de son action, ne doivent
être attribués qu'à sa légèreté extrême, & à la facilité avec laquelle
il se divise, & prend sur le champ
toutes les formes possibles & environne les corps qu'il meut. Ces
corps étant d'eux-mêmes indifférens
à quelque espèce de mouvement
que ce soit, ou cédant à l'impulsion du fluide subtil, sont déplacés
& emportés par leur propre poids,
vers un centre commun, où ils acquièrent une densité plus solide,
par la pression de ce même fluide,
dont l'action resserre plus étroite-
ment leurs parties similaires les
unes avec les autres, en conséquence
de leur impénétrabilité & de leurs

D vj

poids qui contribuent à leur réunion. C'est par ce méchanisme que les parties homogènes de la matière la plus pure se réunissent dans le sein de la terre, pour former les corps les plus solides, les plus durables & les plus précieux, les diamans, l'or & les métaux que l'industrie des hommes est parvenue à rassembler en masses plus considérables & plus utiles.

Cette explication, quelque simple qu'elle paroisse, suffit pour faire concevoir le mouvement général d'impulsion établi dans toute la Nature, & dissiper l'obscurité mystérieuse que répandoient sur des opérations simples & nécessaires les qualités occultes de l'attraction, qui substituoient à un principe général, vrai & toujours le même, des loix arbitraires. Car comment imaginer une force par laquelle un corps en repos agit sur un corps éloigné, l'ébranle & le contraint de se raprocher, quoiqu'il n'y ait point de milieu qui établisse une communication entr'eux ? Comment admettre cette vertu cachée & réciproque, cette faculté admirable par laquelle un corps en repos, communique à un autre corps auffi en repos le mouvement qu'il n'a point ? N'eft-il pas étonnant d'avoir fait d'une pareille chimère, une propriété effentielle à la matière, une loi fondamentale de la Nature ? Sans doute que celui qui enfanta une pareille idée, efpéra qu'on l'admettroit fans examen, avec le refpect aveugle que les Pythagoriciens avoient pour les fentimens de leur maître, & que l'on fermeroit les yeux fur les effets de l'impulfion qui fe manifeftent de tous côtés. Ils nous offrent une fuite de mouvemens fucceffifs produits par le contact d'une matière active répandue dans l'univers, dans les airs, fur la terre & dans les eaux. On la voit par-tout en travail pour produire de nouveaux corps, & contribuer à l'arrangement des molécules organiques de chacun d'eux.

La diſſolution de l'un ſert à la formation de l'autre; c'eſt le même inſtrument qui agit, qui répand par-tout la vie & le mouvement: cette chaîne admirable commençant à Dieu, embraſſe tous les objets créés, & remplit l'intervalle immenſe qui ſépare l'être infini de la créature foible & deſtructible, & la créature du néant.

M. Maclaurin, diſciple & ami de M. Newton, frappé de l'abſurdité du ſyſtême de l'attraction, n'a rien omis pour en donner une explication qui pût juſtifier ſon illuſtre maître. Quelques ignorans, dit-il, ſe ſont imaginés que les corps pouvoient s'attirer les uns les autres par quelque charme ou quelque vertu inconnue, ſans être pouſſés par d'autres corps qui agiſſent ſur eux: & d'autres peuvent avoir penſé qu'une tendance mutuelle étoit eſſentielle à la matière, quoique cela ſoit directement contraire à l'inertie des corps : mais ſûrement on n'a aucunes raiſons

d'attribuer de telles opinions à M.
Newton : il s'est clairement expliqué que ces puissances venoient de
l'impulsion d'un milieu subtil éthéré, qui est répandu dans l'univers,
& qui pénètre les pores de tous les
corps visibles. Il attendoit pour s'en
exprimer plus clairement que l'observation & l'expérience le missent
en état de désigner ce milieu d'une
manière satisfaisante, & d'expliquer comment il opère en produi-
sant les principaux phénomènes de
la Nature. Il ajoute encore que dans
un univers matériel, tous les phénomènes dépendent de la continuité des corps, & que Newton
assure ou insinue toujours qu'un
corps ne peut agir sur un autre qui
est éloigné que par l'intervention
d'un autre corps. (*a*)

Ainsi les Newtoniens regardant
l'attraction comme un principe
physique, portent leurs prétentions

______

(*a*) Maclaurin, découvertes de Newton,
l. 2, n. 15 & 16.

beaucoup plus loin que leur chef n'a voulu, ni pu le faire. Ils déshonorent même sa doctrine ; mais comment en sont-ils venus à ce point de crédulité ? Par un effet de la paresse naturelle à l'esprit humain. On aime à se dispenser de la peine d'examiner : on s'en tient à ce que l'on se persuade être solidement établi : non-seulement on adopte les sentimens de ceux en faveur desquels on se préoccupe, mais encore on rejette tout ce qui est avancé par ceux contre lesquels on se prévient, sans autre raison souvent que la prévention à laquelle on se livre. On n'ose pas se persuader qu'il soit possible d'avoir des vues plus nettes, de penser plus solidement qu'un homme dont la science fait l'admiration de l'univers. Néanmoins cela arrive tous les jours : l'évidence a un caractère de conviction pour quiconque sçait voir & réfléchir. La découverte d'une vérité est quelquefois l'effet d'un heureux hasard, d'une position,

d'un point de vue où un autre ne
s'étoit pas trouvé : souvent un
homme médiocre examine avec
plus d'attention & saisit mieux un
objet, qu'un homme célèbre n'avoit
peut-être regardé qu'en passant,
& qu'il s'étoit imaginé de voir
tel qu'il étoit.

§. X.

Nouvelles observations sur les effets de la matière subtile.

Un autre principe dont la découverte est dûe au P. Malle-
branche ; c'est que la cohésion des
parties , ou la dureté des corps ne
vient que de l'action de la matière
subtile qui les environne & les
comprime. Cependant plusieurs expériences nous apprennent que l'air,
ce fluide dans lequel nous vivons ,
contribue par son poids à la solidité des corps , & y entretient l'é-
quilibre tant qu'il est dans une

jufte température ; mais nous fçavons auffi qu'il ne comprime guères que les parties les plus groffières de l'extérieur des corps, ou celles qui lui préfentent un accès facile & toujours ouvert, au lieu que la matière éthérée en pénètre aifément tous les pores les plus étroits, & lie avec force les plus petits amas de la matière dont ils font compofés. Auffi les expériences de l'électricité nous ont-elles appris que ce fluide ne fe montre dans aucun autre corps, auffi abondant que dans les métaux les plus durs, tel que le fer : elles nous ont prouvé la vérité de l'exiftence de ce même fluide, que long-temps auparavant les Cartéfiens avoient dit pénétrer & traverfer librement les pores de tous les corps, & ne laiffer aucun vuide entr'eux : fyftême que les découvertes plus modernes de M. Newton fembloient avoir anéanti, mais qu'il fut obligé enfuite d'adopter, en convenant de la réalité d'une matière fubtile, ou d'un milieu beaucoup plus délié que l'air, qui pénètre les corps les plus denfes, & qui contribue à la production de plufieurs des phénomènes de la Nature. L'exiftence de cette matière lui fembloit prouvée par l'expérience de deux thermomètres renfermés dans deux vaiffeaux de verre, de l'un defquels on avoit fait fortir l'air, & que l'on faifoit paffer en même-temps d'une température froide à une temperature chaude. Le thermomètre fuppofé dans le vuide, s'échauffoit & s'élevoit prefque auffi-tôt que celui qui étoit dans l'air ordinaire : fi on les reportoit enfuite dans une température plus froide, ils s'abaiffoient tous les deux au même degré. Ainfi, felon ce philofophe, le froid ou le chaud fe tranfmettent à travers le vuide, par les vibrations d'un milieu beaucoup plus fubtil, qui refte dans le vuide après que l'air en a été tiré, & qui doit être celui qui brife, & réfléchit les rayons de la lumière dans l'espace immense qui est entre le soleil & notre globe. Il sembloit donc que ce grand homme n'attendît que l'instant où il pourroit trouver quelque moyen de revenir des erreurs où l'avoit jetté son systême absurde de l'attraction, dont il se regardoit comme le créateur, & dont il vouloit conserver au moins le nom, quoique sa réalité ne fût qu'une chimère, dès qu'il admettoit une matière universellement répandue, dont l'impulsion suffisoit pour expliquer tous les phénomènes de la Nature.

Ce fluide, dit-il à la fin de ses principes, pénètre les corps les plus denses, il est caché dans leur substance, c'est par sa force & par son action que les particules des corps s'attirent à de très-petites distances, & qu'elles s'attachent fortement quand elles sont contigues. Ce même fluide est aussi la cause de l'action des corps électriques, soit pour repousser, soit pour attirer les corpuscules voisins; c'est lui qui

produit nos mouvemens & nos
senfations, par les vibrations qui
se communiquent depuis l'extrémité des organes extérieurs jufqu'au
cerveau par le moyen des nerfs ;
mais ce philofophe ajoute qu'on
n'a point encore une affez grande
quantité d'expériences pour déterminer & démontrer exactement les
loix fuivant lefquelles ce fluide
agit.

Tous les phénomènes de la Nature ne fuffifoient-ils donc pas pour
démontrer à ce génie fublime la
manière dont ce fluide agiffoit, &
les effets, tant généraux que particuliers, qui réfultoient de fon
action. Ces doutes, cette incerti-
tude dans un fujet fi évident par
lui-même, ne nous montrent-ils
pas que les plus grands hommes
tiennent tous par quelqu'endroit
aux foibleffes de l'humanité. Si M.
Newton eût été moins attaché aux
découvertes qu'il croyoit devoir à
l'attraction, il eût reconnu, avec
M. Leibnitz, que dans la Nature

la force vive ſe conſerve toujours la même, que la cauſe de cette action inaltérable eſt la matière ſubtile, toujours agiſſante en vertu du mouvement qu'elle a reçu lors du débrouillement du chaos; que le principe général des loix du mouvement doit ſe fixer dans la force conſtante de ce fluide univerſellement répandu, qui ſe conſerve la même dans toutes les colliſions des corps.

Il ne faut que réfléchir un peu ſur le méchaniſme de l'univers, ſur l'harmonie réglée qui règne entre la deſtruction des corps & leur reproduction, pour concevoir que la quantité de mouvement eſt toujours égale; ce n'eſt donc ni une moindre quantité d'action, ni une force créée & produite de nouveau, à meſure que le mouvement ſe rallentit & ſe perd dans le choc des corps durs, ni une loi d'épargne qui doivent être regardées comme le vrai principe du mouvement; il a été communiqué à la matière

subtile dans l'instant qu'elle a été
séparée des parties les plus grossières de l'élément ; elle le conserve,
ainsi que nous l'avons dit plus haut,
par sa configuration & son mouvement sur elle-même : si les corps
durs la repoussent, son action n'est
pour cela ni diminuée ni anéantie ;
essentiellement élastique, elle agit
sur elle-même, & y retrouve la
cause de son mouvement. Cette
manière simple d'expliquer des
questions qui ont divisé de nos
jours les plus célèbres philosophes
de l'univers, semblera mériter peu
de confiance ; mais en sera-t-elle
pour cela moins vraisemblable &
moins conforme aux loix connues
de la Nature ?

§. XI.

Actions de la matière subtile sur l'Air; preuves tirées de l'état de l'Air sur les plus hautes montagnes.

Mais plus ce fluide éthérée domine dans l'atmosphère, plus l'air est raréfié & subtil, moins il est convenable à la respiration des hommes & des animaux, accoutumés à vivre dans un air plus doux, moins actif, moins dévorant en quelque façon. L'air de l'atmosphère est un fluide composé de quantité de vapeurs aqueuses & d'exhalaisons de tous les corps; c'est ainsi que nous le dirons ailleurs, le moins simple de tous les mixtes, celui où sont rassemblées le plus de parties hétérogènes; mais quelqu'impur qu'il paroisse, c'est cependant le seul où il soit possible de respirer & de vivre,

soit

soit que les matières dont il est composé aient les qualités propres à rafraîchir le sang, que la continuité de son mouvement porteroit à un degré de chaleur excessive ; soit que par leur poids elles retiennent dans un juste équilibre les fluides qui coulent dans les canaux artériels, tant des animaux que des plantes, que l'impétuosité de ces fluides briseroit ou du moins relâcheroit sensiblement, si ce poids ordinaire venoit à diminuer. Dans l'état habituel de l'atmosphère où nous sommes accoutumés de vivre, les particules spirales de l'air embarrassées d'une multitude de vapeurs & d'exhalaisons, ont plus de densité, de poids & de volume, elles agissent plus en comprimant qu'en divisant ; mais à un certain degré d'élévation, où la même quantité de vapeurs & d'exhalaisons, ne peuvent pas être portées, cet air si favorable à la vie, pénétré & divisé autant qu'il peut l'être par la matière subtile, devient trop léger,

Tom. I.   E

trop actif, ses particules se développent davantage, leur mouvement est plus accéléré, elles
agissent sur les organes de la respiration qu'elles rendent difficile,
douloureuse, & font quelquefois
cesser entièrement. C'est ce qu'é-
prouvent les voyageurs qui traversent les montagnes les plus élevées;
plus ils approchent de leurs sommets, plus ils se sentent foibles,
ils respirent avec peine, souvent il
leur survient des hémorragies subites, parce que l'air extérieur
comprime moins les vaisseaux des
poumons qu'il ne les déchire. On
a la preuve de ces différens faits
dans les animaux que l'on enferme
sous le récipient de la machine
pneumatique; dès qu'on en a pompé l'air le plus grossier, on les voit
enfler extraordinairement, la transpiration devient si violente que
les excrémens, le sang & les fluides
sortent non-seulement par les voies
ordinaires, mais par les yeux, les
oreilles, & les pores de la peau.

La raison en est que les vaisseaux n'étant plus comprimés & raffermis par la pression de l'air extérieur, l'air intérieur subitement porté au plus grand degré de raréfaction, par l'action du fluide subtil qui se développe plus librement, agit avec tant de force sur ces mêmes corps, en dilate les parties à un point que cet état les conduit à une dissolution totale.

Presque tous les voyageurs qui entreprennent de traverser les montagnes du Pérou, quand ils approchent du sommet, sont saisis d'un étouffement mortel, ils ont des vomissemens jusqu'à rendre le sang, & ils ne trouvent de soulagement que quand ils sont arrivés à un endroit plus bas où l'air est moins subtil, la température plus douce & plus analogue à celle où l'on vit ordinairement. M. d'Ulloa, Officier des vaisseaux du roi d'Espagne, qui se joignit aux académiciens François qui allèrent faire des observations dans l'Amérique méridio-

Hist. des Indes par Acosta, l. 3, c. 9.

nale, pour déterminer la figure de la terre, parlant du Pichinca, montagne du Pérou, dit que les mules peuvent à peine monter, jufqu'au pied de cette formidable roche, mais de-là jufqu'au fommet, les hommes font forcés d'aller à pied, en montant ou plutôt en gravif-fant pendant quatre heures entières. Une agitation fi violente, jointe à la trop grande fubtilité de l'air, nous ôtoit, continue-t-il, les forces & la refpiration. J'avois déjà franchi plus de la moitié du chemin, lorfqu'accablé de fatigues & perdant la refpiration, je tombai fans connoiffance. Cet accident m'obligea, lorfque je me trouvai un peu mieux, de defcendre au pied de la roche, où nous avions laiffé nos inftrumens & nos domef-tiques, & de remonter le jour fui-vant; à quoi je n'aurois pas mieux réuffi fans le fecours de quelques Indiens qui me foutenoient dans les endroits les plus difficiles. *

Ce n'eft pas dans la Cordilliere

* Hift. générale

seule que l'on éprouve cet inconvénient, il est à peu près le même
pour tous ceux qui veulent gravir
sur les plus hautes montagnes de
l'ancien continent ; on lit dans les
transactions philosophiques*, qu'un
ecclésiastique qui avoit visité les
plus hautes montagnes de l'Arménie, & même celles de l'Europe,
de l'Asie & de l'Afrique, rappor-
toit que ces montagnes d'Arménie
étoient d'une très-grande élévation,
qu'il n'avoit pu parvenir à leur
sommet à cause des neiges qui y
sont impraticables, & que lorsqu'il fut à la plus grande hauteur
où il put arriver, sa respiration
étoit devenue sensiblement plus
courte qu'à l'ordinaire, plus difficile même qu'en montant ou en descendant ; les habitans du pays l'as-
surèrent que cela étoit ordinaire &
arrivoit à tous ceux qui montoient
si fort au-dessus du niveau de la
plaine. Le même observateur avoit
aussi éprouvé cette difficulté de respirer sur les sommets des monta-

des voyag.
*in-*4°, tom.
13.

* Année
1670, n.
63.

E iij

gnes des Cévennes. M. de Tournefort, dans son voyage du Levant,
est entré dans quelques détails relatifs au sujet que nous traitons.
« L'Ararat, dit-il, passe pour la
» montagne la plus élevée de l'Ar-
» ménie, plus parce qu'il est seul,
» comme un pain de sucre, au
» milieu d'une plaine très-étendue,
» qu'à cause de sa hauteur; il est
» toujours couvert de neiges & de
» glaces, qui se conservent dans le
» plus fort de l'été sur les collines
» de ce pays, qui ne sont guères plus
» hautes que le Mont - Valerien,
» auprès de Paris; température que
» l'on peut attribuer à la quantité
» de sel qui est répandue dans le
» sol de ce pays, au point qu'après
» les pluies on voit le sel marin
» tout crystallisé dans les champs,
» on le sent craquer sous les pieds ».
Or rien n'est plus capable de diminuer le mouvement ou d'affoiblir le ressort du fluide subtil que
ces parties salines que l'évaporation porte dans l'atmosphère; le

mouvement arrêté ou ralenti, la
chaleur cesse ou n'est que très-foi-
ble, & la neige se conserve pendant toute l'année sous une latitude
dans laquelle on s'attend à des
chaleurs excessives en été ; mais
alors même il y fait froid. M. de
Tournefort y vit tomber le 14 août
une si grande quantité de neige,
que la partie inférieure de cette
montagne, que l'on appelle le petit
sommet, étoit toute blanche. . . .
Cependant ce sçavant observateur
en montant sur l'Ararat, éprouva
la même difficulté de respirer que
le voyageur Anglois ; ce qui me
paroît devoir être attribué autant
à la fatigue qu'il avoit prise en
montant, & aux qualités particulières que l'acide salin répand dans
cette partie de l'atmosphère, qu'à
la raréfaction de l'air, relative à la
hauteur de la montagne ; ce qui
produit à peu près le même effet
sur les animaux & les plantes. A
une certaine élévation on n'y trouve
plus ni arbres ni buissons, mais

E iv

feulement une herbe fine & courte,
où fe nourriffent quelques trou-
peaux de chèvres & de moutons
d'une petite efpèce; plus haut des
fables arides, où l'on voit quelques
corneilles & des tigres; & enfin
du milieu de la montagne en haut,
des neiges éternelles qui font cachées une partie de l'année par des
nuages épais. Si l'on rapproche ces
obfervations, on voit que les effets
d'un air très-fubtil, font les mêmes
dans tous les climats du monde;
rien ne reffemble mieux aux Para-
mos ou fommets des Andes, que
ce que nous venons de dire de
l'Ararat. Il y en a où le froid caufé
par les neiges continuelles eft fi
aigu, qu'il les rend inhabitables;
on n'y voit ni plantes ni animaux.
Sur ceux dont la température n'eft
pas toujours au degré de la congélation, il y a quelques joncs, des
plantes fauvages qui ne croiffent
pas dans les climats habitables;
de-là jufqu'au féjour éternel des
glaces & des neiges, ce ne font que

fables, & différentes fortes de pierres. On remarque la même chofe
fur les Alpes, la plaine du Mont-
Cenis eft couverte d'une herbe fort
fine, les hauteurs qui joignent les
fommets toujours chargés de neiges, font formées d'un fable tout-
à-fait ftérile; ainfi on peut rapporter ces effets conftans à une même
caufe.

D'autres obfervations faites en
différens climats, prouvent également qu'à une certaine hauteur la
grande raréfaction de l'air eft
conftamment accompagnée d'une
refpiration pénible. Quelques gen-
tilshommes étant allés fur le Pic
de midi, l'un des plus hauts fommets des Pyrénées, ils y firent dreffer une tente, & s'y repoferent
affez long-temps pour ne plus fe
reffentir de la fatigue qu'ils avoient
eue à monter; cependant ils y
éprouverent une difficulté conftante de refpirer, qui ne ceffa
que lorfqu'ils furent defcendus
fort au-deffous du fommet.

E v

Un homme qui avoit passé plusieurs années dans l'isle de Tene-
riffe, disoit qu'il s'étoit mis en chemin plusieurs fois pour monter sur
le pic de ce nom, que quelques personnes qui l'accompagnoient avoient
été jusqu'à la pointe, mais que d'autres avec lui étoient toujours restées
en arrière, sans pouvoir arriver
jusqu'au sommet, tant ils étoient
incommodés de l'action d'un air
subtil, pénétrant & chargé d'exhalaisons sulfureuses, dont l'impression lui avoit rendu le visage
pâle & jaunâtre, & avoit décoloré
ses cheveux (*a*). On peut regarder
ce qui est dit, dans cette dernière
relation, de ces exhalaisons sulfureuses & de leur effet, comme un
accident extraordinaire & momen-
tané. Il est certain qu'elles ne
pouvoient qu'augmenter la difficulté de la respiration, mais en
même-temps elles devoient dimi-

____

(*a*) *Voyez* la Collection Académique,
tom. 6 de la partie étrangère.

nuer cette action irritante de la matière subtile, que l'on éprouve en d'autres positions, lorsqu'elle agit plus librement.

J'ai été témoin des mêmes effets en montant sur le Vésuve. J'ai vu quelques personnes jeunes & assez fortes ne pouvoir pas aller jusqu'au sommet, parce que la respiration leur manquoit. Outre la raréfaction de l'air qui devient plus sensible à mesure que l'on en approche, les fumées sulfureuses qui s'échappent par quantité de crevasses, doivent encore contribuer à cet accident.

Je remarquai aussi qu'un Hollandois & un Anglois également curieux d'observer de près la bouche du Volcan, manquèrent de force pour y arriver, quoiqu'ils fussent aidés & soutenus en montant par les gens du pays; ce que l'on doit attribuer à leur constitution particulière, & à l'habitude où ils sont de vivre dans un air plus épais; puisque trois Bourgui-

E vj

gnons, du nombre defquels j'étois, & qui certainement n'étoient pas plus robuftes que les perfonnes dont je viens de parler, y montèrent, y reftèrent fort long-temps fans y éprouver d'autre accident qu'une difficulté de refpirer qui fut toujours fenfible. Quant aux gens du pays, habitués à y monter tous les jours pour conduire les étrangers ; l'intérêt qui les guide, les rend prefque infenfibles aux incommodités qui en réfultent pour les autres. Il ne feroit même pas impoffible de les éviter au moins en partie, foit en ménageant fes forces, en allant doucement, & s'accoutumant par degrés à la qualité différente de l'air, foit même en arrêtant la trop grande activité de la matière fubtile ou de l'air raréfié par quelques fecours momentanés. J'ai éprouvé en montant fur le Véfuve, où je reftai affez long-temps, que quelques poignées de grefil, (dont on trouvoit alors, au mois de Mars, quelques tas

d'efpace en efpace & jufqu'au fommet) mifes de temps en temps dans
la bouche, me facilitoient l'ufage
de la refpiration en me rafraîchif-
fant ; une tranche d'orange avoit
le même effet ; ces alimens légers
calmoient le mouvement accéléré
du fang, & l'impétuofité avec laquelle il fe portoit dans les vaiffeaux du poumon : dès-lors la matière fubtile avoit moins d'action,
& l'équilibre fe rétabliffoit. Sans
grimper fur le fommet des montagnes, n'éprouve-t-on pas, après
une courfe précipitée, ou quelques
efforts fucceffifs & prompts, la
même anxiété ? c'eft que l'on a
fourni à la matière fubtile une
occafion de fe développer avec le
plus grand avantage, & d'apporter
un changement notable à fa modification ordinaire : changement qui
feroit fuivi de la diffolution totale
de la machine s'il avoit quelque
durée.

Ce qui caufe donc ces accidens,
c'eft que l'on paffe trop prompte-

ment & avec une fatigue extraordinaire, d'une atmosphère chargée
de vapeurs & d'exhalaisons, à un
air subtil & raréfié. Ainsi lors de
la conquête du Pérou, les Espagnols passant de la plaine sur
les montagnes, étoient attaqués
le premier jour de maux de cœur
& de vomissemens, à peu près
comme on l'est sur la mer lorsqu'on n'y est pas accoutumé (a);
mais insensiblement ils s'habitue-
rent à leur température. On vit
& on respire sur les plus hautes
montagnes des Alpes, parce qu'on
ne passe pas tout d'un coup d'une
plaine fort basse à leurs sommets,
le terrein s'élève insensiblement
de la mer à ces hauteurs que l'on
croit être égales à celles du Pérou.
Aussi les étrangers qui ne font que
les traverser, s'apperçoivent - ils
presque tous de quelque difficulté
de respirer, & sur-tout de la gran-

(a) Histoire de la conquête du Pérou,
l. 3, c. 10.

de activité de l'air, qui cependant
eſt fort ſain pour ceux qui y ſont habitués. Mais les ſommets iſolés de
ces montagnes, connues par leur élévation, ſont abſolument ſtériles; on
n'y trouve aucune eſpèce de plantes,
ils ſont terminés ou par des roches
arides, ou par un ſable ſec. Ces pics
dominans ſur tout l'horiſon viſible,
ſont expoſés de tous côtés à l'action
des vents, très-capables d'accélérer
le mouvement du fluide ſubtil, qui
étant alors fort impétueux, ne permet plus à la matière de reſter dans
cet état fixe, néceſſaire pour prendre une modification déterminée;
elle eſt continuellement agitée, ne
produit rien parce qu'elle n'a aucune forme ſtable; ſi quelques plantes croiſſent ſur ces hauteurs, elles
ſont maigres & de peu de durée.
Les arbres réſineux ſont les ſeuls
qui s'élèvent avec ſuccès dans la
plupart des terreins élevés; leurs
ſucs épais enveloppent les molécules du fluide ſubtil, en arrêtent le
mouvement, & tiennent la ma-

tière dans l'état d'équilibre néceffaire aux progrès de la végétation.

Il n'en eft pas de même des longues chaînes de montagnes dont
les fommets réunis forment des
plaines qui, fe · fuccèdant les
unes aux autres, s'élèvent à une
très-grande hauteur. Comme on y
parvient infenfiblement & par une
pente douce, on n'éprouve pas à
leurs points les plus élevés, cette
fatigue, cette difficulté de refpiration dont on fe plaint fur tous
les pics. Il femble que l'on s'accoutume par degrés à la qualité de l'air
que l'on y refpire. On fent qu'il
eft plus raréfié que dans la plaine,
mais ce changement ne caufe aucune anxiété. Le fommet de Radi-
cofani en Tofcane, eft beaucoup
plus haut que le pic du Véfuve,
& on n'y fent aucune incommodité de la raréfaction de l'air, parce
que la pente depuis le bas de la
montagne jufqu'au-deffus, a fix
milles d'étendue. On trouve à cette
hauteur un bourg, & fur le rocher

qui le domine, une citadelle avec
une garnifon ; cette montagne eft
l'une des plus hautes de l'Europe,
& cependant les terres y font cultivées bien près du fommet, les
hommes, les animaux & les oifeaux
de toute efpèce y vivent, & il y a
des fources abondantes. On peut
dire la même chofe de la montagne de la Bocchetta, en allant de
Novi à Gênes, & du Giogo, que
l'on paffe entre Boulogne & Florence ; ce font des fommets trèshauts, qui dominent fur toutes les
montagnes qui bordent l'horifon,
auxquels on n'arrive que par des
pentes douces, & où la végétation
eft auffi forte qu'elle puiffe être
dans ces plaines élevées, où l'air
eft vif & froid, où l'action des
vents eft prefque continuelle ; mais
comme ils ne font point réfléchis
par les inégalités du terrein, ils
ne font que gliffer fur la furface,
& ne changent rien à l'état intérieur des terres, où les germes qui
doivent produire les plantes nou

velles dans leurs saisons, trouvent les sucs nécessaires à faciliter leur développement & leurs progrès. Ces qualités sont particulières à cette longue chaîne de montagnes qui sépare la Lombardie de l'Italie méridionnale & de la mer.

§. XII.

Action de la matière subtile dans les profondeurs de la terre.

Les phénomènes excités dans le centre de la terre, à une profondeur très-considérable par l'action du fluide éthérée, ne sont pas moins admirables que ceux qui s'opèrent dans les airs ou à la surface de notre globe. Les métallurgistes ont observé que les exhalaisons s'élèvent du fond des mines les plus profondes, comme de la surface de la terre, quoiqu'il soit constant que la chaleur du soleil & le mouve-

ment qu'elle peut imprimer au
globe, ne pénètre qu'à peu de pieds
au-deſſous de ſa croûte extérieure;
ce n'eſt donc pas à cet agent que
l'on doit rapporter la cauſe de la
fermentation des matières bitumi-
neuſes, ſalines & ſulfureuſes qui
ſe rencontrent dans les entrailles
de la terre, & qui y excitent ces
vents accidentels, ces fortes éruptions, ces ſecouſſes violentes, ou
ces abondantes évaporations que
l'on éprouve dans les ſouterrains
les plus profonds. On ſçait que des
ſinuoſités les plus reculées, des
mines de ſel de Cracovie, il s'é-
lève quelquefois des tempêtes ſi
violentes, qu'elles renverſent les
ouvriers & emportent leurs cabanes.
Les académiciens François envoyés
au Nord en 1736, firent à ce ſujet
des obſervations curieuſes dans les
mines de Fahlun en Dalécarlie. Ils
rapportent qu'on peut eſtimer la
profondeur des mines d'où l'on
tire le cuivre, à trois cens pieds

au moins, que cependant il y fait
fort chaud, & que l'on y trouve
des sources d'eau vive. Au fond
du puits le plus large, dit M. l'Abbé
Outhier, nous crûmes qu'il pleuvoit fort abondamment quoique
le ciel fût fort serein; les vapeurs
qui s'élevoient du même trou, se
résolvoient en une véritable pluie,
dont nous fûmes mouillés jusqu'aux
deux tiers de la hauteur du puits.
C'est ainsi que l'existence de ce
fluide subtil se rend sensible dans
le sein même de la terre, on reconnoît qu'il y entretient le mouvement & l'action : car à quelle
autre cause pourroit-on attribuer
ces révolutions étonnantes qui se
font sentir avec tant de rapidité
dans des cavernes, où il semble
que le mouvement devroit s'anéantir par les obstacles qui se présen-
tent de tous côtés à sa propagation,
& qui cependant bouleversent certaines parties du globe par les se-
cousses violentes qu'elles leur don-

nent; sinon au principe le plus actif & le plus constant que l'on puisse imaginer.

Il est vrai qu'il ne se manifeste pas toujours avec cet appareil formidable. Si l'on connoissoit mieux l'intérieur de la terre, on seroit peut-être encore plus étonné de la singularité de ses effets & des preuves de son action variée. Nous pouvons citer en exemple les grottes de l'isle d'Antiparos dans l'Archipel. On en a donné les descriptions les plus intéressantes & qui paroissent exactes. Les concrétions dont elles sont remplies, semblent prouver une sorte de végétation dans les substances les plus dures. La plus grande partie s'élèvent de bas en haut, les unes en forme de colonnes, les autres comme des arbres ou des plantes hautes. On ne doit pas attribuer leur formation à la transpiration intérieure, ou à l'évaporation qui peut se faire dans les grottes : elles sont à une profondeur de plus de quatre cens pieds, & la plupart très-sèches, & cependant on croit remarquer un accroissement sensible dans la plupart de ces concrétions, & qui se faisant de la manière que nous avons indiquée, ne doit laisser aucun doute sur l'action de ce fluide éthérée répandu par-tout.

Enfin c'est le Prothée de la fable, il en a la puissance & la variété, tantôt formidable & destructive, tantôt utile ou amusante, quelquefois surprenante & majestueuse. C'est par une suite des effets de cette cause universelle, que les vapeurs des gouffres souterreins se dilatent, que la matière la plus lourde mise en effervescence, coule mêlée avec des torrens enflammés, qui désolent les campagnes, engloutissent les villes, absorbent les montagnes ou en font naître de nouvelles, enfin changent la face de la terre. S'il agit dans les airs, s'il est secondé par les vents, il forme ces tourbillons effrayans, ces nuages, ces tempêtes qui font

trembler les contrées qu'elles me-
nacent. Plus libre & plus tranquille,
il donne un spectacle plus beau,
plus majestueux ; tantôt il multiplie
les astres les plus brillans, tantôt
il allume dans les airs des feux si
vifs, qu'ils donnent à la nuit l'é-
clat du plus beau jour. Mais quelle
est cette cause ? Sous quels traits se
la représenter ? On ne peut en juger que par ses effets sur la matière qu'elle semble modifier à son
gré. Si l'art a imaginé quelque chose qu'on puisse lui comparer, c'est
la liqueur chymique connue sous
le nom d'éther, si volatile que
jettée en l'air elle s'évapore sur
le champ & ne retombe point. La
sensation rapide qu'elle excite dans
le corps à l'instant qu'on la goû-
te ; le fluide vital qu'elle ranime
avec une promptitude inexprimable,
peuvent être un léger crayon de
l'action du grand éther sur l'élément.

Les chymistes, plus mystérieux
& plus obscurs dans leurs expres-

fions que dans leurs procédés, ont
parlé de l'élément comme d'une
fubftance fi fimple, que tous les
efforts de l'art font infuffifans pour
la décompofer, & même pour lui
caufer aucune efpèce d'altération;
mais ils font peu d'accord entr'eux
fur fes qualités, les uns le regardant
comme principe, les autres comme
partie conftituante dans la combinaifon des autres corps. Aux quatre élémens ou modifications connues de l'élément, ils en ajoutent
trois, le fel, le foufre & le mercure, fenfibles, difent-ils, mais
doués d'un efprit inné & célefte,
c'eft-à-dire que dans cette modification de la matière ils y trouvent
plus du premier élément ou de l'é-
ther. Ce qu'ils difent peut-être de
plus raifonnable, à s'en tenir au
fens naturel de l'expreffion, c'eft
que le véritable élément ne tombe
pas fous les fens, qu'il eft fpiri-
tueux & très-énergique, en quoi
ils paroiffent confondre la première
modification de l'élément avec les
autres,

autres, mais ce qui conduit à reconnoître le fluide fubtil qui pénètre la matière & agit continuellement fur elle. Les élémens fenfibles ne font, felon eux, que l'é-
corce, l'enveloppe & comme la ma-
trice des autres élémens, & ils ont
raifon, dans le féns qu'étant fufceptibles d'une multitude de modifications, ils n'ont point de forme
décidée fous lefquelles on puiffe les
faifir & en juger. Ils regardent le
fel comme le principe de toute faveur, le foufre comme le premier
phlogiftique & la fource de toutes
les odeurs; ils ne font pas également d'accord fur les qualités primitives du mercure, ils difent feulement qu'il eft très-divifible & répandu dans quantité de corps où
on ne le foupçonne pas, à moins
que la chymie ne le développe : &
pourquoi eft-il dans ces corps ? finon parce que la configuration de
leurs parties eft plus propre à le
raffembler, que celle des autres
corps.

Tom. I.   F

Nous ne pouvons mieux terminer ce discours, où nous avons essayé de donner une idée nette & précise des modifications générales de la matière, & de l'agent principal employé dans toutes les opérations de la Nature, qu'en rapportant ici un passage d'un ancien poëte latin, qui vivoit plus de cent cinquante ans avant l'ère chrétienne, & qui renferme en peu de mots le précis de tout ce que nous avons rassemblé sur ce vaste sujet. . . . .

Hoc *vide circum supraque , quod complexu*
    tenet
Terram , quod nostri cœlum memorant,
    Græci perhibent æthera
Quidquid est hoc , is omnia format, animat,
    auget , alit , serit ,
Sepelit , recipitque in se omnia , omnium-
    que idem est pater ,
Indidemque eadem quæ oriuntur , de integro
    æque eodem occidunt.

                Pacuvius in Chryse.

DISCOURS SECOND.

THÉORIE GÉNÉRALE
DE L'AIR.

PREMIERE PARTIE.

§. I.

Idée générale de l'Air.

L'AIR est un corps léger, fluide & transparent, qui environne de toutes parts & également notre globe, dans lequel nous vivons, & que nous respirons, qui pénètre les autres corps jusqu'à une certaine profondeur. Comme c'est dans ce

F ij

fluide que vivent les plantes & les animaux; que, suivant toutes les apparences, l'air est le principe le plus actif des productions animales & végétales, ainsi que des changemens qui leur arrivent, il n'y a rien en physique qui nous intéresse plus immédiatement que l'état de l'air. Tout ce qui dans la Nature a mouvement & vie, n'est qu'un assemblage de vaisseaux dont les liqueurs sont conservées dans l'équilibre & la circulation qui leur sont propres par la pression de l'atmosphère; les variations qui arrivent dans l'air, doivent donc en produire sur tout ce qui y vit. Nous en serions convaincus si nous avions plus d'attention sur notre propre machine, & si le défaut d'uniformité dans notre genre de vie, ne nous empêchoit pas de nous appercevoir des altérations que les vicissitudes de l'air occasionnent sur notre corps, sur les cordes, les fibres & les tuyaux dont il est composé, & les liqueurs qui y circulent.

Une grande partie des animaux ont beaucoup plus de senfibilité & de délicateffe que les hommes fur les changemens de température : ce n'eft pas que la Nature leur ait donné d'autres moyens qu'à nous, ou des organes plus parfaits & plus délicats ; mais c'eft que leurs vaiffeaux & leurs fibres étant en comparaifon de ceux des hommes, dans un état fixe & toujours fenfible aux effets de certaines caufes, les changemens extérieurs de l'air, produifent en eux des fenfations qui y font relatives. Leurs vaiffeaux peuvent être confidérés comme des baromètres, affectés feulement par les caufes extérieures ; au lieu que les nôtres recevant des impreffions du dedans auffi-bien que du dehors, les unes contrarient les effets des autres, ou empêchent que l'on n'en ait un fentiment diftinct.

Quant à la nature & à la fubftance propre de l'air, nous n'en fçavons que bien peu de chofes ; tout ce que l'on en a dit jufqu'à préfent, se réduisant à de simples conjectures. Il n'y a pas moyen de l'examiner seul & épuré de toutes les matières qui y sont mêlées, & par conséquent on ne peut pas se décider sur sa nature particulière, abstraction faite de toutes les parties hétérogènes parmi lesquelles il est confondu. C'est pour cela que l'on peut dire d'abord que les molécules qui forment la masse générale de l'air, étant des assemblages fortuits de parties très-minces qui se joignent & se désunissent par mille causes différentes, elles doivent différer entr'elles de grandeurs à l'infini, de sorte qu'il y en ait de plus petites les unes que les autres à toutes sortes de degrés. Quant à l'air vraiment élémentaire, ne peut-on pas dire que ce n'est autre chose que l'éther même, ou cette matière fluide & active répandue dans tout l'espace des régions célestes, qui s'insinue par-tout, ainsi que nous l'avons déja dit? C'est l'idée que les anciens en ont eue; & nous verrons que les

modern... font fort embarraffés pour
en donner une explication plus pré-
cife.

Pline en parle avec un enthoufiafme & une magnificence d'expreffions qui annoncent une fuite
d'explications que l'on eft tout
étonné de ne pas trouver . . . * Il * L. 2.
eft temps, dit-il, de traiter les c. 38.
autres merveilles du ciel; c'eft ainfi
que nos peres ont appellé cet efpace
immenfe, où coule ce fluide vital
auquel nous donnons le nom d'air,
& qui ne tombe pas fous les fens
à caufe de fa grande rareté. Il
eft au-deffous de l'orbe de la lune,
& beaucoup plus bas, chargé d'une
infinité de vapeurs aëriennes &
d'exhalaifons terreftres mêlées &
confondues enfemble. C'eft-là que
fe forment les nuages, les tonnerres
& les foudres, c'eft le champ des
tempêtes & des tourbillons : c'eft
de-là que tombent les pluies, les
grêles & les frimats. De-là tous
ces phénomènes étonnans & fouvent défaftreux, qui réfultent du

F iv

combat de la Nature avec elle-
même. La gravitation des aſtres
repouſſe les exhalaiſons qui s'élèvent de la terre au ciel, & leur
force les attire, ſans quoi elles reſ-
teroient dans l'inertie. Les pluies
tombent, les brouillards s'élèvent,
les fleuves s'évaporent, la grêle eſt
entraînée par ſon poids. Les rayons
du ſoleil frappent la terre de tous
les côtés, l'échauffent & la rafer-
miſſent ſur ſon centre : ils s'en réfléchiſſent & en détachent toutes
les parties qu'ils peuvent en enlever.
Les vapeurs tombent d'en haut &
y remontent. Les vents viennent
vuides & s'en retournent chargés
de butin. Les animaux reſpirent
d'en haut ce fluide vital qui les
anime, & la terre le renvoie à ſa
ſource, dont il ſemble qu'elle veuille
remplir le vuide par ce moyen.
Ainſi la Nature agiſſant par-tout
& dans tous les ſens, il en réſulte
une diſcorde apparente d'où naît
le bel ordre de l'univers ; c'eſt ce
mouvement général qui met toutes

choſes à leurs places. Les unes ſe
conſervent par la deſtruction des
autres : tout ſe meut, tout agit,
le combat eſt continuel : s'il ceſſoit
un inſtant, tout retomberoit dans
le chaos. C'eſt de-là que nous
voyons un nouveau ciel ſe former
au-deſſus de nos têtes ; les nuages
ſe raſſembler comme une zone qui
ſépare la terre du ciel viſible : c'eſt-
là qu'eſt l'empire des vents. . . . . .

Après une indication ſi pompeuſe
des principaux phénomènes de l'air,
il ſembloit que le célèbre auteur
de l'Hiſtoire Naturelle du monde,
dût deſcendre à une explication
plus détaillée, dans laquelle il eût
développé tout ce qu'il annonçoit
ſçavoir ſur ce grand & vaſte ſujet,
mais il ne donne plus que des indications ſans ſuite & ſans ordre,
qui ne ſont guères plus utilés qu'une
ſimple nomenclature. Nous ſommes
donc forcés de l'abandonner, de
même que les autres anciens, leſquels, à en juger par Pline, ont
vu les choſes à peu près telles qu'elles

F v

étoient, mais s'en font tenus à des idées vagues & générales, ne croyant peut-être pas pouvoir acquérir des notions plus précifes d'un mixte qui ne tomboit pas fous les fens.

Les modernes font allés beaucoup plus loin, guidés par les indications que leur ont fourni les anciens : aidés d'une foule d'obfervations & d'expériences qui fe font faites depuis le rétabliffement de la vraie philofophie jufqu'à nos jours, ils ont prodigieufement étendu la fphère des connoiffances phyfiques. Déja, pendant une longue fuite d'années, ils ont fait des obfervations en différens lieux de la terre, au moyen defquelles on eft parvenu à déterminer au moins avec quelque précifion, les directions, les forces & les limites des vents, les qualités que ces mêmes vents établiffent dans l'atmofphère ; la relation qui eft entre l'état du ciel & les climats divers, & les différens états de l'air dans le même

climat. De sorte que certaines causes établies, on peut conjecturer les
excès de chaleur ou de froid , d'humidité ou de sécheresse qui doivent en résulter, de même que les
maladies qui tiennent à la constitution de l'air. S'il reste donc encore beaucoup de découvertes à
faire , on peut dire que c'est moins
par rapport aux phénomènes généraux , qu'à leurs effets particuliers.
Leurs causes sont connues , il n'est
question que de faire un choix heureux dans la multitude de détails
qui en ont été donnés , de se garantir des préjugés de système , pour
ne suivre que les loix de la Nature,
les exposer dans le point de vue le
plus favorable , & donner ainsi une
théorie de l'air exacte & relative
aux différens climats de la terre.

F vj

§. II.

Atmosphère : matières dont elle est formée.

La masse de l'air dont nous avons déja donné une première idée, a le nom d'atmosphère ; c'est le bas étage de l'air, chargé de vapeurs & de nuages, dans lequel se fait la réfraction de la lumière des astres, où se forment les Météores, où l'on observe tous les phénomènes de la lumière. Cette masse forme autour du globe terrestre un cercle épais ou un nouveau globe, dans lequel celui que nous habitons semble nager, & dont le poids le comprime également de tous les côtés. Ce fluide rare & élastique couvre par-tout la terre à une hauteur déterminée ; il gravite vers son centre, il est emporté avec elle autour du soleil, il en partage le mouvement,

tant annuel que diurne. Cet espace, quelle que soit son étendue, est
rempli de vapeurs & de fumées ou d'exhalaisons qui s'élèvent continuellement, tant des
corps secs que des corps humides.
Ces émanations sont des effets
de l'action du soleil, & des feux
souterrains répandus dans le sein
de la terre. Une expérience très-
commune le confirme. Presque tous
les corps approchés d'un feu modéré répandent des exhalaisons ou
des fumées, ou transpirent. Or la
chaleur n'est autre chose qu'un feu
invisible, mais aussi actif que le
feu artificiel.

C'est le mélange de ces vapeurs
& de ces exhalaisons qui compose
la masse de l'atmosphère, & de
la qualité desquelles dépend la
température de l'air saine ou nuisible. Il est démontré par l'expérience, ainsi que nous l'avons expliqué dans le discours précédent,
que l'on ne peut pas vivre dans un
air autrement constitué. Ces va-

pèurs & ces exhalaiſons ſont miſes en action par un fluide ſubtil, auquel on donnera, ſi l'on veut, le nom d'air élémentaire, matière ſèche, très-active, qui remplit l'intervalle immenſe qui s'étend de l'atmoſphère terreſtre aux extrémités de la ſphère de l'univers; ſi ſubtile & ſi déliée, qu'elle ne cauſe aucune réfraction dans les rayons du ſoleil & des autres aſtres lumineux, juſqu'à ce que ces rayons ne ſoient arrivés à cet air plus épais dans lequel nous vivons.

L'air n'a pas par-tout les mêmes modifications & la même épaiſſeur, il s'élève tantôt plus, tantôt moins d'exhalaiſons, ſuivant la différence des qualités locales du ſol, de ſa ſéchereſſe ou de ſon humidité, du plus ou du moins d'action des feux ſouterrains, & de la hauteur plus ou moins grande du ſoleil ſur l'horiſon. Les exhalaiſons répandues dans l'atmoſphère, ſont de natures différentes, relatives aux climats divers. Il y

en a de falines, d'aqueufes, de fulfureufes, de terreftres, de fpiri-
tueufes. Cette variété eft occafion-
née par les qualités des corps dont
la terre eft couverte à fa furface,
ou qu'elle renferme dans fon fein,
dont les uns fe diffolvent plus aifément que les autres. On ne peut
pas même douter qu'il ne s'en déta-
che des parties des corps en apparence les plus folides & les plus
pefans, qui, mêlangées avec les particules fulfureufes, & pouffées par
l'action de la matière fubtile, s'é-
lèvent d'autant plus aifément qu'elles ont plus de furface relativement
à leur poids. Les Météores ignées
qui fe forment dans l'air, nous
apprennent avec quelle abondance
le foufre & le nitre font répandus
dans l'atmofphère. La quantité des
vapeurs aqueufes y eft encore plus
confidérable, elles font néceffaires
à la refpiration & à la vie de cette
multitude d'animaux qui vivent
dans l'air : elles entretiennent la
fraîcheur de l'atmofphère & fa

fluidité ; elles tempèrent l'aridité des exhalaiſons : mais comme le mêlange des vapeurs & des exhalaiſons n'eſt pas toujours & partout dans une égalité parfaite, il ne faut pas s'étonner que l'air ſoit ſi différent dans les mêmes climats, que tantôt il y pleuve, tantôt on y éprouve des ſéchereſſes brûlantes. Nous développerons les cauſes de ces variétés, qui ſont fixes dans certaines régions, accidentelles dans d'autres.

Les matières différentes dont la maſſe de l'air eſt formée, conſidérées abſolument & en elles-mêmes, ne ſont pas légères, mais peſantes; ainſi elles ne s'élèvent qu'autant qu'elles ſont mues par un agent actif, dont la nature eſt de tendre en haut. Outre les expériences qui démontrent la peſanteur de l'air & dont nous parlerons plus bas, ſon expanſibilité en tout ſens en eſt la preuve : il pénètre dans les lieux bas avec autant de facilité que dans les lieux les plus

élevés ; & si la froideur de l'air,
l'humidité ou l'épaisseur des exhalaisons arrêtent l'action du fluide
ignée qui les met en mouvement,
& cause leur élévation, alors elles
restent comme enchaînées à la surface
du globe. Dans les terres polaires,
& même dans quelques climats septentrionaux, tels que l'Angleterre,
il ne se forme point de nuages pendant la nuit : il faut que la chaleur
du soleil s'unisse avec celle de la
terre pour rendre au fluide subtil
ou à l'air élémentaire son action,
par laquelle les vapeurs se raréfient,
se détachent les unes des autres &
se répandent dans l'atmosphère,
dont la hauteur est d'autant moindre que les matières qui la composent sont plus condensées ; aussi les
phénomènes ignées qui se forment
quelquefois dans la région supérieure de l'atmosphère des climats
froids & humides, y sont si peu
élevés qu'on les observe avec la
plus grande aisance, ainsi que nous
le rapporterons en parlant des au-

rores boréales. Les matières dont
l'atmosphère est composée ne sont
pas toutes également modifiées, les
unes sont plus raréfiées & plus
légères que les autres : les parties
les plus atténuées quittent en s'é-
levant la masse de l'atmosphère
pour pénétrer avec le fluide ignée
subtil, dans la région supérieure
de l'air, tandis que celles qui occupent la moyenne région ou le haut
de l'atmosphère, séparées du fluide
subtil qui a causé leur élévation,
privées de la chaleur qu'elles rece-
voient du feu terrestre & des rayons
réfléchis du soleil, dont l'action
combinée ne s'élève plus si haut,
se réunissent, se condensent, & forment un corps mixte sensible, pluie,
neige ou grêle ; se soutiennent plus
ou moins au haut de l'atmosphère,
suivant le degré de condensation
où elles sont parvenues, soit par
la fraîcheur naturelle à la région
qu'elles occupent, soit par l'action
des vents qui y contribuent, comme nous le dirons en traitant de

ces Météores, dont la connoiſſance eſt une des parties les plus intéreſſantes de cette Hiſtoire.

Mais comme l'action du ſoleil & du fluide ignée terreſtre n'eſt pas toujours la même ; comme le mouvement, la chaleur & la raréfaction qu'elle met dans les matières de l'atmoſphère, varient à proportion du plus ou du moins d'obſtacle qu'elle y trouve ; on pourroit croire que la hauteur de l'atmoſphère n'eſt pas toujours égale, mais qu'elle augmente ou diminue relativement à la chaleur dont elle eſt pénétrée ; ainſi la plus grande ſeroit à midi, la moindre à minuit, la moyenne lors du lever & du coucher du ſoleil ; parce que cet aſtre n'étant jamais vertical qu'en un ſeul endroit en même-temps, il envoie par-tout ailleurs des rayons obliques qui, par cette raiſon, ſont d'autant plus foibles qu'ils ſont plus éloignés du lieu du ciel où il ſe trouve. Il s'enſuivroit donc que les vapeurs étant

attirées avec plus ou moins de force,
s'éleveroient à différens degrés de
hauteur , & que par conséquent
l'atmosphère que l'on ne conçoit
que comme une zone qui enveloppe
la terre par-tout à une égale épaisseur, seroit plus ou moins haute,
selon le degré de chaleur, l'éloignement ou la proximité du soleil,
en un mot selon les saisons. Mais
quoique les vapeurs s'élèvent plus
dans certains lieux que dans d'autres , l'atmosphère n'en est pas
moins pour cela d'une égale hauteur dans toute son étendue. Car
l'air étant un fluide , sa gravité &
son mouvement d'expansion, le faisant tendre en bas, les parties les
plus hautes pressent celles qui sont
au-dessous, & celles-ci agissent sur
celles des côtés , jusqu'à ce que
toute la masse soit au même niveau.
Ainsi la condensation ou la raréfaction ne changeront rien à la hauteur déterminée de l'atmosphère,
parce que ces changemens ne se
faisant jamais que dans des parties

différentes, & tantôt dans l'une,
tantôt dans l'autre, s'il arrive quelque altération dans la hauteur de
l'atmosphère, elle ne peut être que
légère & momentanée. On peut
raisonner de même sur son état
considéré relativement à l'hiver ou
à l'été; car quoique la chaleur de
l'été atténue l'air, l'élève & lui
fasse occuper un plus grand espace
qu'en hiver; cependant comme
l'hiver exerce alors ses rigueurs
dans un autre climat, & que l'atmosphère y est plus condensée,
une partie de notre air y passera;
de même notre atmosphère étant
resserrée par le froid, l'air d'une
autre région où il fait plus chaud
y reflue, & vient suppléer à son
défaut de hauteur, jusqu'à ce qu'elle
soit par-tout égale; on doit encore juger de même de son état
par rapport aux températures variées du jour & de la nuit. C'est
donc au moyen de la communication établie entre toutes les parties de ce fluide, que les effets des

modifications différentes dont il
est susceptible, sont compensés les
uns par les autres, & que l'atmosphère reste toujours à une hauteur
égale. On pourroit dire par rapport
aux différens degrés d'élévation de
l'atmosphère, que les nuages, les
brouillards ou la pluie peuvent la
rendre plus ou moins haute; mais
il en sera de ces phénomènes comme de ceux du chaud & du froid;
la communication générale entre
toutes les parties de l'atmosphère,
entretient de même par-tout l'é-
quilibre. Il n'y a point d'instant
où quelque nuage ne se forme &
ne se dissolve, où il ne tombe de
la pluie dans quelque lieu du monde; par conséquent il n'arrive aucune augmentation ou diminution
à l'atmosphère du lieu où il pleut,
parce qu'il pleuvoit ailleurs auparavant : la quantité d'air y reste
toujours la même, elle n'éprouve
qu'une modification locale.

Ajoutons encore que c'est ce
mouvement général de fluidité qui

entretient constamment l'atmosphère dans un état qui la rend partout pénétrable, & qui empêche que les plus grands froids, ou l'émanation trop abondante des exhalaisons terrestres mêlées avec les vapeurs aqueuses, ne la condensent au point de lui ôter toute sa fluidité, & d'en faire un solide qui présenteroit la même résistance que la neige accumulée ; ce qui arriveroit, à en juger par l'épaisseur des brumes qui couvrent ordinairement les terres polaires, & qui déja portées à un haut degré de condensation, s'épaissiroient au point de devenir impénétrables, si un air plus tempéré & plus chaud, en se précipitant en quelque sorte sur cette partie froide & condensée de l'atmosphère, n'en venoit entretenir la fluidité, en y répandant un nouveau principe de raréfaction & de mouvement.

Cependant il arrive que dans les zones froides, ces brouillards épais, qui couvrent presque tou-

jours la surface de la terre, dispa-
roissent entièrement & font place
à un air pur & serein, quoique le
froid soit toujours extrême. Ce n'est
pas que ces vapeurs grossières aient
été raréfiées, c'est que le vent les a
emportées ailleurs, ou qu'elles se
sont réunies à la surface de la terre,
Le premier moyen est simple & n'a
pas besoin d'être expliqué : on conçoit aisément comment un vent
fort & constant, qui trouve dans
son cours un fluide plus épais, l'entraîne, le divise & l'atténue par
l'impétuosité du mouvement qu'il
lui communique : cette action des
vents est une des causes les plus
certaines de la propagation du froid,
qui se répand des zones glaciales
dans les zones tempérées, par les
exhalaisons & les vapeurs glacées
dont elle charge l'atmosphère dans
une très-grande étendue de terrein,
& dont l'intensité diminue à mesure que les vapeurs glaciales s'é-
loignent du lieu de leur origine.
Quant au second moyen, il est

l'effet

l'effet d'un froid excessif qui rend l'atmosphère claire & sereine par deux raisons ; en ce qu'il condense les vapeurs grossières dont l'air est chargé, au point d'en précipiter la chûte, & parce que la surface de la terre étant alors resserrée par la rigueur du froid, & couverte de ces vapeurs glaciales condensées, elle arrête l'émanation du fluide ignée terrestre, & empêche que les vapeurs qui forment les brumes épaisses & obscures, ne s'en exaltent.

Mais, dira-t-on, le froid ne gele jamais l'eau de la mer, & les glaces dont elle est couverte jusqu'à une certaine distance des côtes, viennent de l'intérieur des terres, & sont charriées par les fleuves dans la mer où elles s'accumulent, & où le froid du climat conserve ces montagnes énormes de glace qui subsistent depuis plusieurs siècles ; la preuve en est que ces glaces fondues donnent une eau douce. Il peut être vrai que le froid ne fasse point geler l'eau de la mer, mais il lui donne un degré de condenſation ſenſible qui empêche que l'évaporation ne ſoit auſſi abondante.

Tels ſont les changemens généraux que le froid peut occaſionner dans la maſſe de l'air; nous pouvons nous en former une idée par ce qui ſe paſſe dans la zone tempérée que nous habitons ; nous avons pendant l'hiver des alternatives de brouillard, & d'un temps clair & ſerein, qui ſont occaſionnées par les différens degrés du froid. Un froid modéré ne rend pas l'air pur, mais nébuleux ; le peu d'action que conſerve le fluide ignée, ſecondée par ce qui en reſte aux rayons obliques du ſoleil, ſuffit pour entretenir le cours de l'évaporation, mais non pour raréfier les vapeurs & les diſſiper ; ainſi dans les variations de température pendant l'hiver, on voit alternativement dans la même journée, le ſoleil briller & l'air ſe condenſer

& s'obfcurcir à diverfes reprifes, tandis qu'un froid plus violent, foutenu par un vent de nord fec & élevé, dìffipe les vapeurs, & laiffe paroître un ciel ferein & brillant.

§. I I I.

Hauteur & figure de l'atmo-fphère.

Plufieurs phyficiens habiles ont calculé la hauteur de l'atmofphère. Après diverfes expériences, telles que celles de la pefanteur fpécifique de l'air comparée à celle du mercure dans le baromètre, ils lui ont donné une étendue immenfe; dix-fept lieues de trois mille pas chacune; quelques-uns font allés plus loin encore, d'autres beaucoup plus bas, & il femble que ceux-ci fe foient le plus approchés de la vérité, fi on juge de la hauteur de l'atmofphère par l'élévation appa-rente des nuages, lorfque l'air eft le plus raréfié, & par diverses observations que nous rapporterons dans la suite de cette Histoire (*a*). Elles prouveront toutes qu'il est très-difficile & peut-être impossible de le déterminer au juste : toutes les méthodes que l'on a imaginées à ce sujet ne se rapportant point entr'elles, sans que l'on puisse en indiquer les causes. Ce que l'on sçait par expérience, c'est que l'air du sommet des montagnes est d'une nature différente de celui que l'on respire dans les plaines & dans les lieux bas, & qu'il suit d'autres loix dans sa dilatation & sa compression. La raison de cette différence doit être attribuée à la quantité de vapeurs & d'exhalaisons grossières dont l'air est chargé, qui est bien plus considérable dans la partie inférieure de l'atmosphère que dans sa partie supérieure. Ces corps hétérogènes étant moins élastiques,

------

(*a*) *Voyez* le discours sur l'évaporation, tom. 5, art, nuages.

& dès-lors moins capables de raréfaction que l'air pur, il faut que
fa raréfaction augmente en plus
grande raifon que leur poids ne
diminue. D'autres ont prétendu
que la force élaftique s'augmentoit
par l'humidité, & que les vapeurs
s'élevant beaucoup plus que les
exhalaifons, l'air qui eft près du
fommet des montagnes étant plus
humide que l'air inférieur, il eft
plus élaftique, & capable d'occuper
un plus grand efpace que s'il étoit
plus fec; la chaleur de l'air devant
encore entrer parmi les caufes de
fa dilatation, elle fera d'autant
plus grande, qu'il fera chargé
d'une quantité plus abondante de
vapeurs.

Quoi qu'il en foit de la hauteur
de l'atmofphère, il eft probable
que la figure extérieure du cercle
qu'elle forme autour de la terre eft
elliptique, parce que la raréfaction
de l'air étant plus grande entre les
tropiques qu'autour des poles, il
s'étend proportionnellement à cette

raréfaction. C'est encore relativement à cette modification de l'atmosphère que l'on peut rendre raison de la différente température
des climats, du froid & de la chaleur, de la pesanteur ou de la légèreté de l'air, de la condensation
ou de la raréfaction, toutes choses
étant égales d'ailleurs, & aucune
cause étrangère ne concourant à
changer les qualités naturelles de
l'air.

Car les particules spirales ou
branchues dont ont suppose que la
masse homogène de l'air est formée, étant chargées de différentes
vapeurs & exhalaisons, sont pouffées en diverses directions par le
poids & l'action de ces vapeurs,
de manière que les extrémités de
chaque spirale sont forcées de se
rapprocher. Plus elles sont près
l'une de l'autre, plus elles se compriment, & cette pression générale
étant établie entre toutes les particules de l'air dans une certaine
étendue de l'atmosphère, l'air est

réduit à un état de condensation
dont l'intensité plus ou moins grande dépend de la qualité & de la
quantité des vapeurs dont il est
chargé.

Mais lorsque l'action combinée
des rayons du soleil & de l'éther
ou fluide subtil, se porte sur les
exhalaisons & les vapeurs répandues dans la partie de l'atmosphère
qu'ils pénètrent & qu'ils échauffent;
ils leur communiquent une agitation si forte, que les particules hétérogènes, pesantes & épaisses qui
s'étoient insinuées jusque dans les
pores des spirales de l'air, en sont
séparées, & en quelque façon chassées; & par ce moyen les spirales
de l'air n'étant plus comprimées,
elles s'étendent & reprennent la
quantité d'espace qu'elles occupoient, avant qu'elles ne fussent
resserrées par le poids & l'action
des matières étrangères. Cet état
contraire au premier, est celui de
la raréfaction, & cette tendance
des spirales comprimées à se réta-

blir dans leur étendue naturelle, est la force élastique de l'air, & le principe de son action. Le mouvement rapide des particules ignées qu'entraînent avec eux les rayons du soleil, & celui de la matière éthérée, communiquent donc aux particules homogènes de l'air, toute l'action dont elles sont susceptibles, & dès-lors elles s'éloignent plus de l'axe de leur mouvement, elles s'efforcent davantage de s'étendre & d'occuper plus d'espace. A proportion que leur ressort se développe, il faut qu'elles poussent, qu'elles pressent les corps étrangers dont elles sont chargées, & qu'enfin elles s'en débarrassent & s'en séparent. La plus grande condensation de l'air se fait donc dans la partie de l'atmosphère le moins échauffée, & sa raréfaction est plus ou moins grande suivant que les rayons du soleil sont plus ou moins directs. C'est à peu près de cette manière que l'on peut concevoir le méchanisme de la raréfaction de l'air, qui n'eſt jamais plus ſenſible que dans les endroits du globe les plus élevés, ou dans ceux qui ſont le plus immédiatement ſoumis à l'action du ſoleil, parce que plus les exhalaiſons ſont ſubtiles & rares, plus l'air eſt actif & léger.

§. IV.

Cauſes accidentelles des varia-tions de l'atmoſphère.

Des cauſes particulières & lo-cales peuvent faire que les exhalai-ſons répandues dans la maſſe de l'air, embarraſſent tellement ſes ſpirales, qu'elles font obſtacle à l'action des rayons du ſoleil & de l'éther : ou s'ils agiſſent ils ne font au moins pendant un certain temps qu'augmenter la condenſation de l'air & ſa peſanteur ſpécifique, ſur-tout ſi ces matières hétérogènes ſont de nature à acquérir une plus grande force, ſoit par le mouve-

ment, soit par la chaleur. Alors
le reſſort de l'air & ſa fluidité ſemblent totalement abſorbés par l'action & le poids des corps étrangers
dont il eſt chargé. Il devient ou
étouffant & brûlant, ou glacial &
dévorant : de quelque manière
qu'on le conçoive il n'eſt pas moins
nuiſible.

Tels ſont ces vents ſi dangereux
& ſouvent mortels qui ſoufflent
quelquefois dans l'Arabie Pétrée,
& dans l'Irac Arabi, le long du
golfe Perſique, depuis le quinze
de Juin juſqu'au quinze d'Août.
Dans toute cette région les eaux
ſont tellement imprégnées de ſou-
fre qu'il n'eſt pas poſſible d'en boire.
Les voyageurs nous apprennent à
quels ſignes on reconnoît ces vents,
& comment il eſt poſſible de ſe
garantir de leurs terribles effets.
Après une nuit fraîche, lorſque le
ſoleil s'eſt levé avec les apparences
du plus beau jour, il arrive que
le ſpectacle de la Nature change
tout d'un coup : l'air s'agite & le

ciel paroît tout en feu; c'est un
signe certain que le vent funeste,
auquel on donne le nom de Samyel,
est au moment d'agir. Alors les
voyageurs se couchent promptement la face contre la poussière,
tenant à la main la bride de leurs
chevaux, qui par un instinct naturel baissent la tête entre leurs jam-
bes jusqu'à terre. Un moment après
un sifflement semblable au bruit
d'un feu qui pétille, se fait entendre, il est suivi d'un vent d'est qui
dure environ un quart d'heure,
après quoi l'air se calme, & le ciel
reprend sa première sérénité. Ce
vent singulier tue sur le champ
ceux qui sont exposés à son action,
mais il n'opère son effet qu'à quelque distance de la terre, d'où il est
probable qu'il sort alors des émanations bienfaisantes qui ne per-
mettent pas au vent d'agir jusque
sur sa surface. Ce vent ne souffle
que dans les temps de l'année que
nous avons indiqués, & s'annonce
toujours par les mêmes signes. Ceux

qu'il a fuffoqués ne paroiffent qu'af-
foupis : à les voir on croiroit qu'ils
goûtent les douceurs d'un profond
fommeil ; mais comme ils font
brûlés intérieurement , leurs membres fe détachent au moment qu'on
les touche , & leurs bras reftent
aux mains de ceux qui les tirent
pour les réveiller. Les corps en font
comme diffous , fans perdre leur
forme ou leur couleur, effet encore
plus furprenant que la mort même
que caufe ce vent. Chardin en
rapporte quelques exemples. En
1674, un Chatir ou meffager à
pied, venant de Bafra à Ormus,
dans la faifon de ce vent mortel,
trouva un autre valet de pied de fa
connoiffance chargé de lettres,
étendu le long du chemin : il crut
qu'il dormoit, & le tira par le bras
pour l'éveiller ; il fut bien étonné
lorfque ce bras lui demeura à la
main ; & l'ayant touché enfuite en
d'autres endroits, fes mains en-
foncerent par-tout comme dans la
pouffiere. L'année fuivante une

petite efcadre Portugaife arrêta au port de Congue, à trois journées d'Ormus, un vaiffeau chargé de paffagers Perfans qui revenoient de la Mèque, & les y retint jufqu'au mois de Juillet. Ces pauvres gens fe hâtant alors de fuir le mauvais air de ce pays, furent enveloppés de ce vent dans leur route, & plufieurs en périrent. (*a*) On peut juger par ce récit du terrible effet de ces exhalaifons fulfureufes fur les corps expofés à leur action; il eft d'autant plus fenfible & plus prompt, que leur mouvement inftantanée leur communique une force affez grande pour divifer les corps; au lieu que d'ordinaire elles agiffent plus lentement, en comprimant plutôt qu'en déchirant, en arrêtant le cours des liquides plutôt qu'en accélérant leur mouvement. Dans le premier cas l'air agit en détruifant; à

(*a*) Voyage de Chardin, tom. 4, *édit.* in-12, 1711.

la manière du feu dont il eſt pénétré, on peut le regarder comme un amas de fluide ſubtil ou électrique qui agit en toute liberté & avec la plus grande force, il ſépare, il diviſe. Dans le ſecond cas les exhalaiſons ſulfureuſes embarraſſent peu à peu les ſpirales de l'air, & lui ôtent tout ſon reſſort; il devient d'un poids inſupportable, & accable par une action toute contraire ceux qui ſont obligés de le reſpirer, au point que le principe du mouvement ne ſe développant en eux qu'avec peine, ils participent à l'inertie de l'air dans lequel ils vivent.

C'eſt ce que l'on éprouve dans quelques endroits du royaume de Naples, ſur-tout dans cette partie de la terre de Labour, qui s'étend de Pouzzols au-delà de Cumes, en ſuivant la côte par Bayes & Baüli. Quelque beau que ſoit l'aſpect de ce pays, il eſt preſque déſert; ce que l'on attribue à l'état de l'atmoſphère, qui devient très-nuiſible dans les chaleurs de l'été. Alors il semble que l'air ait perdu sa fluidité & son ressort : le pays est infecté de différentes mofettes ou petites soufrières, dont les fumées se répandent dans l'air, le rendent stagnant & si dangereux, qu'il n'est pas permis alors, sur-tout aux étrangers, de le respirer impunément. Les habitans que la misère force à y rester pendant toute l'année, sont foibles, languissans, peu actifs. Les plus laborieux s'occupent à la pêche, les autres semblent languir plutôt que vivre. Ce qui contribue encore à l'intempérie de ce climat, c'est que le pays étant peu habité, son atmosphère n'est pas assez brisée par les fumées qui la divisent en s'élevant, non plus que par le mouvement des habitans, qui l'entretiennent dans sa fluidité naturelle en l'agitant. On éprouve les mêmes inconvéniens dans quelques quartiers de Rome, qui sont regardés comme inhabitables pendant l'été ; l'excès de la chaleur, en dilatant

les particules fulfureufes qui font
plus abondantes dans ces contrées
que dans nos climats feptentrio-
naux, ôte tout le reffort à l'air, &
le condenfe au point que malgré
l'action la plus vive du foleil, &
une féchereffe fenfible, l'atmofphère eft toujours chargée de vapeurs épaiffes qui rendent la refpiration pénible & laiffent une humidité palpable dans l'intérieur de
tous les bâtimens.

Certains vents de terre de la
côte de Guinée qui foufflent entre
l'eft & le nord-eft, fans approcher
plus près du nord, qui font toujours
frais & courent d'une même force,
fans éclairs, fans tonnerre & fans
pluie, changent tout-à-coup la difpofition de l'atmofphère, en char-
geant l'air de particules falines &
nitreufes de la plus grande activité,
& fi abondantes, que, tant que ces
vents dominent, le foleil ne luit
point, & le ciel refte toujours couvert. Ce vent, que l'on nomme
dans ce pays, Harmatan, commen-

ce entre la fin de Décembre & les premiers jours de Février, jamais plutôt ni plutard : sa durée ordinaire est d'environ trois jours, quelquefois il va jusqu'à cinq & point au-delà. Il est si froid & si perçant, qu'il ouvre les jointures des planchers des chambres, les côtés & les ponts des navires qui sont au-dessus de l'eau, de manière à y fourrer la main facilement : ils restent dans cet état tant que le Harmatan dure ; dès qu'il a cessé, tout se rejoint comme auparavant. Pour prévenir ses effets pernicieux, tous ceux qui habitent le pays, naturels ou étrangers, sont exacts à se tenir chez eux tant qu'il règne, & tâchent de s'en garantir en ne laissant point entrer l'air extérieur dans leurs habitations. Il n'y a qu'une nécessité pressante ou quelque cas bien extraordinaire qui puisse les obliger de sortir une seule fois pendant que ce vent domine. Il n'est pas moins fatal aux bestiaux, dont la vie dépend de l'attention des propriétai-

res à leur fournir des asyles, autrement ils les perdroient & en très-
peu de temps. Un Anglois qui étoit
sur les côtes en fit l'épreuve par
accident, en laissant deux chèvres
exposées à l'âpreté de ce vent qui
les fit périr dans l'espace de quatre
heures. Les hommes mêmes, qui
n'ont pas les commodités nécessaires, ou qui ne s'oignent pas le
corps de quelque huile douce pour
corriger l'intempérie de l'air, ne
respirent pas si librement qu'à l'ordinaire ; étant comme suffoqués par
son acidité, qui les pénètre de toutes parts, & cause un déchirement
douloureux dans les organes de la
respiration (*a*). Où trouver la cause
de ce phénomène singulier, dans
un pays aussi chaud que la Guinée ?
il faut nécessairement qu'il sorte
de quelques parties de l'Afrique,
à l'est-nord-est de ces côtes brû-

______

(*a*) Traité des vents à la suite des voyages de Dampier, ch. 5, vents particuliers
à certaines côtes.

lantes, des exhalaisons assez abondantes pour établir dans l'air une
disposition passagère, contraire à
son état naturel, mais très-active.
Quelques relations nous apprennent que sur les confins de Dun-
cala & de Tigra, provinces au sud
de l'Ethiopie, on trouve une plaine
de quatre jours de marche, dont
un des côtés est entièrement couvert d'une croûte de sel blanc que
l'on enlève journellement pour les
usages du pays. Cette plaine doit
être à l'est-nord-est de la Guinée;
c'est probablement de-là que s'é-
lèvent les exhalaisons nitreuses &
salines dans la saison indiquée,
par des causes qui nous sont aussi
peu connues que le pays d'où elles
sortent, mais qui portées par le
vent loin de leur origine, ont les
effets que nous avons décrits.

§. V.

Action de la matière subtile sur les corps, relativement à l'atmosphère.

On voit par ces exemples que les matières différentes dont l'atmosphère est chargée, changent absolument la qualité, le poids, & les effets de l'air. Cela ne peut se concevoir autrement, si l'on fait attention à la quantité de vapeurs & d'exhalaisons dont l'air répandu autour de notre globe est rempli. Une infinité de molécules très-minces de toute espèce, des eaux, des métaux, des sels, des végétaux, des animaux, sont continuellement séparées des corps dont elles font partie, s'élèvent & sont dispersées dans la masse de l'atmosphère par l'action du fluide subtil. Ces molécules sont respectivement à l'air où elles nagent, ce que sont

les particules des végétaux, décom-
posés à l'eau qu'elles teignent,
qu'elles remplissent & sur laquelle
elles surnagent comme des corps
plus étendus & spécifiquement plus
légers. Ces corpuscules différens,
quoique très-nombreux, sont insensibles jusqu'à ce qu'ils soient
réunis en assez grande quantité
pour devenir visibles sous l'apparence des divers Météores qui leur
doivent leur existence. Les nuages,
la rosée, les pluies sont formées
de vapeurs aqueuses : les éclairs,
les foudres & les autres phénomènes
ignées, tirent leur origine d'exhalaisons plus chaudes, plus sèches
& plus inflammables.

Delà on peut concevoir pourquoi
les qualités de l'atmosphère sont
si différentes d'un endroit à un
autre. Car non-seulement les exhalaisons de la terre varient, mais
chaque corps envoie ses effluences
particulières, qui diffèrent entr'elles
suivant les positions où il se trouve
& les saisons. C'est encore ce qui

établit les différences des années ;
à raison du froid & de la chaleur,
de la sécheresse ou de l'humidité ;
& d'où viendroit cette variété ?
sinon de la qualité & de l'abondance des exhalaisons & des vapeurs , sur-tout dans la zone tempérée, & dans le centre de l'ancien
continent, où les saisons sont si
disparates entr'elles, & dépendent
pour leur température entièrement
de ces causes variables.

Telles sont les idées sous lesquelles on peut concevoir l'air
d'une manière absolue, & comme
l'espace où se forment les Météores, & dans lequel paroissent leurs
phénomènes variés. Il a encore
d'autres qualités générales qui ne
sont pas indépendantes de celles-
ci, & dont nous donnerons l'explication : mais combien la com-
binaison variée des degrés de chaleur avec la nature des sols, secs
ou humides, froids ou chauds,
tournés à l'équateur ou au pole,
n'y met-elle pas de diversité ? C'est

ce dont nous parlerons plus en détail dans la suite de cette Histoire, en traitant de la température des divers climats les plus connus; les principes généraux, que nous n'avons en quelque sorte fait qu'annoncer, recevront des explications plus détaillées, relativement aux circonstances qui y donneront lieu.

Nous pouvons d'abord dire que les climats mettent une différence très-sensible dans les effets de l'atmosphère. L'air sous la zone torride est infiniment plus chaud, plus subtil & plus rare que sous les zones tempérées, & sous celles-ci que sous les zones froides. Ces qualités de chaleur, de rareté & de subtilité dans l'air, diminuent en raison proportionnelle avec les climats & les parallèles, à mesure que l'on s'approche davantage des poles, de sorte que l'air qui sous l'équateur est très-chaud, très-rare & dans un mouvement très-subtil, sous les poles est très-froid, très-condensé, très-pesant, & paroît

à peine susceptible de mouvement.
Delà ces brumes épaisses & ces
brouillards perpétuels qu'ont ren-
contré les navigateurs qui se font le
plus approchés des deux poles. Quoique l'on ne puisse pas nier que dans
les mêmes climats & sous la même
latitude, on n'éprouve une très-
grande irrégularité dans les qualités
de l'air ; phénomènes que l'on ne
peut attribuer qu'aux exhalaisons
particulières, à la position plus ou
moins favorable des terres, & à
l'action des vents sur la région inférieure de l'atmosphère. Les observations faites dans ces derniers temps par des voyageurs ins-
truits, & capables d'en faire des
rapports sur la fidélité desquels on
pût compter, ne laissent aucun lieu
d'en douter. Nous les allons suivre
avec quelque détail ; elles ne peuvent
que répandre une grande lumière
sur le sujet que nous traitons.

§. VI.

§. VI.

Température des pays situés sous la ligne.

L'expérience nous a fait connoître que les pays situés dans la zone torride, tant en-deçà qu'au-delà de la ligne, sont communément les plus sains & les plus tempérés du monde. Les causes en sont, 1°. le cours ordinaire du soleil qui dans ces climats ne paroît jamais plus de douze à treize heures, deforte que les jours étant égaux aux nuits, la chaleur qu'il a répandue pendant le jour, est tempérée pendant la nuit par des fraîcheurs qui ne durent pas moins. On observe encore que ne se levant que vers les six heures, il en est dix avant que l'on ne ressente l'importunité de la chaleur. Elle est grande jusqu'à trois ou quatre heures, ensuite elle décline peu à peu. 2°. Ces

Tome I.   H

régions font environnées des eaux
de la mer, dont l'évaporation les
rafraîchit fans cesse ; comme on
voit en Europe que les côtes de
l'Océan font toujours plus fraîches
& jouiffent d'une température plus
égale que les terres qui en font
éloignées. On a même obfervé aux
Antilles, que fouvent il s'élève des
bords de la mer, & fur-tout des
rivières, un froid piquant capable
de tempérer la plus vive ardeur du
foleil, & qui met fouvent ceux qui
font voifins des eaux, dans la né-
ceffité de s'approcher du feu. 3°.
Les vents alifés & plus particulièrement encore un petit vent qui
trois fois le jour, le matin, à midi
& vers le foir, fe lève, gliffe &
femble folâtrer fur la terre, exprès
pour rafraîchir ces contrées, &
qui n'eft autre chofe qu'un courant
de vapeurs & d'exhalaifons qui fe
fait fentir, jufqu'à ce qu'il n'ait
acquis le degré de raréfaction, qui
le confondant dans la maffe échauffée de l'atmofphère, le rend infen-

fible. Les habitans donnent le nom de *Brife* à ces petits vents agréables, & les attendent tous les jours comme une bénédiction du ciel, aussi falutaire à la fanté des hommes & des animaux, qu'à l'entretien des plantes & de toutes les productions de la terre.

Telle eft en général l'heureufe température d'un pays que tous les anciens fe font accordés à regarder comme inhabitable, parce qu'ils le croyoient brûlé par les feux du foleil. Mais combien n'eft-elle pas variée, foit par la nature des productions, foit par celle du fol, l'abondance des eaux ou leur rareté, les bois, les montagnes & leur pofition, par les volcans & les foufrières qui font très-communes en Amérique, entre les tropiques ? J'aurois pu mettre pour première caufe les vents qui changent d'un jour à l'autre la difpofition de l'air, par les exhalaifons qu'ils y apportent : mais je réferve à parler plus en détail de leurs effets, dans le difcours où je traiterai des cauſes & de l'action de ce Météore.

§. VII.

Situation de Quito. Beauté du climat.

Quito, ville de l'Amérique méridionale, ſituée preſque immédiatement ſous la ligne, eſt peut-être le lieu de tout l'univers où l'on jouit d'une température auſſi agréable qu'elle eſt égale. L'air y eſt conſtamment pur & ſain, peu chargé de vapeurs, & le ciel preſque toujours ſerein. On peut attribuer ces rares avantages à la hauteur même du ſol de Quito, qui eſt de quinze à ſeize cens toiſes au-deſſus du niveau de la mer, & qui excède celle des plus hautes montagnes des Pyrénées. Dans cette plaine élevée, & particulièrement à Quito, le thermomètre y marque d'ordinaire quatorze ou quinze degrés

au-deſſus du terme de la glace,
comme à Paris dans les plus beaux
jours du printems, & ne varie que
fort peu; mais ſi l'on deſcend à la
mer, ou ſi l'on monte à la Cordiliere,
on eſt ſûr de faire deſcendre ou
monter le thermomètre & de ren-
contrer ſucceſſivement la température de tous les divers climats, depuis cinq degrés ou plus au-deſſous
de la congélation, juſqu'à vingt-
huit ou trente au-deſſus, le mercure ne s'y élève dans le baromètre
qu'à vingt-un pouces une ligne,
tandis qu'il ſe ſoutient ſur les bords
de la mer à vingt-huit pouces une
ligne. En un mot ce climat eſt ſi
ſingulier qu'il faut le connoître
pour ſe perſuader de ce que l'on
en raconte.

Au centre de la zone torride
ſous l'équateur même, non-ſeulement la chaleur n'a rien d'incommode, mais il y des cantons où
le froid eſt très-ſenſible, & dans
d'autres on jouit ſans ceſſe de tous
les charmes du printemps : la dou-

ceur de l'air & l'égalité des jours & des nuits, font trouver mille délices dans un pays où l'on n'oferoit des efpérer, fi on ne connoiffoit pas les heureufes variétés qui le rendent préférable aux régions fituées dans les zones tempérées, où l'incommodité du changement des faifons fe fait fentir par le paffage du chaud au froid, & du froid au chaud. Le moyen que la Nature emploie pour rendre le climat de Quito fi délicieux, confifte à raffembler diverfes circonftances, dont l'union produit les effets les plus heureux, tandis qu'une feule, fi elle dominoit, ne pourroit manquer de le rendre inhabitable. La principale eft la hauteur du terrein au-deffus de la fuperficie de la mer, & même de la plupart des contrées connues de la terre. Cette élévation diminue la chaleur, parce que dans un pays qui occupe une fi haute région de l'atmofphère, les vents font plus fubtils, la congélation plus aifée, & la chaleur

moins ardente : effets si naturels
qu'il ne faut pas chercher d'autres
causes de la température dont on
y jouit, & de toutes les merveilles
que la Nature y étale : d'un côté
des montagnes d'une hauteur &
d'une étendue immense, couvertes
de glaces & de neiges depuis leur
sommet jusqu'à leur croupe ; de
l'autre quantité de volcans dont les
entrailles ne cessent point de brûler, tandis que leurs pointes &
leurs ouvertures se soutiennent au
milieu des glaces : un air tempéré
dans les plaines, une vive chaleur
dans les ravines profondes & dans
les vallons ; enfin suivant l'abaiss-
sement ou l'élévation du sol, cette
variété de température qu'il est
impossible de représenter entre les
deux extrémités du froid & du
chaud. Celle de la ville est telle
que la chaleur ni le froid n'y sont
jamais incommodes. La même égalité dure toute l'année, & la différence d'un jour à un autre est presque imperceptible. Ainsi les mat-

tinées font fraîches, le refte du
jour eft tempéré, & les nuits fans
être ni froides ni chaudes, font
très-agréables. Il règne continuellement à Quito des vents modérés,
dont les plus ordinaires font ceux
du fud & du nord. Comme ils font
conftans de quelque côté qu'ils foufflent, ils ne ceffent point de rafraîchir la terre, en arrêtant l'impreffion exceffive des rayons du foleil.

Si ces avantages n'étoient pas
balancés par divers inconvéniens,
il n'y auroit pas de meilleur ni de
plus agréable pays dans l'univers:
mais les pluies y font terribles &
très-fréquentes : elles font accompagnées d'éclairs, de tonnerres, &
fouvent d'affreux tremblémens de
terre qui femblent annoncer un
bouleverfement univerfel. Après la
plus belle matinée qui dure ordinairement jufqu'à une ou deux heures
après midi, les vapeurs commencent à s'élever, l'air fe couvre de
nuages fombres qui fe convertiffent
bientôt en orages. Alors tout l'ho-

rifon paroît embrafé du feu des éclairs, le tonnerre retentit avec un épouvantable fracas, & tout le pays, ainfi que la ville, font inondés d'un déluge d'eau. Ce défordre dure ordinairement jufqu'au coucher du foleil, où l'air redevient tranquille, & le ciel fort ferein, quelquefois néanmoins la pluie dure toute la nuit, & continue la matinée, de forte que trois ou quatre jours fe paffent fans qu'il ceffe de pleuvoir; il arrive auffi que le temps demeure beau fans interruption pendant plu- fieurs jours de fuite : mais on peut compter que la quatrième ou la cinquième partie des jours de l'an- née font de ceux où le beau temps eft mêlé d'orages & de pluies. Ces pluies interrompues doivent être regardées comme une des princi- pales caufes de la belle température, de la falubrité de l'air de ce climat & de la fertilité des terres. Une féchereffe de quelque durée y pro- duit des maladies fort dangereufes, un excès d'humidité ruine les fe-

H v

mences : il faut donc à ce pays des
pluies fréquentes & de peu de
durée, qui tempèrent l'ardeur du
soleil sans en interrompre l'action ;
elles sont même particulièrement
utiles à la ville de Quito, dont elles
nettoyent les rues, qu'une mauvaise
police, ainsi que dans la plupart
des autres villes de la domination
Espagnole, laisse remplir de toutes
sortes d'immondices, d'où il s'élève
quantité de corpuscules nuisibles
qui se mêlent dans l'atmosphère,
& en altèrent la pureté ordinaire,
si la pluie ne les précipite & ne les
entraîne pas dans les courans qu'elle
forme dans les rues (*a*).

Il semble donc qu'on doive attribuer la belle température du pays
dont nous venons de parler à son
élévation au-dessus du niveau de
la mer, & à la distance où il est du
sommet des Cordilieres. Les vapeurs qui s'élèvent de la mer avant

______

(*a*) Histoire générale des voyages, *édit.*
*in-*4°. tom. 13.

de parvenir à quinze cens toises au moins de hauteur, sont absolument divisées par le degré de raréfaction qu'elles ont acquis : elles ne causent presque plus aucun changement dans l'état habituel de l'atmosphère : elles traversent la plaine en y répandant une fraîcheur salutaire. Elles sont attirées de-là sur les sommets des plus hautes montagnes de l'univers, où elles se rassemblent, & deviennent la matière des Météores divers qui y dominent avec plus d'empire que par-tout ailleurs.

§. VIII.

Élévation & température variée des Andes.

Il ne sera pas inutile de dire ici quelque chose de ces montagnes, pour qu'on puisse se former une idée de leur hauteur & de leur température. Le sol de la plaine de

Quito, plus élevé, comme nous l'avons dit, que les plus hauts sommets des Pyrénées, semble servir de base à ces montagnes énormes qui bordent son horison du nord au sud par l'est, & qui ont encore plus de quinze cens toises d'élévation au-dessus de cette plaine. Le Coyamburo, situé sous l'équateur même, & l'Antisona qui n'en est éloigné que de cinq lieues au sud, ont plus de trois mille toises de hauteur, à compter du niveau de la mer. Le Chimboraco, que l'on peut regarder comme la plus haute montagne de l'univers, haut de trois mille deux cens vingt toises, surpasse de plus d'un tiers le pic de Ténériffe, la montagne la plus élevée de l'ancien hémisphère. La seule partie du Chimboraco, toujours couverte de neige, a huit cens toises de hauteur perpendiculaire. Le Pichinca & le Coraçon, sur le sommet desquels les académiciens François portèrent des baromètres, & firent des observations en 1737, n'ont que deux mille quatre cens trente & deux mille quatre cens foixante-dix toifes de hauteur abfolue, & néanmoins c'eft la plus grande où l'on foit jamais arrivé : des neiges éternelles ont rendu jufqu'ici les plus hauts fommets inacceffibles. Les volcans y font plus communs que dans aucun autre lieu du monde : on voit des pointes les plus élevées, fortir des flammes, des cendres, & des torrens de matières enflammées, qui coulent à travers les glaces. Ne femble-t-il pas que tous ces pics raffemblés, foient autant de foupiraux différens par lefquels le feu élémentaire, & la matière fubtile renfermés dans le fein de cette partie du globe, s'élèvent au-deffus de la moyenne région de l'air, où ils fe réuniffent aux rayons du foleil, dont ils augmentent l'activité bienfaifante, pour reporter de nouveau le mouvement & la fécondité dans le refte de l'univers ?

De la hauteur où les académi-

ciens montèrent, qui est celle où la
neige ne fond plus en aucun temps
de l'année, quoique sous l'équateur,
on ne trouve en descendant jusqu'à
cent & cent cinquante toises, que
des rochers nuds, ou des sables
arides : plus bas on commence à
voir quelques mousses qui tapissent
les roches , diverses espèces de
bruyeres, qui bien que vertes &
mouillées, font un feu clair, ce qui
prouve qu'elles font nourries de
substances nitreuses & sulfureuses;
des mottes arrondies de terre spon-
gieuse, où font plaquées de petites
plantes radiées & étoilées , dont
les pétales font semblables aux
feuilles de l'if, & quelqu'autres
plantes. Dans tout cet espace la
neige n'est que passagère. Plus bas
encore & dans une autre zone d'environ trois cens toises de hauteur,
le terrein est communément couvert d'une forte de gramen délié
qui s'élève jusqu'à un pied & demi
ou deux pieds. Cette espèce de foin
ou de paille est la production qui

caractérife les montagnes que les Efpagnols nomment *Páramos*. Enfin en defcendant encore plus bas jufqu'à la hauteur d'environ deux mille toifes au-deffus du niveau de la mer, on voit neiger quelquefois ou pleuvoir. On juge aifément que la nature variée du fol, fes diverfes expofitions, les vents, les faifons, & d'autres circonftances phyfiques, doivent faire varier plus ou moins les limites que l'on affigne à ces différens étages.

Si l'on continue de defcendre après le terme qu'on vient d'indiquer, il fe trouve des arbres & des buiffons; plus bas on ne rencontre plus que des bois dans les terreins non défrichés, tels que les deux côtés extérieurs de la double chaîne de montagne, au milieu de laquelle ferpente la vallée qui fait la partie habitée & cultivée de la province de Quito. Au dehors, de part & d'autre de la Cordiliere, tout eft couvert de vaftes forêts qui s'étendent vers l'oueft jufqu'à la mer

du fud à quarante lieues de diftance , & vers l'eft dans tout l'intérieur d'un continent de fept à
huit cens lieues , le long de la
riviere des Amazones jufqu'à la
Guyane & au Brefil. Il faut remarquer encore que ces forêts ne forment prefque toujours qu'une efpèce de taillis vers la mer : mais
à mefure que l'on avance dans les
terres , les arbres s'élèvent davantage , & ce n'eft qu'à fept ou huit
lieues de la côte qu'on les trouve
dans leur plus grande hauteur : ils
font ainfi dans un efpace confidérable plus ou moins large, fuivant
les qualités du fol où ils croiffent,
jufqu'à ce qu'ils ne diminuent de
grandeur , à mefure que l'on s'approche des terres élevées de la montagne. C'eft ordinairement des
bords de ces forêts que s'élèvent
les vapeurs abondantes qui fervent à la formation de ces nuages
épais, d'où fortent les orages &
les pluies qui fe répandent dans les
plaines voifines.

Ces obfervations faites dans le même pays, où la hauteur du terrein fait trouver les températures diverfes de tous les climats connus, & à fi peu de diftance les unes des autres, où les difpofitions de l'atmofphère varient fi rapidement, de même que les effets de la végétation, annoncent que dans toutes les pofitions imaginables les qualités fenfibles de l'air dépendent de l'élévation des terres, des exhalaifons, des vapeurs, & de l'effet des vents, au moins autant que de l'action du foleil, puifque fous la ligne même on paffe fi aifément des ardeurs de l'été aux douceurs du printemps, & aux rigueurs même de l'hiver, fans perdre de vue les terres plus ou moins hautes, où l'on éprouve des viciffitudes fi marquées. Cependant on ne s'apperçoit pas qu'elles caufent aucune altération dans l'air, qui, dans toute cette région, eft également fain: dans la partie vraiment tempérée, dans ce que l'on appelle le pays

des vallées, où s'étend la province
de Quito, la fertilité eſt admirable,
& on l'attribue aux avantages dont
nous avons déja parlé. Le chaud
& le froid y ſont tempérés avec
un accord qu'on ne voit dans aucun
autre climat, entre ces deux contraires. L'humidité y étant continuelle, & l'action du ſoleil preſque
toujours capable de pénétrer & de
fertiliſer la terre, on peut dire que
pendant toute l'année ce pays jouit
des richeſſes de l'automne unies
aux douceurs du printemps. A meſure que l'herbe ſèche, il en croît
de l'autre, & les fleurs ne ſont pas
plutôt fanées que l'on en voit éclore
de nouvelles : il en eſt de même
des arbres qui ſont ſans ceſſe parés
de feuilles & de fleurs, & toujours
chargés de fruits, les uns verds les
autres mûrs. A l'égard des grains,
on voit auſſi dans le même lieu
ſemer d'un côré & moiſſonner de
l'autre. Les ſemences nouvelles ger-
ment; celles qui ont été plutôt
miſes en terre, croiſſent; les plus

avancées pouffent des épis, d'autres font au moment d'être recueil-
lies ; ce qui préfente continuellement fur ces collines, une vive
peinture de nos quatre faifons de
l'année. On ne laiffe pas d'avoir
des temps réglés pour les grandes
récoltes : mais le temps propre à
femer dans un lieu eft fouvent paffé
depuis un mois ou deux pour un
autre lieu, quoique peu éloigné,
& n'eft pas encore arrivé pour un
troifième : ainfi toute l'année fe
paffe à femer & à recueillir, foit
dans le même lieu, foit en différens cantons. Cette inégalité vient
de la fituation diverfe des montagnes, des collines, des plaines &
des coulées (*a*). On ne doit pas

(*a*) On appelle coulées ces inégalités
que forment au bas des montagnes les
matières qui coulent de leurs fommets,
foit dans le temps des éruptions des volcans, foit à la fuite de ces pluies prodi-
gieufes dont nous avons parlé, & qui forment des efpèces de côtes affez élevées,
que des ravins profonds féparent les unes
des autres.

être étonné si dans une température si heureuse, dans un sol si fertile, l'excellence des fruits & des denrées répond à leur abondance ; quoique l'agriculture soit tellement négligée dans tout ce pays, que l'on ne sçait ce que c'est que greffer les arbres ni les tailler, ils sont tels que la Nature les produit, l'industrie n'y ajoute rien. Leur fertilité est donc un effet de la fécondité naturelle du sol entretenue & augmentée par les cendres & les sels que les fréquentes éruptions des volcans répandent sur les plaines, & par les qualités favorables de l'air.

Le pays dont nous venons de parler est renfermé dans la Cordiliere qui est double, & le sépare à l'est & à l'ouest du reste de l'Amérique. La première de ces deux chaînes de montagnes est à environ quarante lieues de la mer ; elles courent sur deux lignes paralleles du nord au sud, à sept ou huit cens lieues de distance, suivant la position de leurs sommets qui s'éloignent ou se rapprochent. Quito & presque toute la province de ce nom, sont situées dans cette longue vallée, qui malgré sa grande hauteur paroît une plaine assez basse, relativement aux sommets très-élevés entre lesquels elle s'étend dans une largeur de cinq à six lieues ; les montagnes qui semblent décider de la température de ce pays, ne sont doubles que dans l'espace d'environ cent soixante-dix lieues, depuis le sud de Cuença jusqu'au nord de Popayan, dans la Nouvelle Grenade ; au-delà le pays change de qualité, les dispositions de l'air n'y sont plus les mêmes, ni aussi saines.

§. IX.

Qualités de l'air dans quelques régions de l'Amérique méridionale.

Il s'en faut beaucoup que les autres provinces situées entre l'équateur & les tropiques, soit au sud, soit au nord, jouissent d'une température aussi égale que la province de Quito. Aucune autre contrée du monde n'en approcheroit autant que celle où est située la ville de Lima, si les tremblemens de terre n'y étoient pas aussi fréquens & aussi terribles.

Le printemps commence à Lima à la fin de Novembre ou au commencement de Décembre, par le changement qui se fait alors dans l'atmosphère. Les vapeurs dont elle étoit chargée pendant l'hiver venant à se dissiper, le soleil recommence à paroître, & rend à la terre une

douce chaleur, dont l'abſence de
ſes rayons l'avoit privée. Enſuite
vient l'été qui eſt chaud, ſans qu'on
ſe plaigne de l'excès : ſon ardeur
eſt tempérée par les vents du ſud
qui ſoufflent modérément dans
cette ſaiſon, & qui rafraîchiſſent
l'air par l'humidité qu'ils y répandent. L'hiver commence au mois
de Juin ou dans les premiers jours
de Juillet, & dure juſqu'en Novembre ou Décembre, avec quelques ſemaines entre deux, qui
tiennent de la température des
deux ſaiſons, & que l'on peut regarder comme l'automne de ce
pays. C'eſt à la fin de l'été que les
vents du ſud commencent à ſouffler
avec plus de force, & à répandre
le froid ; mais qui ne reſſemble en
rien à celui que l'on reſſent dans
les climats où l'on voit de la neige
& de la glace, il oblige ſeulement
de quitter les habits légers pour en
prendre de plus chauds. Ce froid
eſt occaſionné par les vents du pole
auſtral, qui conſervent l'impreſ-

ſion que leur ont communiquée les neiges & les glaces, au milieu deſquelles ils ſe ſont formés. Peut-être ne la garderoient-ils pas dans un ſi grand intervalle, c'eſt-à-dire depuis la zone glaciale juſqu'au centre de la zone torride, ſi la Nature n'y avoit pourvu en établiſſant une ſeconde cauſe à l'hiver, que l'on peut regarder comme locale. Pendant que cette ſaiſon dure à Lima & dans les environs, la terre ſe couvre d'un brouillard épais comme d'un voile qui empêche les rayons du ſoleil de pénétrer juſqu'à elle, de ſorte que les vents ſoufflans par deſſous, conſervent la fraîcheur ſenſible qu'ils ont contractée dans des pays habituellement froids. Ce brouillard n'enveloppe pas ſeulement le canton de Lima, il s'étend vers le nord & dans tout le pays des vallées : il ne ſe borne pas à la terre, il couvre auſſi l'atmoſphère maritime, il ſe maintient régulièrement ſur la terre juſqu'à dix ou onze heures,

heures, quelquefois jusqu'à midi, qu'il s'élève fans fe diffiper entièrement : mais il n'offufque plus la vue, il cache feulement le foleil pendant le jour, & les étoiles pendant la nuit ; car le ciel demeure toujours couvert, foit que les vapeurs s'élèvent, foit qu'elles s'étendent fur la terre. Quelquefois elles s'éclairciffent affez pour laiffer appercevoir la lumière du foleil, mais en même-temps elles confervent affez de denfité pour que la chaleur de fes rayons ne puiffe pas les pénétrer (*a*).

À quelque diftance de Lima, en approchant de la mer, les vapeurs fe diffipent prefque entièrement, puifqu'elles laiffent voir le foleil, & fentir fes rayons qui modèrent le froid que l'on éprouve alors. Au Callao, qui n'eft qu'à deux lieues de Lima, les hivers font beaucoup moins défagréables, & le ciel moins

---

(*a*) Hiftoire générale des voyages, *édit.* *in*-4°. tom. 13, ou tom. 52, *édit. in*-12.

embrumé ; mais en été les chaleurs
y font beaucoup plus vives , & l'air
y eft moins falutaire qu'à Lima.

Il en eft de même de Pife , par
rapport à Florence ; pendant que
les vapeurs & les exhalaifons qui
s'élèvent des rivieres & des terres
de l'intérieur de la Tofcane, & qui
fe condenfent dans les vallées, fur-
tout à Florence & dans fes environs,
rendent l'atmofphère défagréable ,
& fouvent y établiffent des qualités mal-faines , on jouit à Pife du
plus beau ciel , l'air y eft pur &
ferein ; les malades y vont chercher
la fanté. La rigueur des vents du
nord y eft tout-à-fait tempérée par
la chaleur du foleil qui y eft fenfible , même dans les mois de Décembre & de Janvier. Si les vents
d'eft ou de fud viennent à fouffler
fans que le ciel fe couvre de nuages, il femble que le printemps
renaiffe avec tous fes agrémens.
Mais dès que les chaleurs commencent à s'y faire fentir, il faut quitter cette ville & fes environs, &

se retirer plus avant dans les terres. L'air y devient dangereux, sur-tout pour les étrangers, qui résistent difficilement à son action ; la plupart de ceux qui ont voulu y demeurer pendant l'été, en ont été les victimes. Il en est de même de quelques côtes maritimes du Pérou dont nous parlons, la nécessité seule oblige à y rester dans le temps des chaleurs. Ajoutons encore que les tremblemens de terre si fréquens dans cette partie du monde en changent entièrement la face extérieure, & ne peuvent manquer de porter une altération sensible dans l'atmosphère, jusqu'à ce que le cours des vents ordinaires, ne l'ait rétablie dans son état naturel.

Les vents de sud & de sud-est, quoique très-constans pendant l'hiver à Lima & dans tous les parages voisins, varient néanmoins un peu, mais presque imperceptiblement, étant fort modérés dans toutes les saisons. Aux vents des terres australes qui se font généralement sentir dans les vallées , fuccèdent quelquefois des vents de nord, fi foibles à la vérité, qu'à peine ont-ils la force de mouvoir les gi-rouettes & les banderoles des vaif-feaux. Ils ne font fenfibles que par une petite agitation de l'air qui fuffit pour faire remarquer que le vent de fud ne règne point. Elle arrive régulièrement en hiver, & c'eft par ce changement que les brouil-lards commencent. Ce fouffle léger met une altération fi notable dans l'atmofphère, que dès qu'il com-mence & même avant que le brouil-lard foit condenfé, les habitans en reffentent les effets, par de violens maux de tête qui les affurent dans l'inftant de l'état de l'air.

Une fingularité à obferver au fujet de la difpofition générale de l'air au Pérou, c'eft que depuis la bàye de Guyaquil, à deux degrés de latitude fud jufqu'au-delà d'A-réca, vers les déferts d'Atacama, il ne pleut & il ne tonne jamais. Les maifons de toutes les villes qui

font bâties fur cette longue côte,
qui s'étend à plus de quatre cens
lieues, de l'équateur au tropique du
capricorne, ne font couvertes que
de quelques nattes fur lefquelles
on jette une légère couche de cendres pour abforber la rofée & l'humidité de la nuit. Cette températu-
ture toujours égale ne s'étend qu'à
dix lieues de largeur, un peu plus
un peu moins, felon la diftance
qu'il y a de la montagne à la mer.
Toute cette plaine ne peut être
que fablonneufe & fort aride, puifqu'il n'y pleut jamais, & que l'on
n'y trouve aucune fource. On n'y a
d'autre eau, même pour boire, que
celle des torrens qui defcendent de
la montagne, & qui font éloignés
de huit à dix lieues les uns des
autres, quelquefois plus : mais
comme ils font fort abondans, on
les répand par des canaux artificiels
dans les terres voifines qu'ils arrofent & fertilifent ; d'ordinaire on
rencontre à une lieue de diftance de chaque côté de ces torrens,

I iij

des champs délicieux & abondans
en toutes fortes de fruits & de
grains.

Il semble cependant que les
pluies devroient être fort communes dans la plaine maritime du Pérou, puisque ce pays est borné d'un
côté par la mer, d'où il s'élève ordinairement beaucoup de vapeurs,
& de l'autre par les montagnes que
l'on peut regarder comme un réservoir inépuisable de neiges &
d'eaux : mais on attribue la cause
de cette température constamment
sèche, au vent de sud-ouest qui
règne pendant toute l'année le long
de la côte & dans la plaine, & qui
souffle avec tant de violence qu'il
emporte les vapeurs & les exhalaisons qui sortent de la terre &
de la mer, avant qu'elles puissent
s'élever assez dans l'air pour s'y
réunir & former des gouttes d'eau
qui retombent en pluie. En effet,
il arrive souvent qu'en regardant
la plaine de dessus les hautes
montagnes, on voit ces vapeurs

réunies qui font paroître l'air inférieur épais & nébuleux, quoiqu'il
foit clair & ferein fur la montagne. Ce même vent eft caufe auffi
que les eaux de la mer du fud ont
une direction déterminée vers le
nord (*a*).

Dans la montagne du Pérou pa-
rallèle à la plaine, les faifons font
réglées, il y pleut & il y tonne ;
auffi les terres préfentent-elles un
coup d'œil tout-à-fait différent. Au
lieu de ces fables arides & brûlans
que l'on voit le long de la côte,
la montagne eft couverte d'herbes
toujours vertes, d'arbres & de grains
de différentes efpèces ; on trouve
par-tout des fources & des ruif-
feaux, d'où fe forment les rivières
& les torrens qui defcendent avec
tant d'impétuofité dans la plaine ;
on y éprouve des chaleurs & des
froids fort vifs, en un mot la température de l'air, quoique fort

––––––––––

(*a*) Hiftoire de la conquête du Pérou,
tom. 1 ; c. 6 & 7.

saine, est tout-à-fait différente de celle de la côte; ce qui est cause sans doute que les femmes de la montagne du Pérou font communément blanches, & ont le visage, la physionomie & les manières beaucoup plus agréables que celles de la plaine. A ces causes naturelles on peut ajouter encore que la plupart des habitans de la montagne ont conservé leur liberté & ne gémissent pas fous le poids horrible de l'esclavage qui accable le peu qui en reste encore dans le voisinage de la mer, & à portée des villes Espagnoles.

Le Bresil, situé fur la côte opposée à celle du Pérou, de la ligne au tropique du capricorne, quoiqu'en entier dans la zone torride, jouit d'un air bon & tempéré, au moins dans tous les cantons où les Européens ont des colonies. Les pluies le garantissent du soleil dans le temps où il feroit exposé à fa plus grande ardeur: dans les autres saisons, il s'élève alternativement

des vents de terre & de mer, qui
soufflent, les uns le matin, les autres à midi, & qui rafraîchissent
l'atmosphère. Tout ce pays presque
aussi élevé que le Pérou, a des eaux
excellentes, & le sol en est fertile
par-tout où il est en culture. Au
centre il y a de grandes forêts dont
on connoît peu l'intérieur ; elles
sont habitées par des peuples Sauvages qui sont souvent en guerre
les uns contre les autres , & qui
sont encore dans l'usage horrible
de manger leurs prisonniers. Les
naturels de ce pays sont forts &
robustes, capables de supporter les
plus grandes fatigues qu'entraînent
avec elles leurs chasses & leurs
guerres, de même que les excès de
la faim & du manger sans en être
incommodés ; on croit qu'ils sont
sujets à peu de maladies, & que
leur vie est longue ; nous verrons
plus bas que ces conjectures ne sont
pas toujours fondées. Ce qu'il y a
de plus certain, c'est que les Portugais qui sont établis au Bresil jouis-

I v

ſent d'une bonne ſanté, & vivent
auſſi long-temps qu'en Europe.

Au-delà des côtes du Pérou, ſoit
au ſud, ſoit au nord, la température change tout d'un coup. A leur
extrémité méridionale du côté de
la mer du ſud, on trouve les déſerts
& les montagnes d'Atacama qui
ſéparent cette grande province du
Chili, où le froid eſt ſi vif, que ſi
l'on eſt ſurpris dans la ſaiſon où il
règne, par quelque coup de vent
impétueux, on eſt glacé dans l'inſtant, ainſi qu'il arriva aux Eſpagnols lorſqu'ils tentèrent pour la
première fois de paſſer du Pérou
au Chili. Il y a deux chemins qui
conduiſent de la province de Char-
cas au Chili, l'un par la plaine
qui eſt le plus long, l'autre par les
montagnes qui eſt beaucoup plus
court, mais qui n'eſt praticable
que dans la belle ſaiſon, à cauſe
des neiges & des glaces qui y cauſent en hiver un froid mortel. L'In-
cas & le Grand Prêtre des Indiens,
avoient conſeillé à l'Adelantade

Dom Diegue d'Almagro de pré-
férer le chemin de la plaine; mais
comme il se défioit d'eux, il choisit
le plus court, & il lui en coûta
cher : le froid lui tua dix mille
Indiens employés à porter les ba-
gages, qu'il fallut abandonner dans
les montagnes de glaces , & plus
de cent cinquante Espagnols y périrent, sans y comprendre ceux à
qui les doigts des pieds & des
mains tombèrent par l'excès du
froid. Dans le reste du Chili , qui
s'étend à trois cens lieues du Pérou
au sud , la température de l'air en
été est à peu près la même qu'en
Espagne, au moins pour les terres
situées dans la plaine , qui sont
fertiles & très-aisées à cultiver,
mais le froid règne toujours dans
les montagnes au point que la plupart des rivières qui en sortent &
qui coulent pendant le jour , s'arrêtent pendant la nuit , sans qu'on
y voie une goutte d'eau; ce qui
vient de ce que la chaleur du soleil
qui fait fondre les neiges & les

glaces tant qu'il eſt ſur l'horiſon, venant à ceſſer, dès qu'il a diſparu les eaux ceſſent auſſi de couler, & les rivieres reſtent à ſec. On ne doit pas s'étonner ſi pendant l'hiver le froid eſt ſi rigoureux dans les plaines, que les naturels mêmes du pays auroient peine à y réſiſter, s'ils ne quittoient les cabanes qu'ils habitent ordinairement pour ſe cacher dans des retraites où ils ſont à l'abri des vents, & où ils vivent à peu près comme les malheureux habitans des terres polaires.

Le Paraguay qui eſt à l'oueſt du Chili, eſt dans une température plus douce & auſſi bonne pour la ſanté, il produit en abondance toutes ſortes de denrées, & ſur-tout cette herbe merveilleuſe dans laquelle les Eſpagnols du Pérou prétendent trouver un remède à tous leurs maux, & dont les naturels du pays font peu d'uſage. Ils jouiroient d'une bonne ſanté & ſeroient généralement plus robuſtes, s'ils pouvoient modérer leur appétit. Ac-

coutumés à manger avec excès, &
presque toujours pressés par la faim,
ils se remplissent de toutes sortes
de fruits & de viandes presque
crues, ce qui leur cause de fréquentes indigestions, dont le remède
pour eux est de s'aller plonger dans le
fleuve le plus proche, & de s'endormir sur la terre sans autre précaution. Ainsi, quoique l'air du Paraguay soit vif & sain, il y a communément parmi les habitans
beaucoup de fièvres opiniâtres qui
font la suite des excès qu'ils font
en mangeant, & qui en emportent
un grand nombre (*a*). Je ne parle
point ici de la petite vérole qui est
une épidémie commune à presque
toutes les régions connues, & qui

(*a*) Leur appétit, ou plutôt leur voracité, est si grande, que lorsque les mission-
naires Jésuites commencèrent à les policer,
ils assommoient les bœufs qu'on leur donnoit pour cultiver la terre, & les man-
geoient en fort peu de temps, sans pouvoir
en rendre d'autre raison sinon qu'ils avoient
eu faim.

fait un ravage étonnant dans un pays
où les malades font abandonnés aux
feuls foins de la Nature. On ne connoît d'ailleurs au Paraguay aucune efpèce de maladie qui tienne à l'intempérie de l'air (*a*). Au refte les faifons, les vents & les pluies, dans
toute cette partie de l'Amérique,
qui eft au-delà du trentième degré
de latitude fud, ne font plus réglées comme dans le Pérou, mais
variables comme en Efpagne, & dans
les autres pays de l'Europe fitués
dans les mêmes parallèles.

De l'autre côté du Pérou, depuis
la baye de Guyaquil en tirant au
nord, jufqu'à Pafto, & même bien
au-delà en fuivant la côte jufqu'à
Panama, dans une étendue de près
de trois cens lieues; les pluies font
fi fortes & fi fréquentes qu'on n'y
peut habiter qu'avec beaucoup de
peine, le climat étant très-con-
traire à la fanté à caufe de l'humi-

(*a*) Relation des miffions du Paraguay,
*in-*12, *Paris,* 1754.

dité continuelle qui règne, &
qui arrête tous les effets de la tranfpiration. Lorfque les Efpagnols,
fous la conduite de François Pi-
zarre, commencèrent la conquête
du Pérou, ils abordèrent le deux
de Février à une terre qu'ils nom-
mèrent *la Candelaria*, où l'humidité étoit fi grande, que leurs habits y pourrirent en très-peu de
temps, & fi entre-coupée de montagnes & de bois qu'ils ne purent y
pénétrer. Cette terre eft fur la côte
du fud, à la même latitude que
l'Ifle de la Gorgone, où il pleut
chaque année pendant huit mois.
Il eft aifé de voir que les qualités
du fol, les bois qui arrêtent les vapeurs & contribuent à leur condenfation par la fraîcheur qu'ils entretiennent, & les inégalités du terrein qui interceptent l'action des
vents qui règnent librement fur les
côtes ouvertes, & les terres élevées
du Pérou, font la caufe d'une température fi différente & fi mal-
faine.

§. X.

Température de l'isthme de Panama, de Carthagène & de Porto-Belo; chaleur de la France comparée à celle de l'Amérique.

Les régions situées au nord de l'équateur à peu près à la même distance de la ligne, que Lima au sud, sont dans une température tout-à-fait différente, & les climats ne s'y ressemblent en rien. A Lima & dans les vallées du Pérou, où il ne pleut jamais, ou du moins très-rarement, la sécheresse contribue à la salubrité de l'air; il n'en est pas de même de l'isthme de Panama, & du pays qui s'étend de-là jusqu'à l'équateur; les saisons y approchent plus de l'humidité que de la sécheresse. Le temps des pluies y commence en Avril ou en Mai; elles continuent en Juin & en Juillet, & leur grande force est au mois d'Août. La chaleur est extrême partout où le soleil perce les nues, & l'air est d'autant plus étouffant, qu'il n'y a point de vent alors pour le rafraîchir. Ces pluies commencent à diminuer dans le mois de Septembre, mais souvent elles durent jusqu'au mois de Janvier. Ainsi on peut dire qu'il pleut dans l'isthme & les terres voisines, les trois quarts de l'année. L'atmosphère dans ce temps, surtout à la suite des orages, est imprégnée d'une odeur sulfureuse très-forte, qui se répand dans les bois & s'y conserve plus longtemps que dans la campagne ouverte.

C'est sur-tout dans cette partie de l'Amérique que les tourbillons orageux, les tonnerres, les foudres & les tremblemens de terre, causent les ravages les plus terribles; les pluies y sont quelquefois si abondantes, qu'une plaine qu'elles inondent est transformée tout d'un coup en un lac. Il n'est pas rare de voir les forêts déracinées en partie par la violence des orages, & les plus gros arbres emportés par les rivières. Ces grandes pluies forment dans les montagnes & dans les plaines des amas d'eaux, & entretiennent un fond d'humidité qui pendant les calmes dont les chaleurs étouffantes de ces climats sont ordinairement accompagnées, corrompent l'air des vallons, y facilitent la multiplication de ces nuées, de mosquites, de maringuoins, de moucherons & de cousins de toute espèce, qui tourmentent les habitans la nuit & le jour. Au bruit des orages succèdent d'autres concerts encore plus désagréables formés par le croassement des grenouilles & des crapaux, le sifflement des serpens, le bourdonnement des mouches, & les cris d'une infinité d'autres insectes, de reptiles venimeux & d'animaux féroces, dont les habitans du pays sont environnés, & au milieu desquels ils ne peuvent trouver ni repos ni sûreté. Tel est l'état ordinaire d'un pays que l'on peut regarder comme le marché général, où tous les peuples de l'univers se rassemblent pour y faire le commerce le plus riche que l'on connoisse.

Les villes ne sont pas plus favorisées de la Nature que les campagnes, au moins pour ce qui regarde la température de l'air & sa salubrité. Carthagène qui est la ville la plus voisine du golfe Darien & de l'isthme de Panama, a le plus beau port & le plus commode de toute l'Amérique; mais le climat y est excessivement chaud. Les observations du thermomètre nous apprennent que la chaleur du jour le plus chaud de Paris est continuelle à Carthagène. Les qualités de l'atmosphère & sa température nuisible ne s'y font jamais mieux sentir que depuis le mois de Mai jusqu'à la fin de Novembre, qui est la saison que l'on y nomme hiver, parce qu'alors les pluies, les tonnerres & les éclairs y sont si fréquens, que d'un instant à l'autre on voit les orages se succéder; les rues de la ville sont submergées, & les campagnes sont couvertes d'eau. Depuis le milieu de Décembre jusqu'à la fin d'Avril, la chaleur est un peu diminuée par les vents du nord qui rafraîchissent la terre, & rendent l'air serein en dissipant les nuages. C'est cet espace de temps que l'on nomme l'été, comme on donne le nom de petit été à l'intervalle dans lequel les pluies cessent, pendant un mois, que le même vent du nord règne, depuis le quinze de Juin environ jusqu'au quinze de Juillet: mais en général les chaleurs sont continuelles, avec peu de différence entre la nuit & le jour; d'où il arrive que la transpiration du corps étant continuelle & fort abondante, les habitans de Carthagène ont une couleur si pâle & si livide, qu'ils ressemblent tous à des gens qui relèvent de grosses maladies. Leurs actions mêmes s'en ressen-

tent par une molleſſe ſingulière, &
le ſon de leur voix par ſa lenteur.
Ceux qui arrivent de l'Europe conſervent pendant trois ou quatre
mois leur teint & leurs forces, mais
par degrés ils deviennent ſemblables aux anciens habitans, c'eſt-à-
dire que leur conſtitution s'altère,
& que s'ils conſervent encore quelques forces, ils paroiſſent en manquer, ou perdent l'habitude d'en
faire uſage.

On peut juger de-là quel doit
être le ſort d'une armée qui arrive
de l'Europe après avoir eſſuyé les
fatigues & les incommodités d'une
longue navigation. Si elle eſt ſaiſie
par les effets de l'intempérie du
climat, elle ne peut que s'attendre
à des maladies contagieuſes, auxquelles elle pourra d'autant moins
ſe ſouſtraire, qu'elle ſera obligée
d'entreprendre des travaux plus
pénibles. C'eſt ce qui arriva aux
Anglois lorſqu'ils firent le ſiège de
Carthagène en 1742. Leur flotte
devint un théâtre d'horreur où la

bravoure fut anéantie par la violence de la contagion. Le foldat
abattu, également effrayé du préfent & de l'avenir, avoit à peine
la force de fe plaindre de la crûauté
des coups du deftin. Quel trifte
fpectacle que de voir un peuple de
braves gens, l'œil mourant où toute
ardeur étoit éteinte, les traits dé-
figurés, les lèvres pâles & trem-
blantes, attendre avec effroi l'inftant d'une mort d'autant plus terrible qu'ils n'avoient aucun moyen
de défendre leurs vies contre fes
attaques. Cette fituation affreufe,
même pour les Indiens, devoit l'être
à l'excès pour une armée d'Européens ; c'eft par un défaftre femblable que l'amiral Vernon perdit
huit mille Anglois.

Cet état ne pouvoit être attribué
qu'à l'action de l'air, & à la quantité de vapeurs, d'exhalaifons, &
de matières hétérogènes, dont il eft
prefque toujours chargé dans la faifon des orages. Tous les corps organifés en font fingulièrement affectés :

car si c'est l'air qui entretient la végétation dans les plantes, la circulation du sang, la respiration & la nutrition dans les animaux, il est aussi la cause de plusieurs altérations considérables dans l'économie animale, & qui ont un rapport immédiat avec la santé & la vie. La différence entre le poids de l'air que le corps soutient en divers temps, l'action & les qualités de cet air, doit être fort grande. Il n'est donc pas étonnant que le changement de température affecte si sensiblement les corps, en dérange la constitution, & soit dans certains cas suivi de la mort.

Dans l'isthme de l'Amérique, & dans toutes les contrées basses qui l'avoisinent, l'atmosphère est continuellement chargée des vapeurs qui s'y rassemblent dans la saison des pluies & des orages, & qui font embrasées par le soleil dont les rayons font alors perpendiculaires; c'est ce qui cause ces chaleurs pesantes, & ces abondantes

ſueurs dont les habitans de Carthagène ſont accablés. Quand les
vents du nord règnent, ces vapeurs
ſe diſſipent en partie, & quoique
le ſoleil paroiſſe avoir alors une
action plus immédiate que dans
la ſaiſon des pluies, le vent qui
agite l'air, émouſſe en partie la
vivacité de ſes rayons en même-
temps qu'il emporte les vapeurs:
mais alors les marais qu'ont formés
les pluies précédentes, quantité de
matières, ſoit animales, ſoit végétales, qui ſont en diſſolution,
chargent l'atmoſphère d'une multitude d'exhalaiſons qui ne rendent
pas l'air moins impur & moins
dangereux, quoiqu'il paroiſſe moins
chaud.

Les mêmes qualités de l'air y
entretiennent des maladies que
l'on peut regarder comme endé-
miques au pays, & favoriſent la
multiplication d'une multitude
d'inſectes auſſi incommodes qu'ils
ſont nuiſibles.

Les Européens y ſont ſujets à
une

une maladie connue fous le nom
de chapetonade, qui emporte fouvent une partie des équipages après
l'arrivée des vaiffeaux. Elle vient
à quelques-uns de s'être trop refroi-
dis, à d'autres de quelque indi-
geftion, d'où fuit un vomiffement
mortel accompagné quelquefois
d'un fi furieux délire, qu'on eft
obligé de lier le malade pour
l'empêcher de fe déchirer en pièces.
Il expire au milieu de ces tranf-
ports comme dans une efpèce de
rage. Ce qu'il y a de fingulier, c'eft
que ce terrible mal refpecte ceux
qui font accoutumés à l'air du pays.
On affure même que lorfqu'ils y
reviennent après une longue ab-
fence, ils n'en font jamais attaqués.
La recherche de fes caufes a vaine-
ment exercé les médecins & les
chirurgiens, elles fe font accrues
avec le temps. Ce mal étoit inconnu
fur toute cette côte avant 1729 &
1730. On peut le regarder comme
une nouvelle efpèce de pefte, qui
doit fon exiftence à quelque chan-

Tom. I.　　　　　　　　K

gement arrivé dans l'air, & dont l'effet est plus redoutable aux Européens qu'aux gens du pays.

La lèpre, que l'on y nomme le mal de Saint Lazare, y est très-commune, & tient encore à la nature du climat, les naturels y étant exposés de même que les étrangers. Cette maladie, aussi cruelle qu'elle est dégoûtante, malgré les souffrances qui en sont inséparables, n'empêche pas que ceux qui en sont attaqués ne vivent très-long-temps; on remarque aussi qu'elle excite très-vivement le feu des passions sensuelles, & c'est l'expérience des désordres qu'elles peuvent causer, qui fait permettre le mariage aux malades, ressource funeste qui ne fait que perpétuer ce mal affreux.

La galle y est très-commune, & devient incurable si on la néglige. Le spécifique le plus assuré est une terre du canton appellé Maquimaqui, qui conserve sa vertu par-tout où on la porte.

La culebrilla ou le serpenteau, est une maladie plus rare dans ce pays, qui cependant lui est propre & que l'on ne connoît point ailleurs. Les habitans croient qu'elle est occasionnée par un insecte qui se glisse entre la chair & la peau, & y cause des gonflemens & des douleurs que l'on ne peut guérir que par la suppuration, & en tirant du siège du mal une espèce de ver ou de nerf que l'on roule autour d'une carte, & qui ne sort que lentement. (Histoire générale des voyages, tom. 13, *in*-4°.)

Sur toute cette côte de l'Amérique méridionale, & dans quelques isles où le climat est également chaud, & l'air humide à cause des pluies fréquentes, & des forêts épaisses, on a sans cesse à se défendre contre une multitude de reptiles & d'insectes, entr'autres des bêtes rouges & des chicques qui entrent dans la chair, & y causent des ulcères & souvent la gangrène.

K ij

A Porto-Belo, la pluie fait fortir des bois une fi grande quantité de gros crapauds, qu'on ne fçauroit y marcher fans mettre le pied fur quelqu'un de ces vilains animaux. A Guyaquil les maifons font remplies de couleuvres, de viperes, de fcorpions & de millepieds, qui fe gliffent par-tout. L'air y eft tellement infecté d'infectes volans, qu'il eft impoffible d'y tenir une chandelle allumée, & de s'en approcher fans avoir auffi-tôt les yeux, le nez, la bouche & les oreilles remplies de leurs effains.

Toutes ces caufes réunies aux difpofitions habituelles de l'air, concourent à hâter la putréfaction, qui, en fort peu de temps, rendroit l'intempérie bien plus nuifible, fi une étonnante quantité de gallinazzo ne confommoit pas les animaux qui meurent prefque à l'inftant de leur mort, ainfi que toutes les autres ordures qui fervent d'aliment à ces oifeaux. Leur jabot, d'une très-grande capacité, eft compofé d'une peau fort épaisse, charnue, membraneuse, très-souple, & de la plus grande facilité à s'élargir : la quantité d'ordures que ce jabot peut engloutir est presque inconcevable. L'odorat du gallinazzo est si exquis, qu'il sent sa pâture à trois même à quatre lieues de distance ; sa voracité est telle qu'il ne quitte prise que lorsqu'il a englouti tout ce qui se trouve à sa portée. Le gallinazzo est une espèce de corbeau qui rend une mauvaise odeur, de la grandeur d'un aigle, noir en partie, son bec est comme celui d'un perroquet, rouge à l'extrémité, & très-fort. Ces sortes d'oiseaux voraces paroissent destinés, dans tous les pays chauds & humides, à dévorer les insectes qui s'y multiplient, & les corps des animaux qui s'y trouvent en putréfaction. En Egypte, lorsque les eaux du Nil se retirent, & que la terre est couverte de grenouilles, de serpens & d'autres insectes, des troupes innombrables de pélicans, de grues & d'autres oiſeaux de proie, accourent des bords de la mer rouge & des côtes de la Grèce, de ſorte que le pays eſt en fort peu de temps délivré de cette incommodité. Les cicognes rendent le même ſervice à la Hollande. (Voyez l'eſſai philoſophique ſur la création des animaux, 1768.)

Les différentes obſervations que nous avons rapportées plus haut, nous doivent faire concevoir pourquoi des perſonnes nées ſous la zone torride ſe plaignent quelquefois des chaleurs que l'on éprouve en France, & les trouvent inſupportables. Dans nos climats le ſoleil ne diſſipe jamais les vapeurs auſſi-bien qu'entre les tropiques, ou au moins elles y ſont plus groſſières; c'eſt ce qui produit non la différence de la chaleur, mais celle de la ſenſation qu'elle excite. L'air de l'atmoſphère eſt alors d'autant plus peſant qu'il eſt plus condenſé, & la chaleur accidentelle ne fait que rendre ce poids plus ſenſible: car

son action confiftant dans le mouvement d'une infinité de petites
particules très-agitées qui pénétrent
les corps, quand elles entrent dans
une maffe d'air, elles doivent tendre naturellement à en ouvrir &
en développer les lames fpirales,
non-feulement parce que ce font
de nouveaux corps qui fe logent
dans leurs interftices, mais principalement encore parce qu'ils font
de nature à fe mouvoir avec beaucoup de violence. De-là vient l'augmentation du volume de l'air (*a*).
S'il eft renfermé de manière qu'il
ne puiffe s'étendre, les particules
ignées qui tendent à ouvrir fes lames fpirales & ne les développent
point, augmentent par conféquent
la force de leur reffort, & par-là
celle de leur action fur les corps,
qui cefferoit fi elles s'ouvroient librement. Que l'on conçoive cet
air chargé d'une multitude de va-

______

(*a*) *Voyez* les Mémoires de l'Académie
des Sciences, ann. 1702.

K iv

peurs & d'exhalaisons de toute
espèce, qui le compriment de tous
les côtés, & on se fera une idée
du degré de condensation auquel
il doit être porté dans ces circonstances. Or plus l'air est condensé,
plus il y a dans le même espace de
cette matière dont il est formé, &
quand de nouvelles molécules de
feu viennent à s'y joindre, elles
exercent leur action sur un plus
grand nombre de particules d'air;
c'est-à-dire que tendant à causer une
plus grande dilatation ou un développement de ressort, elles ne
font qu'en accroître la pesanteur à
raison des obstacles qui empêchent
leur effet. Elles deviennent donc
comme un nouveau poids qui
augmente le degré de condensation
de l'air qui ne peut plus s'étendre,
& qui gravite alors d'une manière
si incommode sur les corps exposés
à son action. De-là cette langueur,
ces anxiétés, ces sueurs fatigantes,
ce mal-être que l'on éprouve par
les chaleurs, dans les foules & dans

les lieux fermés, qui est habituel pour les habitans de certaines parties de la zone torride, dans la saison des pluies, & lorsque l'air est extraordinairement chargé de vapeurs.

Les intempéries dont nous avons parlé sont encore plus sensibles à Porto-Belo, qu'à Carthagène. Cette ville, dans le temps de ses foires, est l'une des plus belles & des plus peuplées qu'il y ait dans l'univers. C'est-là que l'on rassemble toutes les richesses qui doivent passer du nouveau monde dans l'ancien, & que l'on fait l'échange des marchandises de l'Europe contre celles de l'Amérique : mais dès que les affaires du commerce sont terminées, on a autant d'empressement à s'en éloigner que l'on avoit d'impatience d'y arriver. La cupidité satisfaite en partie, permet aux hommes même les plus avides du gain de songer à leur conservation en s'éloignant d'un climat dont les influences sont si redoutables.

K v

L'air de Porto-Belo est très-connu par sa malignité, qui ne se fait pas moins sentir aux anciens habitans de la ville qu'aux étrangers. Il produit des maladies mortelles ou capables d'affoiblir les meilleurs tempéramens. C'est-là sur-tout que presque tous les Européens sont attaqués, quelques semaines après leur arrivée, de la maladie nommée *Tarbadillo*, qui est une fièvre accompagnée des symptômes les plus fâcheux. » La masse du sang » formée de l'air & des nourritures » d'Europe, ne pouvant pas s'allier » avec l'air de l'Amérique, ni avec » le chyle formé des nourritures » de ce pays, elle se dissout. On » ne guérit ceux qui sont attaqués » de cette maladie, très-souvent » mortelle, qu'en les saignant excessivement, & en les soutenant » peu à peu avec les nourritures du » pays « (*a*).

______

(*a*) Réflexions sur la poésie & la peinture, par M. l'Abbé Dubos, seconde part. sect. 14. *Paris*, 1719, tom. 2.

On étoit perſuadé autrefois, que cet air étoit fort dangereux pour l'accouchement des femmes, & cette opinion les faiſoit partir deux ou trois mois avant le terme, pour aller faire leurs couches à Panama. Une femme de diſtinction ayant heureuſement bravé le danger par affection pour ſon mari, à qui ſon emploi ne permettoit pas de quitter Porto-Belo pour la ſuivre, la prévention fut diſſipée, mais les habitans, fondés ſans doute ſur l'expérience, ont conſervé les idées les plus triſtes de leur climat. Ils aſſurent que les animaux des autres pays ceſſent de multiplier lorſqu'ils ſont tranſportés dans leur ville : que les bœufs amenés de Panama deviennent ſi maigres, qu'on n'en peut preſque plus manger la chair ; ſans que les pâturages dont les montagnes & les vallons abondent aux environs de la ville, puiſſent arrêter ce dépériſſement. La même raiſon empêche qu'on n'y entretienne des haras d'ânes & de chevaux; on ne fent que par les effets la différence qui fe trouve entre l'air de deux contrées fi voifines, & dont la latitude eft à peu près la même; elle ne tombe pas fous les fens, elle échappe aux fecours que l'on peut tirer des inftrumens: mais les animaux la connoiffent par un inftinct naturel, par des fenfations qu'aucun intérêt étranger au defir de leur confervation, ne peut rendre inutile. On ne les voit point paffer dans une contrée voifine, où les qualités de l'air paroiffent être les mêmes, parce qu'elles ne font pas telles réellement qu'elles femblent être aux hommes, que d'autres intérêts y conduifent & y retiennent. La même chofe arrive dans nos climats, les forêts & les rivieres du midi d'une province, ne font pas peuplées des mêmes bêtes fauves, & des mêmes oifeaux que celles du nord.

Les chaleurs font exceffives à Porto-Belo; on en rejette la caufe fur les hautes montagnes qui en-

tourent la ville , & ferment le paffage aux vents , qui exciteroient des
mouvemens & des variations falutai-
res dans fon atmofphère. Les arbres
épais dont elles font couvertes ne
permettant point aux rayons du
foleil d'en fécher le fol, il en fort
continuellement d'épaiffes vapeurs
qui redefcendent en pluies abondantes, après lefquelles le foleil
recommence à fe montrer. Mais
auffi-tôt qu'il a féché le feuillage
des arbres & la fuperficie du terrein,
il fe trouve environné de nouvelles
vapeurs qui l'obfcurciffent. Il furvient alors des pluies fubites; le
ciel s'éclaircit encore avec la même
promptitude , fans que tous ces
changemens en faffent jamais éprouver dans la chaleur, parce que la
température de l'atmofphère &
fes qualités reftent toujours les
mêmes. Les pluies font des ondées
violentes qui paroiffent capables
de tout fubmerger ; elles font
accompagnées de tonnerres & d'é-
clairs avec un fracas auffi terrible

qu'il eſt effrayant. Le port étant
au milieu des montagnes, rien ne
peut donner une idée du retentiſ-
ſement qui s'y fait, & qui eſt encore augmenté par les cris des ſin-
ges & des autres animaux de toute
eſpèce, qui annoncent qu'ils ne
ſouffrent pas moins du déſaſtre
commun, que les habitans du pays.

Parmi les montagnes de Porto-
Belo, on en diſtingue une fort
haute, qui ſert comme de thermomètre à la ville ; elle aboutit
d'un côté ſur le chemin qui conduit à Panama, & de l'autre ſur
le port. On la voit preſque toujours couverte de nuages ſombres
& épais, qu'on appelle dans le
pays *Capello* ou bonnet de la montagne. Si ces nuages s'épaiſſiſſent &
ſe condenſent, ils s'abaiſſent au-
deſſous de leur hauteur ordinaire,
& c'eſt un ſigne d'orage ; au contraire, s'ils s'élèvent & s'éclaircif-
ciſſent, ils annoncent le beau temps.
Ces changemens ſe ſuccèdent avec
tant de promptitude, qu'on dé-

couvre rarement le sommet de la montagne, dont l'état ordinaire est une profonde obscurité.

Cette intempérie, peut-être sans exemple sous la zone torride, a fait nommer Porto-Belo le tombeau des Espagnols, & leur a ôté l'espérance de jamais repeupler cette ville. La plupart de ses habitans sont des misérables esclaves nègres ou mulâtres; on n'y compte pas plus de trente familles de blancs libres, dont les plus riches n'y passent que le temps de la foire, & se retirent ensuite à Panama, ou plus avant dans les terres, dans leurs habitations. Il n'y reste d'Espagnols que les officiers que leur devoir y attache nécessairement, & une garnison qu'on est obligé de changer de temps en temps.

§. XI.

Observations sur quelques causes particulières & locales des qualités de l'Air dans la zone torride.

Dans différentes régions situées entre les tropiques, il sort du sein de la terre des matieres bouillantes & inflammables de leur nature, qui, divisées par les causes de l'évaporation, doivent répandre dans l'air des exhalaisons & des vapeurs qui influent beaucoup sur les qualités dominantes de l'atmosphère. Dans l'isle de la Trinité, vis-à-vis la côte de terre ferme, au nord de l'embouchure de l'Orénoque, on trouve une source considérable de poix qui sort de la terre en bouillonnant. Près du cap Bréha, sur le continent, est une autre fontaine qui fournit une substance bitumineuse fort femblable à la poix, & dont on fe fert avec fuccès pour calfater les vaiffeaux ; on la préfère même à la poix dans ces pays chauds, parce qu'elle réfifte mieux & plus long-temps à l'ardeur du foleil. Ces efpèces de fources font très-communes dans la partie de l'Amérique fituée entre les tropiques. Auprès du cap Sainte-Hélène, dans le Pérou, & tout le long de la côte, on voit plufieurs fources de coppey, matière qui reffemble à la poix, & que l'on emploie aux mêmes ufages. Elles font fi abondantes que les vaiffeaux qui font en mer, & hors de la vue des côtes, peuvent facilement conjecturer où ils font par l'odeur feule que ces matières répandent au loin, pourvu qu'il faffe alors un vent frais de terre. Les Antilles ont plufieurs fources femblables. N'eft-ce pas à l'abondance de ces matieres échauffées par les rayons d'un foleil brûlant, que l'on doit attribuer la couleur des habitans, & le fpectacle gé-

néral que la Nature y préfente ? Dans
les riches vallées du Pérou , dans
la nouvelle Grenade , au Mexi-
que, ainfi que dans les Indes orientales, on y voit les campagnes ornées des couleurs les plus vives ,
& de toutes les richeffes de la végétation. Une puiffance plus active
& plus opulente fe plaît à répandre fes tréfors fur des prairies im-
menfes , où elle réunit les beautés
du printemps à l'abondance de l'automne. Le foleil qui donne d'a-
bord un éclat éblouiffant à toute
cette parure brillante , la change
bientôt en une couleur uniforme ,
plus vigoureufe & plus fombre ;
toutes les campagnes paroiffent
alors d'un rouge foncé ; mais ce
fpectacle ne dure pas , & les plaines fe parent promptement d'une
nouvelle verdure , à mefure que
les rofées abondantes ou les pluies
viennent tempérer l'ardeur trop active d'un foleil brûlant. Dans les
régions folitaires , dans les ifles
écartées où les foibles imitations

de l'art n'ont encore rien changé aux beautés simples & majestueuses de la Nature, le navigateur est tout étonné d'y trouver les plantes les plus rares & les plus utiles, les plus beaux arbres & les meilleurs fruits, qui croissent sans soin & sans culture. Accoutumé dans des climats moins heureux, à ne devoir qu'à l'industrie des hommes ces avantages qui lui semblent prodigués dans ces terres inconnues, ce n'est qu'avec peine qu'il se persuade que la Nature libérale répande par-tout ses bienfaits, qu'elle en confie les germes aux vents favorables, qui les dispersent & les déposent sur un sol, dans un air qui doit les nourrir & en faciliter l'heureux développement. C'est en vain que l'imagination elle-même, avec les fictions les plus hardies, entreprendroit de donner une idée de cette admirable variété; il faudroit sçavoir peindre comme la Nature, pour la rendre avec quelque vé-

rité. Les oiseaux de ces contrées,
répandus en si grand nombre le
long des fleuves ou dans les forêts, ressemblent de loin aux fleurs
les plus vives, & réfléchissent les
rayons du soleil différemment mo-
difiés ; la Nature a répandu sur
leur plumage les couleurs les plus
gaies, les plus brillantes & les
plus variées : tout, jusqu'aux insectes, participe à ce luxe général
auquel les qualités de l'air semblent contribuer autant que les
rayons du soleil : mais combien
de ces plantes dont l'usage est dangereux & souvent mortel ? il ne
faut même user qu'avec la plus
grande précaution de celles qui paroissent les plus salutaires. Ces oiseaux, dont la parure est si écla-
tante, ne répandent dans l'air que
des cris désagréables & fatigans :
les insectes & les reptiles traînent
avec eux les maladies & la mort. Il
semble que dans ces régions l'air,
principe de la vie & de la fécondité, & le soleil, par une chaleur

presque toujours excessive, ne réunissent leurs effets que pour produire & détruire presqu'en même-
temps : un développement subit
est suivi d'une prompte destruction : les principes du mouvement
sont trop actifs ; les molécules organiques destinées à la formation
de chaque individu , ne peuvent
pas résister long-temps à son impulsion ; elles se séparent presque
aussi-tôt qu'elles se sont réunies.

Nos climats, si rudes en apparence, où la terre ne répond qu'aux
travaux redoublés du cultivateur
infatigable, où les vents froids du
nord, & les nuages épais dont ils
couvrent l'atmosphère, laissent à
peine quelques instans d'éclat & de
chaleur aux rayons du soleil, ne
nous fournissent que des fruits
sains, & dont l'usage n'entraîne
avec lui aucun danger. Nos campagnes, enchaînées sous les rigueurs de l'hiver pendant près de
six mois, ne sont pas désolées par
les reptiles & les insectes veni-

meux dont les bleſſures ſont mortelles; & nos oiſeaux, par la douceur de leur chant, nous font oublier la beauté du plumage de ceux
de l'Amérique. L'atmoſphère dans
laquelle nous vivons n'eſt pas chargée de ces matieres graſſes & inflammables, ſi propres à favoriſer
les progrès de la végétation, & à
perpétuer la chaleur; mais ſa conſtitution ordinaire, le froid qui y
domine plus que le chaud, la ga-
rantiſſent de cette diſpoſition prochaine à fermenter, à ſe corrompre, & à répandre les maladies &
la mort parmi les nations qui l'habitent. Si la terre de nos climats
renferme dans ſon ſein des matières graſſes & inflammables de
même nature que celles qui coulent ſi abondamment en Amérique, elles ſont condenſées par le
froid, & dans un état d'inertie qui
arrête tout leur effet. Le bitume
que l'on trouve près de Gaujac en
Gaſcogne, eſt ſi dur qu'il réſiſte
à tout l'effort des hommes : il ne

cede qu'à l'action du feu ; il faut le fondre dans la mine même, pour pouvoir l'en tirer. Ainsi tous les avantages sont compensés; les richesses excessives ne sont pas la source du vrai bonheur, on ne les trouve que dans la médiocrité, comme ce n'est que dans les régions tempérées que l'on trouve la plus belle race d'hommes, les fruits les plus sains, les animaux les plus utiles, & les oiseaux les plus mélodieux. En pesant même les avantages & les désavantages à la balance de la raison, l'habitant de la zone glaciale jouit peut-être d'une existence plus heureuse que celui de la zone torride. Mais n'anticipons pas sur un sujet auquel nous serons encore obligés de revenir.

Si l'on réfléchit sur ces différentes observations, on y trouvera les preuves de la théorie que nous avons établie plus haut sur les qualités de l'atmosphère, & la cause de la chaleur continuelle & étouffante qui y domine , du prompt dépériffement des hommes & des animaux qui font obligés d'y vivre.

La température des marais Pomptins en Italie , les qualités nuifibles de leur atmofphère , que l'on ne peut attribuer qu'aux vapeurs & aux exhalaifons dont elle eft continuellement chargée , & que le foleil ne raréfie jamais au point de les diffiper entièrement, reffemble pour fes effets à celle de Carthagène & de Porto-Belo. L'air de ces marais eft peftilentiel en été & en automne , fur-tout par les vents du fud & d'oueft. C'eft principalement alors que l'on en reffent les funeftes influences : le peu d'habitans que l'on trouve dans les campagnes voifines ont le teint décoloré, & un air de langueur qui annonce peu de forces & une mauvaife fanté ; les chevaux même dont la race eft naturellement bonne & forte , quoique vifs encore & pleins de courage, manquent de vigueur ; ils perdent d'abord leur

poil ,

poil, la peau tombe enfuite, &
enfin ils périffent de pourriture,
qui commence par l'extérieur. On
ne peut attribuer ces effets qu'aux
vapeurs qui s'élèvent continuellement des eaux, qui à leur fource
même, ont un goût fétide & fulfureux, & aux exhalaifons que
rendent les animaux & les végétaux qui font en putréfaction dans
la vafte étendue des marais; aux
particules fulfureufes qui abondent
dans toute cette contrée, auxquelles la chaleur du foleil donne pendant l'été l'action la plus vive, &
qui fervent comme de véhicule
pour porter au loin les exhalaifons
empeftées, fi funeftes à toute l'efpèce animale des environs; car les
végétaux y font auffi forts, y croiffent auffi heureufement que dans
aucune autre province de l'Italie
auffi-bien fituée. On voit le long
des côtes & en plein air, des oran-
gers couverts de fruits, des figuiers,
& beaucoup d'arbres de cette ef-
pece très-vigoureux; les myrtes

Tom. I.   L

& d'autres beaux arbuſtes, les gé-
ranium, les aloès, croiſſent dans
les rochers ſans ſoins & ſans culture ; les plantes utiles y réuſſiſ-
ſent auſſi-bien, & la végétation n'y
eſt interrompue que pendant deux
mois ou environ dans les plus forts
hivers. Dès le mois de Février le
printemps y reparoît avec ſes fleurs
& ſes charmes. L'intempérie de l'air
ne cauſe aucun dérangement ſenſible dans l'ordre des ſaiſons, qui
ſuivent comme dans toute la zone
tempérée, pour règle générale, l'approche ou la diſtance du ſoleil, &
qui ſont déterminées par le degré
de froid ou de chaleur que l'on
y reſſent.

§. XII.

Saisons des pays situés sous la ligne & entre les tropiques ; exemple tiré de la Nouvelle-Grenade.

Il n'en est pas de même de la zone torride & des pays situés sous l'équateur ; car en beaucoup d'endroits, les saisons ne répondent point au temps, que le soleil s'en approche ou s'en éloigne. On donne le nom d'hiver à la saison pluvieuse & orageuse que l'on devroit appeller l'été, puisque le soleil en est alors très-proche, & quelquefois il y est perpendiculaire, & on y compte l'été quand le soleil s'en éloigne ; en un mot, on y fait consister cette saison dans un ciel clair & serein, & l'hiver dans un temps humide & pluvieux, sans aucun égard à la proximité ou à l'éloignement du soleil ; c'est ainsi que

les idées des saisons diffèrent suivant les lieux.

Dans les régions placées sous
l'équateur, les saisons sont doubles. Les deux étés sont fort courts,
ainsi que les deux printemps, qui
n'ont chacun que trente ou trente-
un jours à chaque variation, c'est-
à-dire soixante-quatre jours au plus
chacun, & à deux reprises. Mais
l'automne & l'hiver ont chacun
cinquante-cinq jours, ou plus de
trois mois & demi : ainsi aux deux
changemens de saisons, on compte
plus de sept mois, tant d'hiver que
d'automne, & environ quatre mois
& demi de printemps & d'été; si
l'on a conservé une idée juste de
ces saisons, on concevra tout de
suite pourquoi ces pays sont si
humides & exposés à une intempérie continuelle.

La température de la Nouvelle
Grenade, est fort chaude & fort
humide : elle s'étend de l'équateur
au nord du troisième degré de latitude environ, au sixième. Elle a

régulièrement deux étés & deux hivers; le premier été commence au mois de Novembre & dure jufqu'à la fin de Février; l'hiver qui fuccède dure jufqu'à la fin de Mai, & fait place à un fecond été qui ne finit qu'en Septembre, enfuite recommence un autre hiver qui ne fe termine qu'avec le mois de Novembre. Dans les deux étés l'air eft d'une férénité continuelle, & la pluie n'eft pas moins conftante pendant les nuits des deux hivers, car il pleut fort rarement le jour. Quelqu'abondante que foit la quantité des vapeurs & des exhalaifons dont l'atmofphère de ce climat eft chargée dans la faifon pluvieufe, l'action du foleil les tient dans une fi grande raréfaction, qu'elles ne peuvent fe réunir & fe former en pluie que lorfqu'il eft fous l'horifon; c'eft ce qui a fait dire que l'air, dans la plupart de ces contrées, étoit fec & ferein pendant prefque tous les mois de l'année.

L iij

Ces pluies font ordinairement accompagnées d'horribles tonnerres, & d'impétueux combats entre les vents de nord & de fud, qui font occafionnés par la denfité des nuages, & la quantité de vapeurs que le vent du fud accumule du côté du nord, & que l'atmofphère plus froide des hautes terres de l'Amérique fait refluer du côté du fud. Il ne faut pas s'étonner des tonnerres & des orages fréquens de la faifon pluvieufe dans la Nouvelle Grenade. Le fol y eft fort imprégné de foufre. On trouve aux environs de Tocaïma des fontaines autour defquelles il s'amaffe une forte de pâte fulfureufe & chaude : la terre qui eft mêlée avec cette fubftance, eft employée utilement pour toutes les maladies de la peau, fans autre préparation que de s'en frotter, & de fe baigner enfuite dans l'eau des mêmes fources. Dans une vallée voifine on trouve des fontaines falées, dont l'eau répand & laiffe fur les plantes qu'elle arrofe une

forte de bitume que les Indiens
emploient à calfater leurs barques.
Le même canton a des bains chauds
& fort salutaires, entre deux torrens d'une eau très-froide. Au
milieu des neiges dont le sommet
des montagnes voisines est couvert,
il s'est formé un volcan qui vomit
tantôt des flammes , & tantôt de
la fumée , avec une si grande quantité de cendres , qu'elles se répandent quelquefois à neuf ou dix
lieues. Cette éruption doit être
regardée comme une des causes
de la grande fertilité des campagnes de Tocaïma. Elles donnent
du raisin, des figues, des cannes à
sucre, & tous les fruits de l'Amérique & de l'Europe, le froment
même y croît dans les parties hautes où le froid est plus sensible.
On y fait annuellement deux mois-
sons de maïs, les bestiaux y pros-
pèrent, on y élève de fort bons
chevaux, il n'y a que les brebis
& les chèvres qui ne s'accommodent point du climat ou des pâtu-

rages (*a*). Comparons quelques provinces du royaume de Naples, à cette partie de la Nouvelle Grenade, & nous y voyons la même température respectivement à leur zone, & les mêmes effets de la Nature. Un principe général de fécondation, dont le feu est l'instrument actif : la même fertilité dans les terres ; le gros bétail qui y réussit à merveille, de même que les chevaux qui y sont de première qualité, tandis que les chèvres & les brebis que l'on y rencontre, en petit nombre, sont foibles, de la plus petite espèce, & peuvent à peine y vivre.

(*a*) Histoire générale des voyages, tom. 15, *in*-4°.

§. XIII.

Causes des différences des saisons dans les mêmes climats.

Les saisons varient dans ces mêmes climats, de manière qu'il fait plus chaud ou plus froid, plus sec ou plus humide dans un lieu que dans un autre ; mais elles ne diffèrent jamais de l'hiver à l'été, ni de l'été à l'hiver. Ce sont des qualités particulières & accidentelles, le plus ou le moins d'élévation du sol qui y mettent cette différence, & qui modifient l'atmosphère de façon qu'elle cause un changement notable dans l'effet des saisons. Sous les mêmes parallèles, il y a des pays pierreux, d'autres marécageux, les uns sont près, les autres sont loin de la mer ; il y a des terres sablonneuses, d'autres argilleuses, les montagnes chan-

L v

gent le cours des vents, & arrêtent
les vapeurs autour de leurs cimes ,
qu'elles paroissent renvoyer ensuite
au point d'où elles sont parties : les
terres basses & les plaines sont
exposées à l'action des vents qui
les parcourent & les desséchent,
en dépouillant leur atmosphère des
vapeurs & des exhalaisons dont ils
la trouvent chargée : les sels, les
nitres , les soufres , contribuent
encore à ces variations ; c'est ce
que l'on voit dans l'Arménie, dans
d'autres contrées de l'Asie , en
Perse , & en quelques provinces
d'Italie, ainsi que nous l'expliquerons ailleurs : toutes ces causes
mettent une différence si notable
dans les saisons , pour les pays
mêmes où elles doivent être le
plus réglées, respectivement à leurs
latitudes, que ce n'est qu'en s'ap-
pliquant à les connoître, que l'on
peut rendre raison de certaines
températures locales , des différens
degrés de froid & de chaud, de
sécheresse & d'humidité, des in-

tempéries même qui les accompagnent.

Mais ce que l'on peut dire de plus précis par rapport aux saisons de la zone torride, c'est que la saison sèche & la saison humide sont toujours opposées l'une à l'autre, & que par conséquent, suivant l'expression des Européens, l'été & l'hiver sont toujours en opposition dans des climats peu éloignés les uns des autres. Souvent l'épaisseur d'une montagne suffit pour faire la différence des saisons. Quand le tems est sec & beau au nord de l'équateur, il est venteux & pluvieux au midi, & réciproquement, excepté à quelques degrés de la ligne, dans des lieux déterminés, tels que quelques-unes des Antilles, pour des causes qui leur sont particulières & que nous rapporterons.

Quand le soleil a passé l'équinoxe, & qu'il approche de l'un ou de l'autre des tropiques, il commence à échauffer son pole, de sorte

que plus il en est près, plus l'air est
serein, sec, & chaud hors des
tropiques. Au contraire, dans la zone
torride, quoique du même côté
de la ligne, plus le soleil est éloigné, plus le temps est sec; à mesure qu'il se rapproche, le ciel se
couvre de nuages & les pluies augmentent. Elles commencent de
chaque côté de la ligne peu après
que le soleil a passé l'équinoxe, &
continuent jusqu'à son retour. La
saison humide au nord de l'équateur, dans la zone torride, commence en Avril ou Mai, & continue jusqu'en Septembre ou Octobre; la saison sèche commence
en Novembre ou Décembre, &
continue jusqu'en Avril ou Mai.
Dans la latitude méridionale, le
temps change dans les mêmes mois,
avec cette différence que les mois
secs, dans cette latitude, sont humides dans la septentrionale. Cependant ces saisons ne finissent pas
exactement & en même-temps, toutes les années, & tous les pays dont

nous avons parlé n'éprouvent pas le même degré de sécheresse ou d'humidité. Le retour des saisons diffère quelquefois d'un mois ou six semaines ; elles ne se ressemblent pas non plus dans leur durée ; quelquefois les pluies sont plus violentes & plus longues, & quelquefois elles sont plus modérées. Dans certaines années, elles ne sont pas suffisantes pour produire une récolte médiocre ; dans d'autres, elles viennent à contretemps ; ce qu'il y a de constant d'après les observations les plus exactes, c'est que dans toutes les régions de la zone torride, l'agriculture dépend de ces inondations annuelles qui humectent & fertilisent les terres, & que le plus fort des pluies y est ordinairement aux mois de Mars & de Septembre.

Les pointes de terre ou les côtes droites qui sont le plus exposées aux vents généraux, ont d'ordinaire plus de temps secs que de pluie ; au contraire , les grandes bayes & toutes les terres basses & enfoncées dans les détours que forment les côtes, principalement celles qui font fous la ligne, font le plus fujettes aux pluies ; ce qui néanmoins n'est pas fort réglé ; car les temps, auffi-bien que les vents, femblent dépendre de caufes accidentelles, & ces caufes font, jufqu'à un certain point , fujettes à beaucoup de variations.

La plupart des pays voifins des tropiques , font fort chauds en été, quelques-uns même ont une faifon humide , à peu près femblable à celle de la zone torride. Dans la partie du Guzarate , qui eft au-delà du tropique , il y a les mêmes mois de féchereffe & d'humidité qu'en dedans du tropique, & l'été fe change en un temps pluvieux ; cependant il y fait plus chaud à caufe de la proximité du foleil , que dans la partie fèche de l'année, lorfque l'on y éprouve un peu de froid ; ainfi pour nous faire une

idée jufte des faifons de ces pays
fi éloignés de nous , il faut en
quelque façon oublier que nous
fommes habitués à juger de l'été
& de l'hiver par le chaud & par
le froid , pour ne plus nous déterminer que par l'humidité & la
fécherefle.

§. XIV.

Pourquoi il ne pleut jamais dans certains pays.

Nous avons déja dit qu'il ne
pleuvoit jamais ou prefque jamais ,
le long de la côte du Pérou , &
même à près de trois cens lieues
en mer , depuis le troifième degré
environ de latitude méridionale ,
jufqu'au trentième. Cette côte tournée à l'oueft du côté de la mer ,
s'étend du nord au fud ; elle a
la nuit fes rofées , & le matin
de petits brouillards qui durent
l'efpace de deux ou trois heures.

Divers obſervateurs ont cherché la cauſe de ce phénomène ſingulier ; les uns ont cru la trouver dans les vents du ſud , qui ſoufflant ſans ceſſe , tiennent dans une continuelle agitation vers le même côté, les vapeurs qui s'élèvent de la terre & de la mer. Comme elles ne s'arrêtent en aucun lieu de l'une ou de l'autre, parce qu'elles ne trouvent point de vent qui les repouſſe , ni d'obſtacle qui les retienne , ces voyageurs philoſophes ont conclu qu'elles ne peuvent s'unir & ſe condenſer au point de former des gouttes d'eau que leur poids ſoit capable d'entraîner vers la terre.

D'autres ont prétendu que le froid apporté par les vents du ſud tenant pendant toute l'année l'atmoſphère de ces régions dans une température égale, quoiqu'ils augmentent ſa maſſe , ſoit par les particules ſalines dont ils ſe chargent en traverſant de vaſtes mers, ſoit par les particules nitreuſes dont

ces terres abondent & qui contribuent beaucoup à entretenir la douceur de l'air dont on y jouit, malgré la préfence du foleil, n'ont
cependant pas un mouvement affez
fort pour unir les vapeurs, & les
condenfer au point d'en former
des gouttes d'eau d'un poids fupé-
rieur aux molécules d'air, parmi
lefquelles elles font emportées.

Ces différentes caufes peuvent
occafionner en partie le phénomène
dont nous parlons, mais elles n'a-
giffent pas feules. C'eft ce que paroît avoir très-bien obfervé M.
d'Ulloa, officier des vaiffeaux du
roi d'Efpagne, qui fe joignit aux
académiciens François, qui allerent
en 1735, faire des obfervations
fous l'équateur. Il établit que dans
le pays des vallées, c'eft-à-dire,
dans cette côte de l'Amérique méridionale dont nous parlons, il ne
règne pendant toute l'année aucun
autre vent que ceux qui viennent
du pole auftral, du fud au fud-
eft, tant fur cette terre que juf-

qu'à une certaine diftance des côtes de la mer : fur quoi il remarque qu'en certaines occafions ces vents fe calment tout-à-fait , & qu'alors on fent dans l'air du côté du nord, une moiteur dont fe forment les brouillards , & qui annonce un mouvement contraire dans l'atmof-phère , mais qui n'eft pas affez fort pour en changer la tempéra-ture. Ces vents du fud font plus fenfibles fur les terres , en hiver qu'en été ; & quoiqu'alors on ne voie point de pluie formelle dans les vallées , on y a des rofées for-tes ou de petites bruines que l'on nomme dans le pays *Garuas* , & qui font prefque continuelles en cette faifon. Alors les brouillards ou vapeurs qui fortent de la terre, dès qu'elles ont pris quelque élé-vation reftent étendues fur cette longue côte comme une couverture qui fe réfout enfuite en une rofée forte. Elle commence par une va-peur qui n'eft fenfible d'abord que par l'obfcurité qu'elle répand dans l'air ; mais peu à peu son humidité augmente, jusqu'à ce que le brouillard étant arrivé à sa plus grande condensation, les molécules aqueuses qui étoient imperceptibles, se réunissent & forment ces petites gouttes qui se séparent de la masse du brouillard, & tombent à terre, sans que pour cela l'obscurité soit dissipée ; la même chose arrive en pareille circonstance, dans les pays les plus froids, comme dans les climats divers de la zone tempérée, dès qu'il reste assez de chaleur répandue dans l'air pour y conserver au moins une partie du mouvement qui a porté les molécules aqueuses à une certaine hauteur. Or, comme la chaleur n'est jamais interrompue dans la plaine du Pérou, & que les vapeurs qui forment les brouillards ne s'approchent jamais de la ligne du froid ; il n'est pas étonnant qu'elles n'arrivent qu'au degré de condensation qui suffit pour les faire retomber sur la terre. Pendant l'été l'action du soleil est si vive dans toutes ces plaines, que tout le produit de l'évaporation est dissipé promptement par une raréfaction extrême & continuelle ; mais cette chaleur, quelque forte qu'elle soit, ne cause d'autre changement dans l'atmosphère, que de rendre l'air plus vif & plus pur. Cependant la Nature sort quelquefois des bornes de cette uniformité ; on voit tomber des pluies dans ces vallées, quoique les vents ne varient point & se maintiennent au sud ; mais ils sont beaucoup plus forts à l'arrivée de ces pluies, qu'ils ne le sont dans les étés & les hivers ordinaires. On attribue la cause de ces pluies accidentelles, à ce que les vents d'est étant plus forts certaines années que d'autres, & s'étant plus avancés sur le continent, ils ont couru par un espace supérieur à celui où les vents de sud passent avec le plus de force & de rapidité, & les ont contraints à changer de direction. Comme ceux-ci ne peuvent prendre en rebrouſſant le Rhumb qu'ils ont d'abord tenu, parce qu'ils en ſont empêchés par la continuité des autres, ils quittent néceſſairement leur région ordinaire, pour la céder à une cauſe plus active & en quelque ſorte plus peſante, & deſcendant au-deſſous des vents d'eſt, ils ſe trouvent plus proches de la terre. Alors les vapeurs qui s'en élèvent tout le jour, jointes à celles dont les vents ſe ſont chargés en traverſant les mers, après avoir couru dans un certain eſpace avec le vent le plus bas, ſont portées juſqu'à la région où l'autre vent règne, & en étant refoulées, elles ont le temps de ſe condenſer en pluie, ſur-tout lorſque l'activité du ſoleil commence à décliner. Auſſi ces ſortes de pluies n'arrivent-elles que ſur le ſoir : ce qui doit être ainſi, parce que les vents d'eſt, dans les climats où ils ſont réguliers, ne ſoufflent avec force que

depuis le coucher du soleil jusqu'à
l'aurore, & ces pluies cessent également le matin dès qu'ils commencent à s'affoiblir. Au contraire, les vents de sud règnent tout
le jour, & ne trouvant dans la
partie supérieure de l'atmosphère,
aucun vent qui leur fasse obstacle,
ils emportent avec eux les vapeurs
à mesure qu'elles s'élèvent, & l'air
demeure serein.

Tels sont en général les phénomènes qui varient les saisons dans
les pays de terre ferme, situés sous
la ligne ou entre les tropiques. On
voit que la chaleur y est continuelle, ou au moins que la température de l'air y est toujours de
la plus grande douceur : mais si
dans le même climat, & précisé-
ment à la même latitude, on quitte
la plaine pour monter au sommet
de la Cordiliere ; on a autant à y
souffrir du froid, de la grêle, de
la neige, & sur-tout de l'impétuosité des vents, que dans les régions les plus voisines des terres

polaires. Nous ne lifons qu'avec étonnement ce que les académiciens François ont écrit fur la rigueur de la température du Pichinca, & des autres montagnes auffi élevées ; ils y étoient le plus fouvent enveloppés de nuages fi épais qu'ils ne leur permettoient pas de voir diftinctement à la diftance de fept ou huit pas. Quelquefois ces ténèbres ceffoient, & le ciel devenoit plus clair, lorfque les nuages, affaiffés par leur propre poids, defcendoient au col de la montagne, & l'environnoient, tantôt fort refferrés, tantôt plus étendus. Alors ils paroiffoient comme une vafte mer, au milieu de laquelle les pointes des rochers s'élevoient comme autant d'ifles. Ils entendoient le bruit des orages qui crevoient fur la ville de Quito, ou fur les lieux voifins : ils voyoient la foudre & les éclairs partir au-deffous d'eux ; & pendant que des torrens de pluie inondoient le pays d'alentour, ils

jouiſſoient d'une paiſible ſérénité.
Dans cet état le vent ne ſe faiſoit
preſque point ſentir, le ciel étoit
ſerein, & le ſoleil dont les rayons
n'étoient plus interceptés, tempé-
roit la froidure de l'air ; mais
bientôt ils éprouvoient une température différente, lorſque les
nuages s'élevoient, & venoient
les envelopper de nouveau. Leurs
poids & leur épaiſſeur rendoient
la reſpiration difficile ; la neige &
la grêle tomboient abondamment,
la violence des vents leur faiſoit
appréhender à chaque inſtant de
ſe voir enlevés avec leurs tentes
& leurs inſtrumens, & jettés dans
quelque abyme. La force de ces
vents étoit telle, que les yeux
étoient éblouis de la vîteſſe avec
laquelle ils emportoient les nuées;
ils détachoient des quartiers de
roches très-peſans, que les efforts
réunis de pluſieurs hommes euſſent eu de la peine à ébranler; en
même-temps la rigueur du froid les
ſaiſiſſoit au point qu'ils avoient

tous

tous les membres engourdis , &
qu'à peine ils pouvoient agir. Ainsi
dans le centre de la zone torride ,
sous l'équateur même , des Européens , qui ne devoient s'attendre
qu'à des excès de chaleur insupportable , étoient le plus souvent
transis de froid , comme s'ils eussent
été dans les régions les plus glaciales de l'univers.

§. X V.

Température & qualités de l'Air dans les Antilles.

Ces isles situées entre le tropique du cancer & l'équateur , font
partie de l'Amérique située dans
la zone torride. Elles sont trop intéressantes pour les Européens qui
en font actuellement les posses-
seurs , pour ne rien dire ici de la
température dominante de leur
atmosphère , de leurs climats , de
leurs saisons , & des variétés que

Tome I. M

leur pofition & la nature du fol peuvent y apporter.

On n'y connoît, comme dans le refte de la zone torride & des pays qui en font voifins, proprement que deux faifons, l'été & l'hiver. Dans toute l'année on ne peut pas y affigner un efpace de temps dont la température réponde à celle des faifons que nous appellons printemps & automne. L'hiver & l'été de ces ifles, font fort différens de ceux de l'Europe, dans leurs caufes comme dans leurs effets. Dans nos climats c'eft la préfence du foleil qui caufe l'été; aux Antilles c'eft fon éloignement, & fa préfence au contraire fait l'hiver. Lorfque cet aftre, s'éloignant de la ligne, tire vers le tropique du capricorne, une expérience conftante apprend que jufqu'à fon retour en-deçà de la ligne, c'eft-à-dire depuis le mois de Novembre jufqu'au mois d'Avril, l'air n'a prefque point de nuages, & n'eft chargé que de peu de vapeurs & d'exhalaisons. Il demeure si serein, si sec & si pur, qu'on peut non-seulement regarder d'un œil fixe le lever & le coucher du soleil, mais voir dans le même jour, le déclin & le croissant de la lune. Si les jours sont chauds, les nuits sont d'une fraîcheur proportionnée ; & de ce passage continuel du chaud au froid, résulte une intempérie habituelle, qui cause mille incommodités, dont il n'y a que la plus grande attention qui puisse garentir les Européens. L'action du soleil ouvrant pendant le jour les pores de tous les corps, raréfiant l'atmosphère & les vapeurs dont elle est chargée au même degré, la fraîcheur de la nuit qui succède tout-à-coup à la chaleur du jour, resserre & condense l'air, épaissit les vapeurs, les réunit & les fait distiller en une rosée fort abondante, qui, trouvant les pores ouverts, s'y insinue, y pénètre & cause des révolutions subites & souvent très-fâcheuses. De-là vient

la facilité qu'ont tous les corps à
se corrompre dans ces régions :
c'est ce qui fait naître les vers
dans les bois, & tant d'autres insectes qui font une des principales incommodités des Antilles.
L'humidité y est si pénétrante qu'elle rouille le fer des épées dans les
fourreaux, & les rouages même
des montres les mieux fermées,
dans les poches ; cela n'empêche
pas les nuits d'être très-claires &
en apparence fort sereines. Dès le
premier quartier de la lune, on
peut lire à sa lumière, même les
plus petits caractères d'écriture.
Pendant tout ce temps, il ne pleut
presque point dans toutes les terres
basses des isles, & c'est ce qui fait
donner le nom d'été à cette saison, quoiqu'une partie de ses effets
ressemble à ceux que l'hiver cause
en Europe ; car cette longue sécheresse dépouille de leurs verdures
les arbres à feuilles tendres, elle
fane & dessèche les herbes & flé-
trit toutes les fleurs. Si la plupart

des arbres n'avoient les feuilles
d'un tissu fort & épais, capable
de résister aux injures de cette saison, ce pays deviendroit aussi triste
que nos provinces septentrionales
le sont au fort de l'hiver. Les animaux mêmes, sur-tout les insectes & les amphibies, abhorrent &
fuyent cette aridité. Ils se cachent
dans le creux des arbres, sous des
rochers, dans des précipices, où
ils cherchent l'humidité nécessaire
à leur conservation. On nomme
encore ce temps, c'est-à-dire la fin
de l'été, l'arrière-saison, parce que
les habitans ont alors beaucoup de
peine à vivre. Les productions du
pays ne leur fournissent plus aucune ressource, & s'ils n'étoient
secourus par les rafraîchissemens
qui viennent de l'Europe, ils en
seroient réduits à leur seul maïs.
Le soulagement unique qu'ils trouvent alors dans le climat, contre
l'ardeur qui les brûle, est la brise,
ou vent léger de mer qui est plus
réglé, & se fait sentir plus agréa-

blement dans cette ſaiſon que pendant l'hiver.

Mais quand le ſoleil a repaſſé la
ligne, & qu'il commence à s'approcher du tropique du cancer,
ſes rayons qu'il darde plus directement, font élever de la mer &
des terreins marécageux, une ſi
grande abondance de vapeurs, que
ne pouvant être raréfiées par la
chaleur, & emportées dans le va-
gue de l'air auſſi promptement
qu'elles ſe raſſemblent, l'atmoſphère s'en trouve chargée au
point qu'elles s'y condenſent en
très-groſſes nuées. Il s'y forme alors
des tonnerres horribles & des orages continuels, qui ne ceſſent que
lorſque ces vapeurs ſe réſolvent
en pluies, qui durent huit, dix,
& quelquefois douze ou quinze
jours ſans interruption. Ces pluies
refroidiſſent l'air & la terre, &
c'eſt ce qui fait nommer cette ſaiſon l'hiver. Les qualités de l'atmoſphère changent entièrement,
& on ne voit dans toutes les iſles

que des malades de toute espèce,
sur-tout parmi ceux qui ne sont
pas habitués à cette humidité si
longue ; car pendant plus de six
mois, à peine se passe-t-il une
semaine sans pluie. D'un autre
côté, cet hiver a des effets bien
différens de ceux de l'Europe. Dès
les premières pluies abondantes,
tous les arbres se parent de leur
première verdure, & se couvrent
de fleurs : les forêts exhalent de
toutes parts les odeurs les plus
agréables ; en un mot, la face de
la terre se renouvelle & s'embel-
lit, & ce que l'on nomme l'hiver
aux Antilles l'emporteroit de beaucoup en agrémens sur les printemps
de l'Europe, si la température de
l'air étoit aussi favorable aux hommes qu'elle l'est aux végétaux.

§. XVI.

Climat de la Barbade, de la Martinique, de la Guadeloupe, & de quelques autres des isles Antilles.

Quelques-unes de ces isles, soit par leur position, soit par la nature de leur sol & l'avantage de leurs montagnes, jouissent d'une température qui est fort adoucie dans les deux saisons dont nous venons de parler. On s'imagineroit que la chaleur doit être insupportable à la Barbade, qui n'est éloignée que de treize degrés vingt minutes de l'équateur ; mais pendant huit mois de l'année, elle est fort tempérée par des vents qui se lèvent avec le soleil, & dont la fraîcheur augmente à mesure que cet astre monte à son midi : ils soufflent de l'est un ou deux points vers le nord , excepté dans les

mois de Juillet, Août, Septembre & Octobre, qui sont proprement l'été de l'isle ou la saison sèche. La chaleur y est alors excessive, quoique les brises de mer,
l'ombrage des arbres & l'heureuse
disposition des édifices contribuent
beaucoup à la rendre supportable;
ce dernier moyen n'est pas à négliger pour changer les effets de
la température naturelle, & se ménager l'avantage des vents. Le sol
n'y a pas plus d'un ou deux pieds
de profondeur; mais cette modi-
que quantité de terre ressemble à
une couche chaude & continuée,
posée presque par-tout sur des pierres à chaux blanches & spongieu-
ses, qui conservent l'humidité, &
réfléchissent la chaleur du soleil,
qui pénètre le sol dont elles sont
couvertes; ainsi il n'est pas étonnant que cette isle produise toute
l'année des grains de toute espèce, & que les forêts soient toujours vertes. Sa température ne
doit plus être aussi dangereuse que

M v

dans les premiers temps où elle a
été fréquentée par les Européens,
& la nature des vapeurs & des
exhalaisons dont son atmosphère se
charge, n'est plus la même, puisque les ouragans qui sembloient la
menacer de sa ruine y sont devenus
moins fréquens.

La Martinique, entre le quatorzième & le quinzième degré de
latitude septentrionale, a environ
dix-huit lieues de long sur cinquante de circonférence. Le peu
d'étendue de cette isle, ainsi que
de la plupart de celles qui lui ressemblent, est cause qu'étant souvent rafraîchies par les vents de
mer, auxquels elles offrent de tous
les côtés un libre accès, les chaleurs y sont plus supportables, &
l'air y est plus sain, sur-tout si le
sol, tel que celui de la Martinique, n'est pas formé de matières trop grasses, de résidus d'animaux & de végétaux, qui envoient sans cesse dans l'atmosphère
des exhalaisons dangereuses que la

chaleur & l'humidité mettent dans une prompte fermentation, & rendent très-actives. Tout le terrein de cette isle est en général assez uni, & il est aisé d'y rendre les chemins praticables & commodes, à l'exception de certaines parties de la basse terre coupée de mornes & de montagnes, qui ne laissent pas d'être habitables & fertiles ; mais qui le sont moins que les petites plaines, les pays plats, & les fonds gras qui se trouvent le long des rivières. Par-tout ailleurs, le sol est graveleux, & ressemble à de la pierre - ponce écrasée, ce qui le fait paroître stérile à la première vue ; cependant lorsque cette terre est une fois imbibée de pluie, la fraîcheur s'y conserve plus long-temps que dans une terre plus forte & en apparence plus féconde ; tout ce que l'on y plante étend plus loin ses racines, & prend plus de nourriture. La vue de ce sol & sa fécondité, donnent lieu de conjecturer que l'isle doit son exis-

M vj

tence à l'éruption de quelque volcan du fond de la mer, qui a infenfiblement accumulé les matières diverfes dont elle eft formée.
La falubrité de fa température,
fa nombreufe population, & la
fanté dont jouiffent fes habitans,
la font regarder comme la plus
confidérable des Antilles Françoi-
fes, quoique ce ne foit pas la
plus riche par l'abondance de fes
productions & fa fertilité.

Elle eft expofée à des ouragans
furieux, qui femblent avoir leurs
caufes dans les entrailles mêmes
des montagnes qui lui fervent de
bafe, d'où il fort de temps en
temps des exhalaifons inflammables, qui, combinées avec les vapeurs de la mer, mettent la terre
& l'air dans un mouvement qui
fait craindre l'anéantiffement de
l'ifle. Elle en éprouva un terrible
la nuit du 13 au 14 Août 1766;
vers les dix heures du foir, un
vent impétueux, accompagné d'é-
clairs, de tonnerres & de trem-

blemens de terre , en moins de quatre heures renversa les maisons, les églises , les sucreries , les manufactures & les habitations de presque toute la campagne, déracina tous les arbres, arracha les plantations, & détruisit généralement tous les vivres. Un grand nombre de femmes & d'enfans blancs & noirs furent écrasés sous les ruines des édifices ; les vaisseaux & les autres petits bâtimens qui se trouvèrent en rade , furent jettés à la côte, & la plupart brisés. La partie du nord de l'isle , depuis le Fort-Royal jusqu'au Robert , fut la plus maltraitée ; l'autre côté , quoique fort endommagé, le fut moins dans ses bâtimens , mais dont tous perdirent leur couverture. Les pluies violentes qui succédèrent immédiatement à la tempête , formèrent de tous les côtés des torrents qui entraînèrent à la mer toutes les herbes & les plantes, de sorte que la perte des vivres & des plantations fut géné-

rale. Le 24 Avril 1767, un nouveau tremblement de terre, précédé d'un bruit souterrain, dont la
secousse de l'est à l'ouest dura deux
minutes sans interruption, fit craindre les mêmes désastres pour cette
isle ; mais il ne causa aucun dom-
mage considérable : le principal effort du mouvement se fit à la mer.
On ressentit la secousse à six heures & demie du matin, & vers
les huit heures & demie on s'apperçut au quartier de la Trinité
que la mer s'étoit retirée de plus
de trois pieds au-dessous de son
niveau ; elle remonta ensuite à
trois pieds au-dessus, à trois fois
consécutives dans l'intervalle de
trente minutes. Au quartier du François, l'eau du canal qui communique à la mer monta avec une
rapidité prodigieuse, plus de quatre
pieds au-dessus de sa hauteur ordinaire, & ne s'abaissa que de trois
avec la même rapidité. La quantité de poissons qui furent rejettés
sur le rivage de la mer & du ca-

nal ne donne-t-elle pas lieu de penser qu'il y eut à peu de diſtance
dans la mer quelque éruption qui
cauſa tout le mouvement dont on
s'apperçut, qui ſe ſeroit faite dès
l'année précédente par le ſol même
de la Martinique, ſi les matières
qui l'excitoient, n'y euſſent pas
trouvé trop de réſiſtance? Elles ſe
portèrent alors plus loin par des
canaux ſouterrains, & enfin elles
ſe ſont fait jour à l'endroit où elles
ont pu briſer la ſurface du lit de la
mer. Il ne ſeroit pas étonnant que
dans ce voiſinage l'on vît quelque
jour ſortir une nouvelle terre du
ſein des eaux, ce qui ne pourra
ſe faire ſans d'autres révolutions,
peut-être encore plus formidables
& plus ruineuſes. Ces déſaſtres,
dont le ſeul récit fait horreur,
ſont néanmoins très-fréquens dans
ces iſles : comme ils ſe renouvellent de temps en temps depuis le
moment de leur formation, qu'ils
ont accompagnée, ne pourroit-on
pas conjecturer qu'ils précéderont

un jour leur deſtruction? Nous
connoiſſons l'origne de l'iſle de
Santorin dans la Méditerranée ;
nous avons preſque été témoins
des accroiſſemens qu'elle a pris
dans ce ſiècle ; ils furent précédés
& accompagnés de phénomènes à
peu près ſemblables à celui dont
nous venons de parler, & que l'on
peut regarder comme des efforts
extraordinaires de la matière ſubtile, & de l'air élémentaire en-
fermé dans les entrailles de la
terre, qui ſoulève une partie du
fond des mers, avec des efforts &
une action proportionnée à la maſſe
qui eſt miſe en mouvement. Mais
comme il n'y a qu'une quantité
déterminée de matière, le fluide
prend en même-temps la place du
ſolide, & une maſſe d'eau égale
à la quantité de terre qui a été portée à ſa ſurface, remplit les ca-
vités que ces mouvemens con-
vulſifs ont ouvertes, aſſure la ſolidité de la voûte ſur laquelle
la nouvelle iſle eſt appuyée, juſ-

qu'à ce qu'un bouleverſement contraire détruiſe cet équilibre , & prive cette nouvelle terre de ſon appui. Alors elle diſparoîtra , & on ne verra plus qu'une maſſe d'eau, peut-être d'une profondeur immenſe, dans la place même où étoit un terrein ſolide. On trouvera dans la ſuite de cet ouvrage le récit de plus d'un phénomène de ce genre, arrivé non-ſeulement dans les iſles , mais dans le centre des terres , dans les zones tempérées, comme entre les tropiques , quoiqu'ils ſoient plus frappans dans les iſles ou les terres voiſines de la mer , & dans la zone torride, que partout ailleurs , parce que dans ces climats, la Nature eſt plus agiſ-ſante & déploie ſes forces avec plus de liberté & un appareil plus étonnant.

Si l'on réfléchit ſur ces phéno-mènes , on ne peut pas douter qu'ils ne cauſent un mouvement auſſi conſidérable dans l'atmoſ-phère qu'à la ſurface du globe ,

& qu'ils n'en changent les qualités. Peut-être même font-ils néces-
faires, & doivent-ils être regardés
comme des crifes utiles, qui, de
temps à autre, viennent y rétablir des principes de falubrité,
qu'une chaleur violente, accompagnée d'une forte évaporation, &
d'exhalaifons nuifibles, étoit prête
d'anéantir. On a d'autant plus de
droit de le conjecturer, que l'air des
Antilles ne paroît jamais plus fain,
que dans les temps de calme qui
fuccèdent aux ouragans dont nous
venons de parler.

La Guadeloupe n'eft pas dans
une température auffi favorable que
la Martinique. Cette ifle appartient en entier aux François ; c'eft
une de leurs premières colonies en
Amérique, & l'une des plus confi-
dérables qu'ils y poffèdent encore,
quoiqu'elle ne foit pas fort étendue.
Sa longueur du fud au nord eft
d'environ vingt lieues, & fa largeur de l'oueft à l'eft n'eft que de
quatorze à quinze lieues. Elle eft

située au seizième degré vingt minutes de latitude. Plusieurs rivières
qui coulent des montagnes dont
elle est parsemée, l'arrosent & la
fertilisent : ces montagnes s'élèvent
prodigieusement au centre de l'isle,
sur-tout dans la grande terre ou partie orientale, où est la haute sou-
frière dont nous parlerons ailleurs.
Cette isle est divisée en deux parties à peu près égales, par un bras
de mer très-étroit que l'on nomme
la rivière salée : les terres s'abaissent
insensiblement des deux côtés jusqu'à cette rivière, qui probablement sera un jour entièrement com-
blée, car elle étoit beaucoup plus
large lorsqu'on y fit les premiers
établissemens ; & la plupart des terres qui la bordent, étoient encore
couvertes d'eau ; ce qui annonce
que la Guadeloupe doit son origine à deux volcans, dont l'un
subsiste encore dans la grande terre,
tandis que l'on ne trouve plus que
quelques vestiges de l'autre dans la

cabefterre ou partie occidentale de la Guadeloupe (*a*).

Par-tout la végétation y eft belle, forte & prompte : mais quoique les arbres y portent des fruits de diverfes efpèces, & d'une groffeur fingulière, on n'ofe ufer de la plu-

---

(*a*) Cabefterre & baffe-terre font des noms en ufage dans les ifles. On entend par le premier la partie d'une ifle qui regarde le levant, & qui eft toujours rafraîchie par les vents alifés qui courent depuis le nord jufqu'à l'eft-fud-eft. La baffe-terre eft la partie oppofée : dans celle ci les vents alifés fe font moins fentir, elle eft par conféquent plus chaude ; mais en même-temps la mer y eft plus unie, plus tranquille, plus propre pour le mouillage & le chargement des vaiffeaux. Ordinairement les côtes y font auffi plus baffes qu'aux cabefterres, ou pour la plupart elles font compofées de hautes falaifes, contre lefquelles la mer bat, & fe brife avec impétuofité, parce qu'elle y eft fans ceffe preffée par les vents, dont l'action détermine la forme de ces côtes, & produit ces courans impétueux fi communs entre les Antilles.

part ; ils font dangereux & mal-
fains, foit par les qualités que leur
communiquent le fol & l'air où ils
croiffent & font nourris, foit parce
qu'on ne s'eft pas encore appliqué
à leur donner les préparations néceffaires pour les employer à la
nourriture des habitans ou des animaux domeftiques. On a éprouvé
que le fucre de la grande terre de
la Guadeloupe fe gâtoit après quelques mois ; ce qui venoit de ce qu'un
terrein fi neuf étoit encore trop gras ;
les huiles & les fels qui fortoient
des matières animales en diffolution, étoient trop abondans, & portoient dans toutes les plantes qu'ils
nourriffoient un principe prochain
de corruption ; c'étoit auffi le défaut des fucres de la plupart des
ifles Angloifes. Mais depuis que
ces terres font cultivées avec plus
de foin, que leurs productions ne
font plus abandonnées, & qu'on les
force à les multiplier, par l'intérêt
que l'on a d'en tirer le meilleur
parti poffible, elles ne font plus fu-

jettes à ces inconvéniens, & les denrées qu'elles produifent, au moins
celles qui font dans le commerce,
font de meilleure qualité. Une
trop grande fécondité du fol n'eft
donc pas plus à fouhaiter pour les
productions, que pour les qualités
qui s'en communiquent néceffairement à l'air; un état moyen eft le
plus utile & le plus falutaire : peut-
être qu'à mefure que ces terres
changeront de nature, l'air de la
plupart des Antilles, auquel les
Européens ont eu jufqu'à préfent
tant de peine à s'habituer, changera
auffi de qualité, & deviendra plus
fain, fur-tout s'il eft poffible de fe
fouftraire aux intempéries qui réfultent de l'action combinée d'une
chaleur & d'une humidité extrêmes. Elles font fur-tout fenfibles
dans les baffes terres, qui font cependant les plus peuplées, parce
que le fol y eft plus fertile, que les
côtes à l'abri des vents font plus
faciles à aborder & moins élevées;
on y a formé les premières habi-

tations, & presque toutes les villes y sont bâties. C'est néanmoins dans ces situations où l'on éprouve le plus les influences de l'air dangereux de ces climats, à la Guadeloupe comme ailleurs : car dans les terres plus hautes, telles que la partie orientale de cette isle, quoique le sol y soit noir, gras, & très-fertile, comme elles sont à couvert des vents de l'ouest & du sud par de grandes montagnes, il y règne, en comparaison des autres quartiers, une fraîcheur délicieuse ; l'herbe des savanes y est touffue, déliée, toujours verte, & très-propre à nourrir des bestiaux. Si on quitte le pays plat, on entre dans les détroits des montagnes, où l'air est encore plus frais & plus pur : il semble que l'on eût dû habiter ces quartiers de préférence à tous autres ; mais comme ils ne produisent que des fruits communs à tous les pays dont la température est mitigée, comme ce n'étoit pas-là ce qu'on cherchoit dans le nouveau monde, & que pareilles productions ne feroient pas d'un débit auffi avantageux que le fucre & les autres denrées, qui ne croiffent & ne donnent des récoltes abondantes que dans les climats chauds & humides, & un air pref-que toujours mal-fain; la cupidité a fermé les yeux fur les inconvé-niens qui pouvoient réfulter de ces entreprifes; & le foin de la fanté, de la vie même, ne lui a pas fem-blé digne d'être mis en comparai-fon avec une efpérance prefque cer-taine d'acquérir des richeffes, dont cependant elle ne pouvoit pas fe flatter de jouir, fans fe faire l'illu-fion la plus palpable.

Nous avons dit que les volcans avoient donné, par une longue fuite d'éruptions, l'exiftence à la Gua-deloupe: il paroît qu'anciennement ils étoient le principe de ces mou-vemens impétueux, de ces oura-gans terribles qui fe faifoient fen-tir dans cette partie de l'atmo-fphère, & qui font moins fréquens depuis que ces terres nouvelles fem-blent

blent avoir pris plus de solidité.
Le P. du Tertre rapporte qu'en
moins de quinze mois de temps,
vers 1656, il y eut trois ouragans
furieux, mais dont le dernier fut
d'une violence extrême, & très-
singulier dans les accidens qui l'ac-
compagnèrent ; sans doute que la
Nature faisoit alors des efforts extraordinaires pour achever cette
grande production. « Il commença,
» dit-il, par un bruissement dans
» les bois, comme si l'on eût en-
» tendu de loin des charrettes qui
» rouloient des pierres ; ce bruit
» ayant duré l'espace de trois heu-
» res, les tourbillons de vent re-
» commencèrent si violemment à
» six heures du soir, qu'il est im-
» possible d'exprimer leur fureur,
» car on eût dit que toute l'isle
» alloit abymer : les forêts furent
» abattues, les maisons renversées ;
» il n'y eut que celles qui étoient
» bâties de pierre qui furent épar-
» gnées en partie, car malgré leurs
» fortes murailles, elles furent vio-

Tome I.   N

» lemment ébranlées. Après ces
» tourbillons, qui durèrent long-
» temps, le ciel s'entreprit univer-
» sellement, changea de couleur,
» & devint embrasé comme du fer
» qui sort de la fournaise. On en-
» tendit un craquement continuel
» de tonnerre, & les éclairs étoient
» si fréquens, que l'on étoit con-
» traint de fermer les yeux, & de
» se jetter le visage contre terre,
» personne n'en pouvant plus souf-
» frir la lueur insupportable. Sur
» les dix heures du soir, le vent
» changea tout d'un coup, & faisant
» son tour vers la basse terre de la
» Guadeloupe, il jetta à la côte
» tous les navires qui étoient à la
» rade, & qui n'ayant pas eu le
» temps de gagner la haute mer,
» parce que le vent avoit tourné
» tout d'un coup, furent tous brisés
» sur les rochers, & la plupart des
» matelots noyés. A quatre heures
» du matin le grand ouragan com-
» mença, & en quatre ou six heures
» de temps, il fit des ravages si

» horribles qu'il arracha tous les
» arbres, à l'exception de quelques-
» uns des plus gros, qu'il ébranla
» comme des mâts de navire : la
» volaille & tous les animaux do-
» mestiques furent tués ».

Il ne faut pas réfléchir long-temps
sur toutes les circonstances de cet
ouragan, pour voir que la cause en
est locale. Les effets en sont terribles, & ils ne doivent être regardés que comme la suite d'une évaporation subite & prodigieuse (*a*),
qui, trouvant dans sa propre matière & dans la disposition de l'air
un principe très-actif de fermentation & de mouvement, ne peut
occasionner qu'un désordre terrible.
Il est rare que dans nos climats tempérés, nous soyons exposés à l'action de ces phénomènes désastreux :
la Nature y est plus tranquille ; si
elle produit lentement, elle ne se
hâte point de détruire : les images

______

(*a*) *Voyez* le discours 7 sur l'évaporation, tom. 5 de cette Histoire.

font trop foibles pour exprimer de
fi grands effets ; l'imagination même ne fuffit pas à fe les repréfenter :
il faudroit avoir pu les voir, les
étudier ; mais encore, dans un défordre auffi affreux, dans le bouleverfement de la matière, peut-on
réfléchir de fuite & avec ordre ?
Quelle eft l'ame affez ferme, pour
foutenir avec tranquillité un fpectacle auffi étrange ? Et quand l'efprit pourroit y fuffire, les organes
refuferoient leurs fecours à l'obfervateur le plus intrépide, pour fuivre des caufes auffi étonnantes dans
leur origine & dans leurs effets.

Dès-lors on peut s'attendre à un
nouvel état des chofes : les qualités
de l'air doivent être entièrement
changées : d'ordinaire ces fecouffes
violentes le purifient & le rafraîchiffent, quand elles font fuivies
de pluies abondantes : les matières
hétérogènes dont il avoit été fur-
chargé, promptement reportées à
la furface de la terre de laquelle
elles étoient forties, lui laiffent tou-

te sa pureté ; il n'est plus sensible que par une fraîcheur agréable, qui paroît également propre au renouvellement & à la conservation des plantes & des animaux. Mais il n'en est pas de même dans les terres nouvelles & basses de la zone torride, où l'évaporation est plus chargée de miasmes de toute espèce, où l'ardeur du climat tient la matière de l'atmosphère dans une fermentation presque continuelle : ces pluies, par-tout ailleurs si bienfaisantes, n'établissent ici qu'une disposition prochaine à la corruption. L'humidité & la chaleur facilitent le développement d'une multitude d'insectes, qui sont un fléau d'une nouvelle espèce, par la promptitude avec laquelle ils croissent, & les ravages qu'ils causent. On a vu, sur-tout à la Guadeloupe, immédiatement après les ouragans dont nous venons de parler, la terre couverte de chenilles si prodigieusement longues & grosses, que jamais, dit le P. du Tertre, on n'en

vit de pareilles en Europe. Elles
broutoient les habitations en si peu
de temps, que l'on eût cru que le
feu y avoit passé; & comme ces
productions de la Nature périssent
promptement, étant si prodigieusement multipliées, elles ne pouvoient que conserver dans l'air,
après leur mort, l'infection qui
avoit accéléré le temps de leur naif-
sance. Au reste, ces sortes de phénomènes sont d'autant moins étonnans, que tous les pays situés entre
les tropiques, & particulièrement
les Antilles, ont une propriété remarquable pour conserver & multiplier les insectes de toute espèce.
Les mouches communes d'Europe,
qui ont passé sur les vaisseaux en
Amérique, y ont peuplé si fort,
qu'on ne sçauroit tuer une pièce de
gibier un peu loin des habitations,
qui ne soit couverte tout de suite
par ces insectes, & où ils causent
une prompte corruption. Tout corps
ayant son atmosphère particulière,
celle des animaux quelconques

morts, rendant dans un air chaud une quantité considérable d'exhalaisons qui attirent ces insectes, ils se rassemblent à une source où ils trouvent dans l'air même qui l'environne une sorte de nourriture qui leur convient; ils y déposent leurs œufs, que la fermentation fait très-promptement éclore. De-là ces nuages de mouches de toute espèce que l'on voit dans les pays chauds, sur-tout dans les lieux humides, où se trouvent des matières animales en putréfaction, & qui souvent sont assez considérables pour obscurcir l'air. Par-tout où on les voit ainsi rassemblés extraordinairement, que l'on se défie des qualités de l'atmosphère; ces insectes, qui ne se plaisent & ne se multiplient que dans un air épais, chargé d'exhalaisons corrompues & nuisibles, annoncent souvent un pays ravagé par la contagion (*a*), ou dont les qualités

---

(*a*) *Voyez* le §. XIX de ce discours.

de l'air font au moins très-dange-
reufes.

§. XVII.

Obfervations fur l'ifle de Saint-Domingue , la Jamaïque , & quelques autres.

Les détails dans lefquels nous
fommes entrés jufqu'à préfent , tous
appuyés fur les obfervations & l'expérience des voyageurs les plus
exacts , & conformes aux loix de la
phyfique , nous apprennent que le
climat des Antilles n'étant pas fort
différent de celui du continent de
l'Amérique, qui répond aux mêmes
latitudes , on doit juger que les
qualités de l'air & du fol y font
à peu-près les mêmes ; toujours eu
égard à la pofition & à la hauteur
des terres , au temps de leur exiftence hors du fein des eaux , & aux
matières dont elles font formées ;
queftions importantes , que nous

traiterons ailleurs plus au long, & dont il faut être instruit pour connoître les qualités dominantes dans certaines parties de l'atmosphère. C'est d'après ces observations, que l'on peut établir une théorie générale, qui sera vraie toujours & partout, les mêmes causes établies. Mais comme elles sont susceptibles de quantité de modifications qui répondent aux qualités particulières des terres, à leur culture, à la sécheresse & à l'humidité, à l'action des vents, à la population même, il est nécessaire d'établir des exceptions, qui deviennent des loix relativement à certaines régions. C'est ce que nous allons voir par rapport à l'isle Espagnole ou Saint-Domingue, si grande que lorsque les Espagnols en eurent fait la découverte, ils crurent enfin avoir trouvé la terre ferme.

Cette isle, qui a plus de cent soixante lieues de long, sur une largeur inégale, & une circonférence de près de quatre cens lieues, est située au dix-huitième degré de latitude. A juger de son climat par sa position, la chaleur devroit y être excessive pendant les six mois que le soleil passe entre la ligne & notre tropique ; mais les vents d'est servent beaucoup à la diminuer : ils se font sentir sur les côtes, vers les neuf ou dix heures du matin, & ils croissent à mesure que le soleil monte sur l'horison, comme ils décroissent à mesure qu'il descend, pour tomber enfin tout-à-fait avec lui. Les pluies contribuent aussi beaucoup à la température de ce climat : elles y sont fréquentes, surtout dans les plus grandes chaleurs ; mais en rafraîchissant l'air, elles y causent une humidité fâcheuse qui corrompt les viandes en moins de vingt-quatre heures, & qui oblige d'enterrer les morts peu de temps après qu'ils sont expirés. La plupart des fruits mûrs pourrissent presqu'aussi-tôt qu'ils sont cueillis ; & ceux-mêmes que l'on ramasse avant leur maturité, ne sont pas long-temps fans fe gâter : le pain, s'il n'eft fait comme du bifcuit, fe moifit en deux ou trois jours : les vins ordinaires tournent & s'aigriffent bientôt, le fer s'y rouille du foir au matin, & ce n'eft pas fans peine qu'on conferve le riz, le maïs, & les fèves d'une année à l'autre, pour les femer. C'eft ce que l'on éprouve dans les cantons les plus fertiles, où les pluies font les plus abondantes : car un de ces cantons eft prefque continuellement inondé, pendant qu'il n'en tombe que très-peu dans celui qui le touche ; les nuages s'arrêtent en arrivant à certaines bornes fixées, où ils fe diffipent en vapeurs légères, après avoir feulement répandu quelques gouttes de pluie. Il pleut beaucoup aux environs de la ville de Saint-Domingue, qui a donné fon nom au refte de l'ifle, & les plus grandes féchereffes n'y durent pas plus d'un mois. Les nuées à pluie, qui viennent ordinairement du nord-eft & du fud-eft, s'arrêtent à

N vj

quatre lieues fous le Vent, aux environs de la rivière Yuna, de forte
que tous les quartiers qui font à
l'oueft de la capitale, jufqu'à ceux
qu'occupent les François, font fi fouvent expofés aux féchereffes, que
les beftiaux y périroient de foif, fi
l'on n'avoit foin de les mener dans
les gorges des montagnes, pour les
y nourrir de feuilles d'arbre, précaution qui n'en fauve même
qu'une partie.

Ce font ces féchereffes qui fans
doute avoient déterminé les anciens habitans du pays, & les premiers Efpagnols qui s'y établirent,
à ne donner pas plus de quatre ou
cinq cens pas de large à leurs habitations : toute la plaine étoit alors
partagée en efpaces de cette grandeur, divifés par des lignes épaiffes
d'arbres de haute futaye, que l'on
nomme encore dans le pays, raques
de bois. Par ce moyen, ils fépa-
roient leurs habitations, confervoient des retraites à leurs beftiaux
pendant la chaleur du jour, & trou-

voient dans le befoin des bois de
charpente à leur portée : mais ces
avantages étoient accompagnés d'un
plus grand inconvénient ; les raques, en arrêtant le mouvement de
l'air, contribuoient à fa corruption ,
& entretenoient une intempérie
prefque continuelle, ce qui a déterminé à les abattre en grande
partie, fur-tout dans les terres baffes.

Les villes & les habitations placées dans le voifinage des rivières
& de la mer , ne paroiffent pas
jouir d'une température plus favorable à la fanté. La ville de Saint-
Domingue , bâtie à l'oueft du fleuve Ozama qui la borde , eft en-
tourée de la mer en partie , & prefque continuellement enveloppée des
vapeurs épaiffes qui s'élèvent de
ces eaux; ce qui eft auffi incommode que mal-fain dans un climat
fi chaud. Le mouvement du foleil
détermine toutes les vapeurs à prendre leur cours fur la ville , & à
s'arrêter dans les rues & entre les
murailles , où elles entretiennent

une humidité étouffante, qui est la
source de quantité de maladies. Les
Espagnols, sur-tout, y sont sujets à
une espèce de maladie qui leur est
particulière, & qu'ils appellent *Spa-
simo*; elle attaque les nerfs, qui se
roidissent & se retirent, le sang se
coagule dans les veines, la respi-
tation devient pénible & douloureuse, & c'est rarement qu'ils en
guérissent. On a vu quelques nègres en mourir; mais on assure qu'aucun François n'en est attaqué; ce
qui porteroit à croire que ce mal
est endémique à la ville même de
Saint - Domingue, que c'est dans
ses murs que les Espagnols en reçoivent le germe, dont le développement se fait ensuite par-tout
où ils se trouvent. Car l'air des environs est assez frais; ce que l'on
attribue autant à la proximité du
fleuve & de la mer, qu'au vent du
nord qui s'y fait sentir toutes les
nuits, & aux brises de l'est & de
l'est-sud-est qui y soufflent ordinairement le jour. On regarde encore

comme une caufe de cette fraîcheur habituelle, la quantité de
falpêtre dont le fol eft imprégné,
& dont les exhalaifons répandues
dans l'air ne doivent que l'entretenir : mais auffi ne peuvent-elles
pas occafionner, par les qualités
qu'elles communiquent aux eaux
de citerne & à l'air même, cette
efpèce de galle ou de lèpre fi commune à Saint-Domingue ; il femble
encore qu'elles foient caufe du peu
de fertilité des terres qui environnent cette ville.

La fituation de Léogane, chef-
lieu de la colonie Françoife, paroît
moins avantageufe encore que celle
de Saint-Domingue. Ses environs
font marécageux & l'air y eft mal-
fain, mais le fol en eft excellent ;
les patates, les ignames, les ba-
nanes & les figues y croiffent mieux
& font de meilleur goût que dans les
autres ifles du Vent, ce que l'on
attribue autant à la chaleur du climat qu'à la bonté du fol. Cependant
la plaine de Léogane eft au dix-hui-

tième degré, & la Martinique, de même que la Guadeloupe, ne font qu'au quatorzième & au quinzième; mais ces petites isles font rafraîchies sans cesse d'un vent frais de nord-est, au lieu que la plaine de Léogane, étant à l'extrémité occidentale d'une très-grande isle qui a de hautes montagnes, est presqu'entièrement privée de ce secours; la chaleur s'y renferme & s'y concentre au point qu'elle brûleroit entièrement les potagers, si l'on n'avoit soin d'élever sur les planches nouvellement semées, des espèces de toits que l'on couvre de broffailles, pour les défendre de l'ardeur du soleil, sans leur ôter tout-à-fait l'air. Le sol de ces cantons est d'un noir tanné, mêlé d'un peu de sable qui le rend léger, & d'une culture aisée; souvent il a beaucoup de profondeur, & néanmoins ce n'est pas celui qui porte les plus beaux arbres, où l'on trouve le plus de bois. On en donne pour raison que la sécheresse durant trois ou quatre mois de fuite dans les trois quarts de l'ifle, le foleil abforbe toute l'humidité de ces fols légers, qui ne peuvent plus alors fournir aux arbres des fucs fuffifans pour les nourrir & les conferver, tandis que dans d'autres contrées où le fol a peu d'épaiffeur, fur un fonds de fable ou d'argile, on voit les plus grands arbres & les bois les mieux fournis, parce que les pluies & les rofées qui font arrêtées par ces fonds durs, entre-tiennent dans le peu de bonne terre qui les couvre, l'humidité néceffaire à la végétation.

Si l'on étoit moins touché du defir de s'enrichir que du foin de fa fanté, on préféreroit les fonds de cette nature à tous les autres, parce que l'air y eft le plus fain. Tel eft celui que l'on refpire à San-Jago, & fur une partie de la côte & des terres feptentrionales de Saint-Domingue, il paffe pour le plus falutaire de l'ifle entière, ja-mais on n'y a vu de maladies épidémiques, & quantité de malades y viennent de toutes parts de la colonie Espagnole, pour le rétablissement de leur santé, ce que l'on attribue particulièrement au vent d'est qui ne cesse point d'y régner. Cependant ce canton est l'un des moins peuplés de l'isle, on se contente d'y semer du bled qui y réussit bien, & d'y entretenir quelques plantations de tabac qui demandent peu d'hommes & de soins, tandis que ces terres seroient propres à produire les denrées les plus précieuses, si elles avoient assez d'habitans pour les mettre en valeur. Le bourg même de San-Jago, bâti sur une hauteur, autour de laquelle coule la rivière Yaqué, dont les sables roulent de l'or en abondance, est presque abandonné, il est tout ouvert, & n'est formé que de quelques cabanes mal entretenues, & la plupart désertes.

Dans ces différentes contrées, après que la saison des pluies a cessé, les rosées y sont long-temps d'une abondance extrême, ce qui vient de la quantité de vapeurs que le soleil élève pendant le jour, & de la longueur des nuits qui leur donne le temps de se condenser. Ces nuits sont accompagnées d'une telle humidité, si fraîches, & souvent même si froides, respective-ment au climat, que toute l'herbe des plaines, renfermées entre les montagnes, semble couverte d'une gelée blanche. Ce phénomène est occasionné par la hauteur des mon-tagnes dont ces terres sont bordées; le soleil y paroît plus tard le matin, & se cache plutôt le soir; ainsi les nuits y sont plus longues de beau-coup que dans les terres ouvertes ou les plaines maritimes, & la fraîcheur que l'on y ressent, répond à l'humidité qui s'y conserve toute l'année. Les chevaux sont très-communs dans ces montagnes, de même que dans les grandes savanes incultes; on les y trouve par troupes, & on reconnoît à leurs

airs de tête qu'ils viennent tous
de race Espagnole, quoique dans
chaque canton on remarque entr'eux des variétés que l'on doit
sans doute attribuer aux qualités
différentes de l'air, des eaux &
des pâturages; on en voit qui ne
sont pas plus haut que des ânes,
mais plus ramassés, d'une proportion régulière, vifs, infatigables,
d'une force & d'une ressource sur-
prenantes.

Cette disposition variée des terrains, & les qualités de l'air qui en
résultent, sont cause que dans les
diverses contrées de l'isle les habitans ne conviennent pas de ce
qu'ils doivent nommer été & hiver.
Ceux qui sont à l'ouest & au sud,
& dans le milieu des terres parallèles, prennent pour l'hiver le
temps des orages & des pluies qui
dure depuis Avril jusqu'en Novembre, & ils donnent au reste de
l'année le nom d'été. Sur la côte
du nord, ils se rapprochent plus
de notre manière de compter,

quoique le peuple ne connoisse ni
printemps ni automne, mais seulement deux saisons dominantes,
la saison sèche ou l'été, la saison
humide ou l'hiver. Les Européens
habitués à une distribution de temps
plus régulière, ont cru pouvoir diviser l'année à peu près comme
dans la zone tempérée, croyant se
conformer en cela au cours du
soleil, & à l'ordre établi par la
Nature dans les saisons. Selon leur
manière de compter, l'hiver qui
commence au mois de Novembre,
finit en Janvier : alors les nuits &
les matinées sont plus fraîches, &
le froid est même quelquefois si
piquant que l'on est obligé de
s'approcher du feu ; quoique ce soit
le temps des plus grandes pluies,
la végétation n'a que des progrès
fort lents, & les plantes prennent
peu de nourriture, les bestiaux
même sont dans cette saison, exposés à des maladies, & souvent
à des épidémies mortelles ; le printemps suit & dure jusqu'au mois

de Mai ; la Nature étale alors tous les tréfors de fa fécondité, les forêts & les prairies fe renouvellent, les fleurs & les premiers fruits paroiffent prefque en même-temps, les progrès de la végétation font rapides, & l'air eft embaumé de l'odeur de fes productions. La fécherefse qui fuit fait difparoître affez promptement toutes ces richefses ; le fpectacle de la Nature change, un été fans agrémens, pendant lequel l'air eft toujours brûlant, continue jufqu'à la fin d'Août : alors les orages recommencent & durent par reprifes jufqu'au mois de Novembre ; c'eft ce que l'on appelle automne. Mais cette régularité de faifons n'eft qu'idéale ; il n'y en a réellement que deux, les pluies & la fécherefse, qui fe font plus ou moins fentir, & qui répandent dans l'atmofphère des qualités tout-à-fait oppofées, auxquelles les Européens s'habituent très-difficilement. Il faut, dit-on, y être naturalifé, ou se conduire avec la plus grande circonspection, pour y vivre long-temps. La plupart, après quelques années de séjour à Saint-Domingue, s'apperçoivent que leurs forces diminuent, la chaleur mine insensiblement les plus robustes ; l'humide radical se détruit par une transpiration trop violente, & ils arrivent promptement à une vieillesse prématurée.

On prétend que c'est moins aux qualités de l'air qu'il faut attribuer cet état fâcheux, qu'au peu de soin que l'on a de se ménager, & aux excès de débauche ou de travail auxquels on se livre ; que les anciens insulaires se portoient bien & vivoient long-temps, que les nègres y sont forts & jouissent d'une santé inaltérable : que l'on trouve dans les familles Espagnoles qui y sont établies depuis la conquête, des vieillards de cent vingt ans ; que si en général on y vieillit plutôt qu'ailleurs, au moins on y vit aussi long-temps, & que l'habitude fait que l'on n'y reſſent preſque aucune incommodité de l'extrême vieilleſſe.

Cependant on s'accorde aſſez à dire que c'eſt de cette iſle même que vient cette honteuſe & cruelle maladie, dont la communication a cauſé à l'ancien monde, & ſurtout aux provinces méridionales de l'Europe, des maux que toutes les richeſſes de l'Amérique ne peuvent compenſer. Il eſt probable que tous les anciens habitans de l'iſle Eſpagnole en étoient infectés, mais la douceur du climat, une tranſpiration forte & continuelle, & l'uſage du bois de gayac, en rendoient les effets inſenſibles, ou du moins y apportoient beaucoup de ſoulagement; néanmoins quelques précautions qu'ils priſſent, s'il eſt vrai qu'ils s'abandonnaſſent à une incont…ence effrénée, il eſt difficile de croire qu'ils vécuſſent long-temps, & même qu'ils conſervaſ-ſent des forces & une bonne ſanté; c'eſt à une conduite ſemblable que l'on l'on attribue les maladies & la briéveté des jours de plusieurs na-tions nègres, qui vivent entre les tropiques (*a*). Les Espagnols qui ,

---

(*a*) Un auteur moderne donne une origine très-récente à la maladie dont nous parlons. « Les Espagnols établis à Saint-
» Domingue forcèrent, dit-il, les malheu-
» reux Indiens à travailler aux mines ; ils les
» obligèrent à rester huit ou neuf mois pres-
» que ensevelis dans les entrailles de la terre.
» Ce pénible travail, les vapeurs sulfureuses
» qui s'exhaloient continuellement des
» mines, la disette où les réduisoit l'im-
» possibilité d'ensemencer leurs terres ; tout
» cela corrompit tellement en eux la masse
» du sang, que leur visage paroissoit d'un
» jaune safrané. Il leur sortoit de toutes
» les parties du corps des espèces de pus-
» tules qui leur causoient des douleurs
» insupportables ; bientôt ils communi-
» quèrent cette contagion à leurs femmes ,
» & par conséquent à leurs ennemis ; les
» uns & les autres périssoient faute de
» remèdes. Les Espagnols désespérés cru-
» rent que cette peste ne les suivroit point
» en Europe, où ils passèrent pour changer
» d'air ; mais ils se trompèrent, ils don-
» nèrent à leur retour aux Européens le
» mal qu'ils avoient reçu des Américains.

Tome I.   O

depuis plus de deux siècles, devroient être naturalisés dans ces
climats, & jouir des mêmes res-
sources que les Caraïbes, ressentent

» Dieu cependant eut pitié de ces misé-
» rables insulaires ; une Indienne, femme
» d'un Castillan, découvrit quelque temps
» après un certain bois appellé guyacan,
» qui suffit pour alléger leurs maux «.
(Nouveaux voyages aux Indes Occidentales, par M. Bossu, part. première, let.
1, *Paris*, 1768.)

Ce récit s'accorde avec ce que nous avons
dit, au moins pour le lieu où les Espagnols ont contracté la maladie dont il est
question ; mais il l'attribue à des causes
qui peuvent bien avoir rendu ses effets
plus violens, mais non pas la produire ;
l'air que l'on respire dans les mines de
cuivre, dans celles de charbon, où les
exhalaisons sont si terribles, n'a pas des
effets aussi funestes ; ce genre de travail
affoiblit le tempérament, dérange l'économie animale, abrège les jours par des
maladies habituelles, mais dont aucune
n'a le caractère de la vérole, qui n'est en
Europe que le fruit de la débauche ; il
n'est pas moins vrai qu'elle est originaire
de l'Amérique, & qu'elle la venge des
maux que la cupidité des Européens a

dans presque toutes leurs familles,
les effets de cette maladie cruelle,
leur sang en est infecté, & il est
rare de trouver parmi eux un

---

causés à ses anciens habitans. Elle a déja
fait périr plus d'hommes que le fer des
Espagnols n'a détruit de Caraïbes & d'autres Indiens : que de ravages ne fera-
t-elle pas encore dans la suite des temps,
si elle continue d'anéantir les races dans
leurs sources mêmes !

Je trouve dans l'édition du Menagiana,
faite par M. de la Monnoye, une excel-
lente addition de ce sçavant académi-
cien, sur la maladie dont nous parlons,
& qui ne laisse aucun doute sur le lieu de
son origine, & le temps où elle passa en
Europe. . . .

» Il est dit, pag. 13 du recueil intitulé
» *Valesiana*, que la vérole est de toute
» antiquité, & que cette contagion a
» pris naissance en même-temps que la
» débauche. C'étoit l'opinion de M. de
» Valois le jeune. Pour moi je suis très-
» persuadé du contraire. Si parce que l'in-
» continence a de tout temps régné dans
» le monde, il s'ensuit que les hommes
» ont de tout temps été sujets à la vérole :
» je demande pourquoi tant d'habiles mé-
» decins de l'antiquité auroient moins

homme fort & robuſte, quoiqu'ils
ne ſe livrent pas à la débauche avec
autant de conſtance & de brutalité
que les premiers habitans des An-

>> connu cette maladie, que les médecins
>> du quinzième ſiècle, gens preſque tous
>> peu lettrés, & qui n'avoient qu'une
>> intelligence aſſez médiocre de leur art?
>> Du moment que la vérole fut découverte
>> en Europe, on vit une infinité d'écrits
>> touchant ſa nature & ſa guériſon. Les
>> anciens qui étoient exempts de ce mal,
>> & ne pouvoient par conſéquent le con-
>> noître, n'en ont point parlé. On n'en
>> voit nulle trace dans ce qui nous reſte de
>> leurs œuvres. Tous les paſſages qu'on en
>> aſſigne ſont équivoques, & conviennent
>> mieux à d'autres maladies. Y a-t-il ap-
>> parence que ces écrivains qui ne ſe ſont
>> point tus des *fici* & des *mariſcæ*, euſſent
>> gardé le ſilence ſur les maladies véné-
>> riennes, contractées par l'uſage des
>> femmes? Quelle ſource de plaiſanteries
>> n'auroit-ce pas été pour les poëtes à
>> ſatyres & épigrammes? Horace, Perſe,
>> Juvenal, Martial, auroient-ils été plus
>> retenus que Regnier, que Berthelot, &
>> que Sigognes? De ſuppoſer l'exiſtence
>> de ces maux, ſans qu'ils aient été con-
>> nus, avant la fin du quinzième ſiècle,

tilles; si l'on doit s'en rapporter aux relations faites par les Espagnols eux-mêmes, qui avoient intérêt de justifier la façon barbare

—————————————

» c'est ce qui ne seroit pas vraisemblable.
» La vérole, à la vérité, peut tenir long-
» temps son venin caché dans les corps,
» mais il n'en est pas de même des autres
» maux vénériens qu'on peut appeller des
» ébauches de la vérole. Ils ne tardent
» pas à se produire au dehors par des
» marques sensibles, qui sont une suite
» immédiate du commerce impur avec les
» femmes. Cela étant, seroit-il possible
» que pas un de ceux qui auroient été
» frappés de quelques-uns de ces maux,
» n'en eût reconnu l'origine, si aisée à
» reconnoître ? Quel ravage d'ailleurs
» n'auroit pas fait dans le monde une
» infection comme celle-là, si elle y avoit
» aussi long-temps subsisté *incognito ?* Les
» plus sains, & les plus continens, n'au-
» roient pu se garantir d'une contagion
» qui ne leur auroit pas été suspecte. Il
» y avoit-là de quoi faire périr tout le genre
» humain. Que si l'on s'étonne que la pros-
» titution étant aussi ancienne que le
» monde, un mal que nous regardons
» comme l'effet de ce vice, ait tant dif-
» féré à paroître; on n'a qu'à considérer

dont ils avoient traité ces peuples, en les décriant. Quoi qu'il en soit, on ne peut guères douter qu'ils ne fussent très-paresseux, sans indus-

---

» qu'il y a des maladies affectées à certains
» pays, telles que *sudor Anglicus*, *plica*
» *Polonica*, &c. qui ne paroissent point
» ailleurs à moins qu'elles n'y soient por-
» tées. La vérole ne pouvoit être répan-
» due hors du pays, où elle est particu-
» lière, puisqu'il n'a été découvert que sur
» la fin du quinzième siècle. La tradition
» généralement reçue, est que Christophe
» Colomb étant abordé l'an 1492 en l'isle
» qu'il nomma Espagnole, où ce mal est
» populaire, les Espagnols l'y prirent, &
» l'apportèrent au royaume de Naples, où
» les femmes, qu'ils en avoient infectées,
» le communiquèrent à nos François l'an
» 1495. Il n'y a rien en cela que de fort
» croyable, pour peu sur-tout qu'on fasse
» réflexion qu'il n'y a que les personnes
» gâtées qui donnent ce mal, & que la
» femme la plus débauchée pourroit avoir
» habitude avec autant d'hommes qu'on
» voudra, sans le prendre, pourvu que
» nul d'entre eux n'en fût atteint ». *Me-*
nagiana, *tom.* 1, *pag.* 198.

On pourroit citer en exemple, le terrible tempérament de la fameuse Cléopatre,

trie, & naturellement portés à éviter toutes les occasions d'employer leurs forces ou de les exercer.

Suivant des relations plus modernes, les Espagnols qui ont succédé aux anciens insulaires, ont adopté leurs mœurs en partie ; ils vivent très-frugalement, & passent leurs jours dans un désœuvrement total : ils ont tant d'éloignement pour le travail qu'ils semblent craindre de donner des ouvrages

---

qui, suivant le récit qu'en faisoit Marc-Antoine à Antonius Musa, médecin d'Auguste, *sexaginta virorum concubitus experta nécdum satiata recessit*, en lui demandant quelques remèdes pour calmer des feux si violens. Cependant l'histoire ne nous apprend pas que cette princesse ait été sujette à aucune maladie que l'on pût regarder comme la suite de son intempérance. Elle avoit plu à César, Antoine en fut idolâtre jusqu'à sa mort : elle comptoit encore assez sur sa beauté pour croire que le jeune Octave y seroit sensible ; ce qui prouve qu'elle jouissoit d'une parfaite santé, & qu'elle avoit conservé ses charmes dans un âge déja avancé.

O iv

trop pénibles à leurs esclaves; au point que pour aller prendre de l'eau à la rivière ou aux fontaines, ils les font monter à cheval, n'y eût-il que vingt pas à faire : ils ne s'occupent de rien pendant tout le jour, leur temps se passe à jouer ou à se faire bercer dans leurs hamacs. Lorsqu'ils sont las de jouer, ou qu'ils cessent de dormir, ils chantent, & ne sortent de leurs lits que quand la faim les presse. La plupart méprisent l'or, sur lequel ils marchent , & se moquent des François, par-tout si actifs pour amasser des richesses, dont rarement ils ont le temps de jouir, & que tant d'accidens imprévus peuvent leur enlever.

Cette vie tranquille, frugale & désintéressée, les fait parvenir à une extrême vieillesse ; car le soin de cultiver leur esprit, ne les occupe pas plus que celui de se procurer les commodités de la vie : ils ne sçavent rien, à peine connoissent-ils encore le nom de l'Es-

pagne, dont ils font originaires, &
avec laquelle ils n'ont prefque plus
de commerce ; & comme ils ont
mêlé leur fang, d'abord avec les
infulaires, enfuite avec les nègres,
ils font aujourd'hui de toutes les
couleurs, à proportion qu'ils tiennent de l'Européen, de l'Africain,
ou de l'Américain.

Au refte il femble que cette manière de vivre, foit celle qui convient vraiment à la température du
pays où ils font établis, & qui
réponde le mieux à celle de fes
anciens habitans. Dans un air humide & mal-fain, d'une chaleur
prefque toujours étouffante, l'efpèce humaine paroît deftinée à une
inaction habituelle : le principe du
mouvement & de l'action eft toujours dans le relâchement ; le moindre travail doit exiger des efforts
pénibles, & contraires à l'état que
la Nature prefcrit. Ce n'eft que par
ce genre de vie qu'ils peuvent calmer la fureur de cette maladie,
dont ils font prefque tous infectés,

O v

qui les tient dans une langueur continuelle, & qui les rend incapables de la moindre fatigue. Nous voyons dans nos climats, ceux que la débauche a mis dans la même situation, ne subsister qu'autant qu'ils mènent une vie à peu près semblable à celle des habitans de l'isle Espagnole. L'inaction, la frugalité, le soin de se garantir des injures de l'air, & sur-tout des rigueurs du froid, rendent supportable la continuité de leurs maux. Le moindre travail, les peines d'esprit ou de corps, quelques excès dans le boire ou le manger, les variations subites de l'atmosphère, les jettent dans des crises violentes, dans des fièvres ardentes, dont ils se débarrassent moins en usant de remèdes, que par quelques boissons chaudes, une diète exacte & un repos constant. Ainsi on en voit parmi nous résister pendant une longue suite d'années à l'action continuelle d'une maladie destructive, & passer plus de la

moitié d'une affez longue carrière,
avec la foibleffe, les incommodités
& tous les défagrémens de la vieil-
leffe. Infenfiblement même l'orga-
nifation s'altère, on voit les victimes de l'incontinence tomber dans
une forte d'imbécillité, d'où elles
ne fortent que par des mouvemens
convulfifs, & pour retourner à leur
premier état, qui eft toujours extrême, foit bon, foit méchant : état
qui tient aux variations de l'air,
au foulagement ou à l'irritation
qu'éprouvent de fa part les malades
de ce genre, plus à plaindre encore
que les Efpagnols dont nous avons
parlé, ne menant que par force
une vie fimple & frugale, de laquelle ils ne s'écartent jamais fans
en porter fur le champ la peine.
Ils n'ont pas comme eux le mérite
apparent de fouler aux pieds les
richeffes de leur pays, & de fe
priver de mille biens qu'ils pourroient fe procurer par un travail
médiocre. Cette maladie tranfportée
hors du lieu de fon origine, n'en

O vj

est que plus cruelle, sur-tout pour des nations plus actives, plus laborieuses, plus avides de gain, & plus inconstantes que les peuples de Saint-Domingue, qu'une philosophie naturelle, relative à leur situation, & qui les guide dans leur conduite, attache constamment au genre de vie qui convient le mieux à leur état, sans que rien les touche assez pour souhaiter même d'en changer.

En jettant un coup d'œil sur quelques autres des Antilles, nous y trouverons des variétés dont le détail ne peut qu'être intéressant. L'isle d'Antigo située à seize degrés onze minutes de latitude septentrionale, n'a que quelques fontaines, & de l'eau de pluie conservée dans des citernes ; son air est beaucoup plus chaud que celui de la Barbade, quoique plus éloignée de la ligne. On ne peut attribuer son excessive chaleur qu'à la qualité du terroir, qui étant sablonneux & aride, envoie dans l'atmosphère plus d'exhalaisons que de vapeurs, & y entretient la brûlante ardeur que l'on y ressent. Les forêts y conservant encore une partie de leur ancienne épaisseur, concentrent les vapeurs, & les exhalaisons échauffées par le soleil, arrêtent le mouvement de l'air & l'effet des vents; ce qui est cause que les orages & le tonnerre sont plus fréquens dans cette isle que dans les autres Antilles. Cependant ces variations n'empêchent pas que ses habitans ne jouissent d'une santé parfaite.

L'isle de Saint-Christophe, au couchant de la Barbade, par le dix-septième degré vingt-cinq minutes de latitude, que Christophe Colomb découvrit dans son premier voyage de l'Amérique & à laquelle il donna son nom, jouit d'un air pur & sain, quoique souvent troublé par des ouragans. On regarde cette isle comme l'une des plus délicieuses à habiter des Antilles; ses montagnes qui s'élèvent

les unes fur les autres, vues de
la mer, forment un fpectacle char-
mant : l'afpect de l'intérieur de
l'ifle, fur les plantations qui s'é-
tendent jufqu'à la mer, n'eft pas
moins agréable. Entre les montagnes qui font au centre, on trouve
d'épaiffes forêts, des rochers élevés, des précipices profonds, des
bains chauds & fulfureux, fur-
tout dans la partie qui eft au fud-
oueft ; le fol, quoique léger & fa-
bloneux, eft très-fertile. Ces caufes réunies contribuent à la fré-
quence des orages, mais accompagnés & fuivis de vents locaux,
qui varient les qualités de l'atmofphère, tempèrent la chaleur du
foleil, & contribuent à la falubrité
de l'air, par le mouvement qu'ils
entretiennent & l'humidité qu'ils
répandent.

La petite ifle de Névis, fituée
à peu près fous la même latitude
que celle de Saint-Chriftophe, n'a
qu'une montagne à fon centre,
dont tout le fommet eft couvert

de grands arbres. Les vapeurs &
les exhalaisons s'y rassemblent, se
forment en nuages & retombent
en pluies, tantôt d'un côté de l'isle, tantôt de l'autre, ce qui en
rend le sol de la plus grande fertilité dans les vallées ; car en approchant de la montagne il devient
fort pierreux. Le climat y est aussi
chaud que dans les Antilles les
plus voisines de la ligne, & fort
sujet aux ouragans qui souvent détruisent les plantations, déracinent
les arbres & renversent les édifices ;
ce que l'on attribue aux vapeurs
sulfureuses qui s'exhalent en abondance de toutes les terres de l'isle,
& sur-tout des eaux chaudes dont
il y a plusieurs sources.

Mais aucune de ces isles ne présente autant de variétés dans sa
température que la Jamaïque, la
plus septentrionale des Antilles.
Le climat y est fort doux, & l'on
ne connoît point de pays entre les
tropiques où la chaleur soit moins
incommode ; l'air y est rafraîchi

par les briſes de l'eſt , par de fréquentes pluies & les roſées de la
nuit. Une longue ſuite d'obſervations apprend que les quartiers de
l'eſt & de l'oueſt , ſont plus ſujets
aux vents d'orage & à la pluie que
les autres , ce que l'on ne peut
attribuer qu'à l'épaiſſeur des forêts
qui en occupent une partie & qui
retenant plus long-temps leur humidité , envoient dans l'atmoſphère une plus grande quantité de vapeurs & d'exhalaiſons. Les quartiers du ſud & du nord ſont beaucoup plus ouverts , jouiſſent d'une
température plus égale & moins
orageuſe , quoiqu'en général elle
ſoit plus incertaine & plus variée
dans toute la Jamaïque que dans
les autres Antilles. Cette iſle eſt
très-montueuſe & les parties élevées ſont aſſez froides , pour que
ſouvent les matinées ne ſoient pas
exemptes de gelées blanches , ce
que l'on peut regarder dans ce climat comme un phénomène très-
extraordinaire. L'hiver n'y eſt dif-

tingué de l'été que par des pluies
& des tonnerres qui font alors plus
violens que dans les autres faifons.
Les brifes ou vent de mer commencent à fouffler en été vers huit
ou neuf heures du matin, & deviennent plus forts à mefure que
le foleil s'élève, ce qui donne la
facilité de voyager & d'agir à toutes
les heures du jour ; ils ceffent ordinairement à quatre ou cinq heures après midi ; mais quelquefois
en hiver, ils règnent quatorze jours
& quatorze nuits de fuite ; alors
l'atmofphère eft raréfiée au point
qu'il ne s'y forme point de nuages, toutes les vapeurs retombent
en rofées. Si dans la même faifon
il s'élève un vent du nord qui dure
quelquefois auffi long-temps, l'air
eft de la plus grande pureté, on
ne voit point de nuages, il ne
tombe point de rofées, on apperçoit feulement vers trois ou quatre
heures après midi, les vapeurs fe
réunir autour des fommets des
montagnes & s'y condenfer ; le

reſte du ciel n'en eſt pas moins clair & ſerein juſqu'au coucher du ſoleil ; alors, ou l'action du vent diſſipe ces vapeurs, ou elles tombent en pluie dans les endroits mêmes où elles ſe ſont raſſemblées.

Les voyageurs rapportent un fait ſingulier au ſujet des pluies locales de la Jamaïque. Dans la Savane des Magots, qui eſt au milieu de l'iſle, entre les quartiers de Sainte-Marie & de Saint-Jean, ſi pendant la pluie, il en tombe quelques gouttes ſur un habit de quelque étoffe qu'il ſoit, dans l'eſpace d'une demi-heure elles ſe changent en petits vers blancs, ſemblables à ceux qui naiſſent dans le fromage ou dans les fruits, ce qui n'empêche pas que l'air ne ſoit fort ſain pour les habitans. On ne doit donc attribuer ce phénomène à aucune qualité mal-faiſante de l'atmoſphère ; mais à l'effet du vent qui enlève de deſſus les feuilles des arbres, les œufs des mouches

& des papillons , qui , difperfés
dans l'air, retombent avec les gouttes de pluie , & éclofent en peu
de temps, par la chaleur naturelle
au climat , fecondée encore par
celle du corps de l'infulaire : ces
œufs ne deviendroient vraiment
nuifibles qu'aux eaux que l'on raf-
fembleroit dans des citernes , &
dans lefquelles ils établiroient à la
longue un principe de corruption
qui en rendroit l'ufage mal-fain.
Un Jéfuite allant aux miffions
du Paraguay, fit la même obfervation en 1735. » Quand il pleut,
» dit-il , fous la zone torride , &
» fur-tout aux environs de l'équa-
» teur , la pluie paroît au bout de
» quelques heures fe changer en
» une multitude de vers blancs ,
» femblables à ceux qui naiffent
» dans le fromage ; & fi l'on n'a
» pas foin d'étendre au foleil, ou
» de fécher auprès du feu les vête-
» mens qui ont été mouillés , on
» les trouve bientôt couverts de

» ces petits animaux (*a*) «. Ce qui arrive sans doute par la même raison physique que j'en ai donnée plus haut.

Le docteur Stubbs, qui a fait des observations sur le climat de la Jamaïque & sa température, nous apprend que chaque nuit le vent souffle à la fois de tous les côtés de l'isle, tellement qu'aucun vaisseau ne peut en approcher dans ce temps, & les brises de mer s'élevant bientôt après, on ne peut y aborder ou en sortir que de grand matin (Dampier avoit fait long-temps auparavant les mêmes remarques), ce qui ne doit s'entendre que des côtes peu éloignées des montagnes d'où partent ces vents; car au Port-Morant, dans la partie la plus orientale de l'isle, on connoît peu les brises de terre,

____

(*a*) Première lettre du P. Gaëtan Cataneo, à la suite de la relation des missions du Paraguay, *Paris*, 1754.

parce que la montagne en eſt éloignée, & que ces vents, qui viennent
des hauteurs, perdent de leur force
dans l'eſpace qu'ils ont à parcourir
juſqu'à la mer. Une autre ſingularité
de la Jamaïque, c'eſt qu'à meſure
que le ſoleil s'abaiſſe, les nuages
ſe raſſemblent & prennent différentes formes qui répondent à celles
des montagnes, de ſorte qu'un
marinier expérimenté connoît chaque partie de l'iſle à la forme des
nuages qui la couvrent.

Sur la pointe, où Port-Royal
étoit ſitué, avant le tremblement
de 1692, à peine pleut-il quarante
fois par an; ce terrain eſt abſolument découvert; au contraire, depuis la pointe de Port-Morant juſqu'à Liguania, qui n'eſt qu'à ſix
milles de Port-Royal, il n'y a preſque point d'après-midi, pendant
huit ou neuf mois, à commencer
de celui d'Avril, où les pluies ne
ſoient abondantes. A Spaniſtown,
qui eſt un peu plus avancé dans
les terres, à huit ou dix lieues à

l'oueſt de Port-Royal, il ne pleut que
trois mois dans l'année, & ces pluies
ſont médiocres. Tout le pays des
environs eſt cultivé depuis long-
temps, & peuplé d'un grand nombre
d'habitations. Dans toute la preſ-
qu'iſle de Port-Royal, on ne creuſe
pas quatre ou cinq pieds ſans trouver l'eau, elle a ſes périodes comme la marée, elle eſt ſaumâtre
& mal-ſaine à boire; cependant
il ne s'en élève aucune vapeur
nuiſible : quoique les roſées ſoient
abondantes dans tout ce canton,
on y peut paſſer la nuit à l'air, &
y dormir ſans danger.

L'atmoſphère de cette iſle étant
continuellement agitée par des
vents alternatifs de terre & de
mer, & rafraîchie tantôt d'un
côté, tantôt de l'autre, par des
pluies fréquentes ; il ne faut pas
s'étonner de ſa ſalubrité & de la
douceur de ſa température. On
prétend même que ſes qualités
étoient plus favorables aux hommes & aux animaux, que les tem-

pêtes & les orages y étoient rares
avant le terrible ouragan de 1693,
& le tremblement de terre dont
les funestes effets ruinerent l'isle,
formerent des gouffres qui subsistent encore, & firent périr les neuf
dixièmes des habitans.

Il commença le sept Juin entre
onze heures & midi. Le ciel qui
étoit serein & clair avant le tremblement de terre, parut tout d'un
coup sombre & rougeâtre. On entendit de prodigieux bruits, non-
seulement dans les montagnes, comme on l'apprit des déserteurs nègres, mais de toutes parts, sous
terre & dessus. Le nord de l'isle
ne fut pas garanti par la fraîcheur
de ses bois, une grande partie de
ses plantations fut engloutie. Un
établissement de dix mille acres
de terre disparut entièrement, &
l'on ne vit à la place qu'un étang
de même étendue, dont les eaux
ont séché depuis ; mais où l'on n'a
retrouvé aucune apparence des maisons, des arbres, & de tout ce que

l'on y voyoit auparavant. Une montagne proche de Port-Morant fut tout-à-fait engloutie , & la place qu'elle occupoit n'offre aujourd'hui qu'un grand lac large de quatre ou cinq lieues. L'effet le plus marqué de cet ouragan, fut de l'eſt à l'oueſt par le ſud , à en juger par les veſtiges qui en reſtent. On ne peut pas douter que ces terribles révolutions ne mettent d'abord des changemens ſenſibles dans les qualités de l'air & leurs effets ſur les corps; mais il eſt à croire qu'inſenſiblement elles ſe rétabliſſent dans leur état ordinaire ; la preuve en eſt que cette iſle eſt actuellement la plus habitable des Antilles , & celle dont la température eſt la plus douce. Depuis que la population en eſt augmentée & que l'on a détruit des bois pour mettre le ſol en culture, on a obſervé que les pluies avoient fort diminué ; ce qui prouve , ainſi que nous l'avons déja remarqué au ſujet de la terre ferme de l'Amérique , que

les

les forêts, en interceptant la chaleur du soleil, favorisent la condensation des vapeurs, les arrêtent, empêchent qu'elles ne se raréfient & ne soient dissipées par les vents.

La seule incommodité que ressentent, à la Jamaïque, les Européens qui y arrivent pour la première fois, est de suer presque continuellement pendant neuf mois ; mais ces sueurs, qui cessent après ce temps, ne les affoiblissent pas plus que celles que l'on éprouve quelquefois en Europe. Si elles causent une altération incommode, quelques gouttes d'eau-de-vie suffisent pour l'appaiser ; ce qui nous apprend que l'air y est moins sec & altérant, que chargé de vapeurs qui agissent sur ceux qui n'y sont pas encore accoutumés, à peu près comme un bain tiède qui exciteroit une transpiration continuelle. Ajoutons encore que la plupart des animaux de l'isle boivent rarement, circonstance qui sert à faire connoître les dispositions de

Tom. I.   P

l'atmosphère dans laquelle ils vivent.

§. XVIII.

Idée de l'Air, relativement aux observations précédentes

Le fluide dans lequel nous vivons, ce mixte composé de matières si différentes entr'elles, l'air
n'a donc point de qualités générales, primitives & propres ; il les
reçoit toutes des causes étrangères, nulle part il n'est essentiellement chaud ou froid, sec ou humide ; les différences que nous venons d'y remarquer à peu près sous
les mêmes latitudes, ne nous per-
mettent pas d'en douter : l'action
du soleil l'échauffe ; quand elle cesse,
il se refroidit : les vapeurs aqueuses
le rendent humide, les exhalaisons lui communiquent leur féche-
resse, les vents le différencient :
c'est un Prothée qui change à toutes

les impreffions des agens qui ont
prife fur lui. Les divers afpects du
ciel, la pofition des contrées, le
voifinage des feux fouterrains, des
neiges & des glaces, le varient.
Sous le même équateur il eft brûlant au Monomotapa, glacial fur les
montagnes du Pérou, tempéré dans
le Brefil, il ne fe reffemble point
d'un côté à l'autre de la même ifle.
Le voifinage de la mer le change, il
n'eft pas le même par le vent d'eft
que par celui du fud ; enfin il eft
fujet à une infinité de viciffitudes,
qui viennent toutes de caufes étrangères ; on peut y ajouter encore les
variétés que doivent y apporter les
faifons diverfes ; mais quelques
changemens que l'on puiffe fuppofer dans l'atmofphère, on doit
fur-tout les attribuer aux vapeurs
& aux exhalaifons qui y répandent
une multitude de petits corps hétérogènes & de miafmes différens,
qui non-feulement décident de la
falubrité de l'air, mais de fon
reffort, de fon poids, de fa flui-

dité & de sa transparence, ainsi que nous l'expliquerons dans le discours suivant.

§. XIX.

Température des Indes Orientales, situées entre les tropiques.

Quelque variée que paroisse la Nature dans sa manière d'agir, on y admire toujours une simplicité constante, & les mêmes effets des mêmes causes. Si nous quittons les climats de l'Amérique, dont nous venons de parler, pour porter nos observations sur la partie de l'ancien continent, située sous la même latitude, nous y retrouvons l'air modifié à peu près de même. On remarque dans les régions des Indes orientales, situées entre les tropiques, comme dans celles de l'Amérique méridionale, que la chaleur n'est pas toujours plus vive dans les lieux les plus voisins de la ligne, que dans ceux qui en sont plus éloignés.

A Siam, qui est à quatorze degrés vingt minutes de latitude septentrionale, le thermomètre va quelquefois en été jusqu'à soixante-dix-huit degrés, & dans l'hiver du pays, il ne descend d'ordinaire qu'à vingt-deux. On n'y connoît que trois saisons, l'hiver, le petit été & le grand été : la première, qui ne dure que deux mois, répond à nos mois de Décembre & de Janvier ; la seconde comprend les trois suivans, & les sept autres forment le grand été. Ainsi l'hiver des Siamois arrive à peu près au même-temps que le nôtre, parce qu'ils sont comme nous au nord de la ligne ; mais il est aussi chaud que notre plus grand été ; ce qui fait que dans tout autre temps que celui de l'inondation, ils couvrent toujours les plantes de leurs jardins, pour les garantir de l'ardeur du soleil, comme nous couvrons les nôtres contre le froid de la nuit

& de l'hiver. Cependant, eu égard
à la température habituelle de l'atmosphère, la diminution du chaud
leur paroît un froid affez incommode, d'autant plus que l'air étant
alors fort fec, l'action des vents
du nord qui dominent, n'eft que
plus fenfible. Ces vents règnent
depuis la fin de Novembre jufqu'en Mars & font décroître la
rivière de Ménam, dont les débordemens commencent ordinairement au mois d'Août. Les nuits
& les matinées font plus fraîches
dans cette faifon : les herbes & les
fleurs fe renouvellent aux mois de
Février & de Mars ; c'eft auffi dans
ce temps que l'on eft dans l'ufage
de femer toutes les graines. Les
vents du midi qui foufflent pendant près de fept mois, toujours
variables de l'eft à l'oueft, amènent avec eux une grande abondance d'eau. Les pluies commencent d'ordinaire à la fin de Mars,
& durent jufqu'au commencement
d'Octobre ; non qu'elles foient con-

tinuelles , car il fe paffe fouvent
douze ou quinze jours fans qu'il
tombe une goutte d'eau, mais le
ciel refte toujours couvert, la chaleur eft étouffante , les tempêtes
fe fuivent de près , & on profite
de quelques inftans de calme &
de temps fecs , pour cueillir la
plupart des fruits qui font alors
dans leur maturité. Ce pays , comme la plupart de ceux qui font fitués
dans la zone torride , feroit inhabitable , fans les rivières qui l'arrofent , les pluies & les vents qui
le rafraîchiffent. Le vent y fouffle
fans ceffe du pole oppofé à celui
que le foleil éclaire ; ainfi à Siam
le foleil étant pendant l'hiver au
midi de la ligne ou vers le pole
Antarctique , les vents du nord y
règnent toujours, & tempèrent l'air
au point de le rafraîchir fenfiblement ; au contraire , pendant l'été
lorfque le foleil eft au nord de la
ligne & directement fur la tête
des Siamois , les vents du midi
dont le fouffle ne ceffe point , y

P iv

cauſent des pluies continuelles, ou du moins y diſpoſent toujours le temps.

Malgré l'ardeur du climat, la température de l'air y ſeroit conſtamment ſaine, ſi elle n'étoit très-ſouvent infectée par les exhalaiſons putrides qui s'élèvent du ſol à la ſuite des inondations, & que la chaleur du climat rend très-dangereuſes. L'eſpèce de peſte connue ſous le nom de mal de Siam, & dont les étrangers ſont plus aiſément attaqués que les naturels du pays, en eſt un des effets les plus pernicieux.

Ce que l'on connoît de ce pays, c'eſt-à-dire les bords de la rivière, de la mer à la capitale, eſt ce qu'il y a de plus beau ; il ſe préſente ſous l'apparence de la fertilité & de l'abondance ; mais ceux qui ont pénétré dans l'intérieur, prétendent qu'à meſure que l'on avance dans les terres, on ne trouve plus que de vaſtes déſerts, des forêts & des bêtes ſauvages. Tout le peuple habite fur le bord ou dans le voifinage de la rivière, il s'y tient préférablement à tout autre endroit, parce que les terres qui y font inondées fix mois de l'année, produifent prefque fans culture une grande quantité de ris qui ne peut croître & multiplier que dans l'eau. Cette graine fait prefque toute la richeffe du pays, fort pauvre d'ailleurs, par la pareffe de fes habitans & la barbarie du gouvernement. Ainfi en remontant depuis la Barre qui eft à l'embouchure du Ménam, jufqu'à Louvo, où les rois de Siam paffent une partie de l'année, on voit, par rapport aux peuples, aux villes & aux denrées, aux faifons & à l'état de l'air, tout ce qui peut mériter quelque attention dans ce royaume (a).

L'air de la prefqu'ifle de Malaca, qui n'eft qu'à deux degrés douze minutes de la ligne, eft

---

(a) *Voyez* les Mémoires du C. de Forbin, tom. 1.

P v

beaucoup plus tempéré que celui du pays de Siam. Des observations faites pendant sept mois , nous apprennent que le thermomètre y a toujours été entre soixante & soixante-dix degrés (*a*) ; ce qui vient sans doute de ce que même hors le temps des pluies, il y pleut régulièrement une ou deux fois par semaine. Il semble que le réservoir des pluies qui tombent à Malaca , soit dans l'isle de Sumatra, qui est au sud-ouest. Les pluies & les tempêtes sont si fréquentes dans cette isle , que l'on a donné le nom de Sumatra à certains orages fort communs entre les tropiques , qui durent peu , mais qui sont toujours accompagnés de vents impétueux.

Cette presqu'isle , connue des anciens sous le nom de Cherfonèse d'or , a des singularités qui deman-

____

(*a*) *Voyez* les Mémoires de l'Académie des Sciences, année 1696.

dent quelques détails. Elle produi-
roit les denrées les plus excellentes, si elle étoit cultivée avec soin,
& sa fertilité répondroit à son heureuse température : mais la Nature,
en fournissant aux Malais le sagou,
pâte végétale, très-nourrissante,
qu'ils tirent de la moëlle d'une espèce de palmier fort commun dans
tout l'Archipel Indien, semble avoir
voulu les dispenser de la peine de
pourvoir à leur nourriture, qu'ils
trouvent presque toute préparée, &
qui n'exige aucuns frais de culture.
Ils en fabriquent des pains de différentes formes, & des gruaux propres à faire des bouillies fort saines, dont ils varient le goût, de
même que celui des pains, en y
joignant des parfums différens, ou
des sucs de viandes & de poissons.
Les Malais sont de tous les Indiens
Mahométans les plus actifs & les
plus entreprenans ; ils aiment le
mouvement & la guerre, la navigation, le pillage, ce qui est assez
rare dans les peuples qui habitent

P vj

des climats aussi chauds : ce qui n'est
pas moins remarquable encore, c'est
que leur gouvernement ressemble
beaucoup à celui de l'Allemagne.
Toute cette nation reconnoît un
chef, qui a le titre de sultan : il
commande à de grands vassaux, qui
ne lui obéissent qu'autant qu'ils le
jugent à propos, ou qu'ils y sont
intéressés ; ceux-ci ont des arrière-
vassaux, qui en usent de même à
leur égard. Une petite partie de la
nation vit indépendante, & vend
ses services à ceux qui les lui payent
le mieux ; le plus grand nombre
est de serfs, qui sont dans l'esclavage
le plus dur. Mais tous passent pour
la race d'hommes la plus féroce &
la plus dangereuse qui soit sur la
terre. On a vu de petites troupes
de ces furieux attaquer en désespérés des vaisseaux qui se croyoient
en sûreté sur leurs côtes, & tuer
une partie de l'équipage avant qu'il
eût le temps de se reconnoître.
M. de Forbin rapporte qu'un bateau
Malais, monté de vingt-cinq à

trente hommes, aborda hardiment un vaisseau Anglois de quarante canons, où il fit un massacre étonnant des Européens, qui ne s'en défioient pas. Ils ne font pas moins dangereux fur terre, & leur férocité est inconcevable. Un Malais percé d'outre en outre par une pique, va toujours fur fon ennemi, tant qu'il lui reste un fouffle de vie; fes derniers momens respirent encore le carnage. Son arme favorite est le crit, espèce de poignard de quinze à dix-huit pouces de long, dont la lame est large & ondée par les bords, d'un acier fin & tranchant, pénétré, lorsqu'on le fabrique, d'un poison fi fubtil & fi actif, fur-tout en été, que la moindre égratignure qu'il fait est mortelle. Plus ces poignards font empoifonnés, plus ils font chers. C'est une infamie parmi les Malais de rendre le crit, & une lâcheté de l'avoir tiré fans tuer perfonne : aussi quand ils ne font pas les plus forts, s'ils paroissent céder un inftant, il faut les exterminer auſſi-tôt comme des animaux enragés qui ne ſongent qu'à dévorer leur proie ; on en a vu, excédés de fatigues, faire ſemblant d'accepter la paix & la vie qui leur étoient généreuſement offertes, & ſe jetter tout de ſuite ſur leurs bienfaiteurs déſarmés, dont ils poignardoient une partie avant qu'ils puſſent ſe défendre. Enfin, ce ſont les plus terribles & les plus méchans de tous les hommes, dont il faut d'autant plus ſe défier, qu'au premier abord ils ne paroiſſent que vains, ainſi que la plûpart des Indiens : ils ne s'entretiennent que d'affaires de galanterie, & vantent ſans ceſſe l'honneur & le courage de la nation, lors même qu'ils méditent les trahiſons les plus horribles.

Tout le long de la côte de Coromandel il fait plus chaud qu'en aucun autre endroit des Indes ; le ſol n'eſt preſque qu'un ſable aride : quand il eſt échauffé, il double la chaleur ordinaire des rayons du ſoleil, par l'ardeur dont il eſt, & par les exhalaiſons ſèches qu'il envoie dans l'atmoſphère. Au commencement de Juin, le thermomètre y monte juſqu'à quatre-vingt quatre degrés; & à la fin de Janvier, qui eſt la ſaiſon la moins chaude, il en marque ſoixante (*a*).

Au mois de Mai, lorſque le vent eſt ſud-oueſt, il fait ſi chaud à Maſulipatan, que l'air y eſt inſupportable, ſans que pour cela on puiſſe ſuer juſqu'au coucher du ſoleil, après lequel tout le monde eſt pris d'une ſueur abondante. Quoique l'on place ce pays à plus de quinze degrés de la ligne, pendant tout ce mois la chaleur y eſt ſi vive, que perſonne n'oſe quitter ſa maiſon qu'à l'entrée de la nuit; la plupart de ceux qui riſquent de s'expoſer durant le jour à l'action de ce vent brûlant, en ſont ſuffoqués:

(*a*) *Voyez* l'Hiſtoire de l'Académie des Sciences, tom. 7, pag. 217.

ce qui vient sans doute de ce que la chaleur répandue dans l'atmosphère est alors bien au-dessus de celle des corps, qui est nécessaire à la vie, & dans laquelle elle peut se conserver. Boerhaave a fixé la chaleur de la vie des hommes à quatre-vingt douze degrés, & dans les enfans à quatre-vingt quatorze. Farenheit a marqué dans les thermomètres la chaleur du corps humain à quatre-vingt seize degrés. Le sçavant Martine, Médecin Ecossois, en a assigné les limites entre le quatre-vingt-seizième & le quatre-vingt-dix-huitième degré. Suivant les expériences de ce curieux observateur, le thermomètre, entouré exactement de la peau du corps humain en quelque partie que ce soit, marque le même degré que lorsqu'il est tenu dans la bouche fermée : la chaleur des entrailles est un peu plus grande, mais seulement d'un degré. M. de Secondat a tenu un thermomètre dans la bouche fermée de plusieurs per-

sonnes de tout âge & de tout sexe,
& il a vu le mercure s'élever depuis le quatre-vingt-quinzième degré jusqu'au quatre-vingt-dix-septiè-
me. Ces observations comparées,
font voir qu'il faut s'en tenir à la
détermination de Farenheit, comme la plus exacte (*a*). Cette chaleur est bien au-dessus de celle que
l'on éprouve à Masulipatan; mais
cependant elle seroit supportable
quelque temps, quoique fatigante & enfin destructive, parce que
l'air ainsi modifié ne porteroit plus
dans le sang & les autres fluides, le
rafraîchissement continuel dont ils
ont besoin, & qu'ils ne peuvent
recevoir que de l'air. Or, quand il
est excessivement chaud, tel qu'on
le doit supposer par les bouffées de
ce vent brûlant qui se fait sentir
à la côte de Coromandel, alors il
doit réduire très-promptement les

(*a*) Observations de Physique & d'Histoire Naturelle, par M. de Secondat;
Paris, 1750.

subſtances animales à un état de diſſolution entière; car lorſque l'air extérieur, tel que doit être celui dont nous parlons, à en juger par ſes effets, eſt de pluſieurs degrés plus chaud que la ſubſtance du poumon, il faut néceſſairement qu'il corrompe & détruiſe les fluides & les ſolides. Dans une rafinerie de ſucre, où la chaleur étoit de cent quarante-ſix degrés, de cinquante au-deſſus de celle du corps humain, un moineau mourut en deux mi-nutes, & un chien en vingt-huit. Ces expériences peuvent nous don-ner une idée de l'effet de ces coups de vents ſuffoquans, que l'on éprou-ve à Maſulipatan, & avec leſquelles ils ont beaucoup d'analogie.

Toute la côte de Coromandel expoſée à un ſoleil ſi brûlant, ſe-roit ſtérile, ſans les pluies qui du-rent régulièrement quatre mois de l'année, & qui rempliſſent des ré-ſervoirs que les habitans du pays creuſent de toutes parts. Il y en a de trois milles de tour, qui four-

niſſent de quoi arroſer une très-
grande étendue de territoire, par
pluſieurs ruiſſeaux qu'on laiſſe couler chaque jour à des heures marquées.

Quoique ces régions ne doivent
leur fertilité & le rafraîchiſſement
qui les rend habitables, qu'aux
pluies abondantes & réglées qui y
tombent, il arrive quelquefois qu'elles répandent une telle humidité
dans la terre & dans l'air, que tout
le pays eſt comme un vaſte marais
brûlant, dont les exhalaiſons rendent une odeur infecte, & indiquent un principe général de putréfaction qui doit bientôt produire
les plus funeſtes effets. C'eſt ſur-
tout dans les forêts épaiſſes, lorſqu'elles ſont inondées, & qu'une
violente chaleur ſuccède immédiatement à la ſaiſon des pluies, que
paroiſſent ſe former les cauſes des
maladies peſtilentielles qui dévaſ-
tent ces contrées. Des millions
d'inſectes multiplient rapidement
dans ces marécages infectés; ils ſe

répandent au loin, & obscurcissent l'atmosphère par leur énorme quantité. Quand on les voit paroître, ils sont le signe le plus certain d'une corruption générale, & annoncent au navigateur instruit qu'il ait à s'éloigner promptement de ces côtes désolées par une peste cruelle. On trouve une description frappante de ces terribles phénomènes dans les mémoires du comte de Forbin (tom. 1. an. 1687).

» Nous n'étions, dit-il, plus
» qu'à huit lieues de Masulipatan,
» lorsque nous vîmes venir du côté
» de terre un nuage noir & épais,
» que nous crûmes tous être un
» orage. Nous serrâmes d'abord
» toutes les voiles, crainte d'acci-
» dent. Le nuage arriva enfin à
» bord avec très-peu de vent, mais
» suivi d'une prodigieuse quantité
» de grosses mouches, semblables
» à celles qu'on voit en France, qui
» mettent des vers à la viande;
» elles avoient toutes le cul violet.
» L'équipage fut si incommodé de

» ces infectes, qu'il n'y eût per-
» fonne qui ne fût obligé de fe
» cacher pour quelques momens ;
» la mer en étoit toute couverte ,
» & nous en eûmes une fi grande
» quantité dans le vaiffeau , que
» pour le néttoyer, il fallut jetter
» plus de cinq cens boyaux d'eau.

» Environ à quatre lieues de la
» ville , nous apperçûmes comme
» un brouillard qui la couvroit toute
» entiere ; à mefure que nous avan-
» cions, le brouillard s'étendoit,
» & peu après nous ne vîmes plus
» que la pointe des montagnes qui
» fervoient à guider les pilotes. En
» approchant de terre, nous recon-
» nûmes que ce nuage n'étoit autre
» chofe qu'une multitude innom-
» brable de mouches toutes diffé-
» rentes des premières; elles avoient
» quatre aîles, & reffembloient à
» celles qu'on voit le long des eaux,
» & qui ont la queue barrée de jau-
» ne & de noir. Plus nous avan-
» cions , & plus ces infectes fe mul-
» tiplioient ; il y en avoit une fi

» grande quantité, que nous em-
» pêchant de voir la terre, il fallut
» en approcher en sondant ; nous
» fûmes même obligés d'embar-
» quer la bouſſole, pour ne pas
» manquer l'endroit du débarque-
» ment. Nous abordâmes enfin , &
» nous allâmes à la douane ; per-
» ſonne ne parut dans le bureau
» qui étoit ouvert , & nous en par-
» courûmes toutes les pièces , ſans
» trouver qui que ce ſoit. Surpris
» de cette nouveauté , nous marchâ-
» mes du côté où étoit le comptoir
» de la compagnie d'Orient, nous
» traverſâmes pluſieurs rues ſans
» voir perſonne. Cette ſolitude qui
» régnoit par toute la ville, nous
» fit bientôt comprendre de quoi
» il étoit queſtion.

» Nous arrivâmes devant la mai-
» ſon de la compagnie; les portes
» en étoient ouvertes, nous y trou-
» vâmes le directeur mort, appa-
» remment depuis peu de temps,
» car il étoit encore entier : la mai-
» ſon avoit été pillée, & tout y

» paroiſſoit en déſordre. Nous con-
» tinuâmes à marcher, & nous nous
» rendîmes au comptoir des An-
» glois ; nous le trouvâmes fermé :
» de là nous paſſâmes à celui des
» Hollandois. De quatre-vingt per-
» ſonnes qui le compoſoient, il
» n'en reſtoit plus que quatorze ;
» c'étoient plutôt des ſpectres que
» des hommes : ils nous dirent que
» la peſte avoit mis la ville dans
» l'état où nous l'avions trouvée, que
» la plupart des habitans étoient
» morts, & que le reſte s'étoit re-
» tiré dans les campagnes ; qu'ils
» ne pouvoient rien dire ſur la
» maiſon des François, que les
» Anglois avoient abandonné la
» leur, après avoir perdu la meil-
» leure partie de leurs gens, que
» pour eux ayant des tréſors immen-
» ſes dans leurs maiſons, il leur
» étoit défendu ſous peine de la
» vie d'en ſortir, ſans quoi ils ne
» ſeroient pas reſtés ».

On conçoit qu'un ſpectacle auſſi
effrayant, & la crainte d'une mort

prochaine, précipita le départ de M. de Forbin & de ceux qui l'accompagnoient : cependant ils ne respirèrent pas impunément l'air infecté de cette malheureuse ville. Le troisième jour après en être sortis, quelques matelots qui étoient descendus de la chaloupe à terre, tombèrent malades ; la cause de leur maladie ne pouvoit pas être incertaine : le chirurgien leur trouvant de la fièvre, les saigna. » Le » lendemain, continue M. de For- » bin, je fus moi-même attaqué » de la fièvre, & je refusai de me » laisser saigner. Les autres mate- » lots qui étoient venus à terre se » trouvèrent également incommo- » dés, & furent saignés comme les » premiers ; les uns & les autres » moururent peu de jours après : » cependant ma fièvre continuoit ; » elle étoit accompagnée d'une » sueur si abondante, & qui dans » peu me mit si bas, que je pouvois » à peine parler. La violence du » mal m'avoit affoibli la vue, au

» point

» point de ne pouvoir plus diftin-
» guer les objets qu'imparfaitement.
» Pour comble de malheur, les pro-
» vifions commençoient à man-
» quer ; il n'y avoit plus dans le
» vaiffeau de quoi fournir au foula-
» gement des malades. Ne fçachant
» plus à quoi me déterminer, je
» m'avifai de demander un peu de
» vin de Perfe : j'en bus environ un
» demi-verre, & je m'endormis pro-
» fondement ; quelques heures
» après, je m'éveillai tout en fueur ;
» il me parut que ma vue s'étoit
» un peu fortifiée. Je revins à mon
» remède, dont je doublai la dofe :
» je me rendormis une feconde fois ;
» je me réveillai encore trempé de
» fueur, mais beaucoup plus fortifié.
» En me conduifant ainfi, la fièvre,
» de continue, devint tierce, & fe
» diffipa. De dix-fept que nous
» étions embarqués dans la cha-
» loupe, & qui defcendîmes à terre,
» quatorze, qui avoient été faignés,
» moururent ; & felon toutes les
» apparences, le capitaine, M. des

Tom. I. Q

» Landes & moi, ne nous en tirâ-
» mes que pour n'avoir pas voulu
» de la faignée....». C'est aux maîtres en l'art de guérir à décider de
l'effet de la faignée dans une occafion femblable, & de l'utilité du
remède fimple qui réuffit d'une manière fi avantageufe à M. de Forbin. Il nous fuffit d'avoir retracé
les principaux traits de cet horrible
tableau, pour apprendre combien
dans ces contrées fi riches, il faut
craindre les effets réunis de l'humidité & de la chaleur, qui dès
qu'ils font portés à un certain degré, répandent dans l'atmofphère
des principes de corruption qui ne
font pas toujours auffi actifs, mais
qui très-certainement occafionnent
des maladies dangereufes, & qui
prefque toujours abrègent les jours
des Européens que l'efpoir d'une
fortune plus brillante y conduit.

Cependant cette partie de la
prefqu'ifle de l'Inde, plus ouverte
& plus rafraîchie par les vents d'eft
que la partie occidentale, eft moins

fujette aux épidémies. L'air de la côte de Coromandel paffe pour être plus fain que celui de Malabar. La pefte fait de fréquens ravages à Baçaïm, ville du royaume de Vifapour, fituée au dix-neuvième degré de latitude, & qui appartient aux Portugais. La ville de Goa, qui eft plus près de quatre degrés de l'équateur, refferrée du côté de la terre par les montagnes qui l'environnent, eft expofée à des chaleurs extrêmes, fuivies de maladies fréquentes qui la dépeuplent, & toute cette côte fi belle feroit inhabitable, fi l'air n'y étoit pas continuellement rafraîchi par des vents de mer, qui diffipent les vapeurs & les exhalaifons qui s'élèvent des terres après qu'elles ont été inondées dans la faifon des pluies, ou par le débordement des rivières : le fol eft d'une fertilité remarquable, même dans ce pays, où la Nature offre par-tout le fpectacle fuivi de la plus heureufe fécondité.

Au royaume de Bengale, fous le

tropique du cancer, la chaleur est
communément extrême, & les relations les plus récentes nous apprennent que depuis quelque temps
elle est tout-à-fait insupportable.
Le thermomètre, en 1765, fut pendant long-temps à quatre-vingt-dix-
huit degrés & au-dessus ; & dans
certains momens du jour, le vif-
argent montoit jusqu'au cent quatrième degré, chaleur extrême, qui
est au-dessus de celle du corps, &
qui à la longue ne peut qu'être très-
pernicieuse à la santé, & même, à
la vie de ceux qui l'éprouvent. On
prétend même que le thermomètre
avoit été jusqu'à cent vingt degrés;
ce que l'on attribuoit au défaut de
l'instrument, ou à certains coups
de vents enflammés assez communs
dans ces climats, qui portent tout
d'un coup dans l'air une chaleur
extraordinaire, & souvent mortelle.

L'air commença à être brûlant
dans le mois de Mai, sa température fut constamment la même en
Juin, & continua en Juillet, mais

avec quelques intervalles de ra-
fraîchissements ; car si l'air eût toujours été également embrasé, il y
eût eu une mortalité considérable,
puisque dans les grandes chaleurs
du mois de Juin, quantité de personnes, sur-tout des Européens, qui
jouissoient de la santé la plus brillante, se trouvèrent incommodées, &
moururent dans un espace de quatre heures. Si on avoit quelques
détails sur ces maladies, il est probable qu'on remarqueroit dans leurs
symptômes & leurs accidens beaucoup de ressemblance avec le mal
de Siam, qui tire son origine des
effets immédiats d'un air corrompu
sur un sang mal disposé.

Car les Européens qui sont assez
sages pour renoncer à toute espèce
de débauche, sont moins exposés
aux épidémies que les autres, quoique les tempéramens même les
plus robustes soient en peu de
temps mis au tombeau par les fièvres & les autres maladies du pays,
qui sont toutes également funestes.

Il n'est pas douteux qu'elles ne soient occasionnées par l'état de l'air : on a reconnu à Bengale & à Bencoli, région encore plus malsaine, que les marées ont une influence sensible sur les fièvres intermittentes, & qu'il est possible de prédire avec la plus grande justesse le moment de la mort du malade, qui arrive à l'instant du reflux fini ; il seroit sans doute plus utile de trouver des spécifiques assurés contre ces fièvres, & on a reconnu que l'usage du Quinquina étoit le meilleur de tous les remèdes. En 1762, à la suite d'une grande épidémie, qui avoit enlevé trente mille Indiens & huit cens Européens, les marchands Anglois, & plusieurs autres qui avoient eu le bonheur d'en échapper, éprouvèrent de terribles rechûtes pour n'avoir pas continué d'user du Quinquina.

C'est au commencement de Juin que les maladies commencent à être le plus à craindre ; c'est alors que la saison devient très-mal-saine,

parce que le salpêtre dont le sol est
chargé s'exhale dans l'atmosphère,
quand la pluie ouvre le passage aux
rayons du soleil, qui le volatilise.
La même chose arrive immédiatement après que la pluie a cessé.
La température de l'air n'est supportable que depuis la mi-Octobre
jusqu'au commencement d'Avril ;
& dans cet intervalle, il faut faire
autant d'exercice qu'on le peut,
car pendant la chaleur il n'est absolument pas possible de prendre l'air,
excepté le matin une heure avant
le lever du soleil; car dès qu'il paroît, on ne résiste plus à ses rayons
embrasés : on ne peut alors ni sortir, ni prendre chez soi du repos.
La respiration est gênée, & si difficile, que la crainte d'étouffer, fait
que l'on n'ose s'endormir. Les gens
qui ne connoissent point les dan-
gers de ce pays, cherchent alors les
endroits frais & humides, ceux où
la rosée a rafraîchi le sol & l'air :
ils s'y endorment, & n'en sortent
que pour mourir quelques heures

après. Un ingénieur Anglois, chargé, dans le mois de Septembre, de
faire travailler au deſsèchement d'un
marais, y trouva les vapeurs ſulfureuſes ſi ſtagnantes & ſi épaiſſes,
que de temps à autres il étoit obligé
de monter au-deſſus des arbres les
plus élevés des environs, pour y
jouir d'un air plus pur, & prendre
une reſpiration plus libre : il neſe
ſoutint dans cette entrepriſe que
par l'uſage continuel de la pipe &
de l'eau-de-vie; & il fut le ſeul de
tous ceux qui avoient été employés
à cet ouvrage, qui réchappa à la
violence de la fièvre putride dont
ils furent attaqués, & dont ils périrent en très-peu de temps. Cette
diſpoſition habituelle de l'air, jointe à une chaleur exceſſive, épuiſe
dans moins d'une année la conſtitution la plus vigoureuſe. Cependant ce pays ſe préſente ſous l'aſpect le plus riant : toutes les plantes y croiſſent, les fruits y ſont
abondans, on y voit les plus beaux
arbres; mais l'air y eſt ſi pernicieux,

qu'on ne peut pas se flatter de jouir
de ces avantages sans risquer sa vie.
(*Voyez* les Transactions Philosophiques pour 1767, art. 25, & les
Causes des Maladies des Européens
dans les Climats chauds, par Lind.
Londres, 1768.)

Plus avant dans le continent, à
la tête de la presqu'isle occupée par
les états du grand Mogol, la température de l'air varie suivant la
hauteur des terres, leur éloignement, & leur position relative à
l'équateur. Dans les cantons septentrionaux de ce grand empire, l'air
est extrêmement froid & piquant
dans le temps de la plus grande dé-
clinaison du soleil; mais il est beaucoup plus tempéré dans les provinces méridionales. Le sol de ce
vaste pays est nud en plusieurs endroits, & hérissé de montagnes es-
carpées, sablonneuses & stériles, sur-
tout dans l'intérieur du pays, que
l'on connoît peu; mais dans la partie maritime, il est fertile en coton, millet, riz, & plusieurs sortes

Q v

de fruits. A en juger par la constitution de ses peuples, qui sont
pour la plûpart de grande taille,
forts & robustes, avec beaucoup
d'esprit & de finesse, l'air doit y
être plus sain que dans les presqu'isles de l'Inde, quoique les naturels du pays, ainsi que les autres
Indiens, aient le teint fort basanné.

Le royaume de Golconde, qui
fait partie des états du grand Mogol, a des chaleurs excessives, auxquelles il seroit impossible de résister dans les mois de Juillet &
d'Août, si les pluies qui tombent
alors en abondance ne rafraîchissoient l'air; mais comme le pays
est plus élevé que dans la partie
connue du royaume de Siam, & le
sol assez sec, l'humidité ne communique point de qualités dangereuses à l'atmosphère. On y divise
les saisons comme à Siam; l'hiver
dure les mois de Décembre, Janvier & Février, c'est-à-dire, que les
nuits & les matinées y sont fraîches, & que la chaleur du jour est

modérée : cette saison, pour sa température, peut être comparée au
printemps de nos provinces ; aussi
les arbres à Golconde sont toujours
verds, toujours couverts de fleurs
& de fruits, & la végétation n'y
est jamais interrompue.

Mais, comme nous l'avons dit,
les températures doivent être bien
différentes les unes des autres dans
un pays qui s'étend depuis le dix-
huitième degré de latitude, jusqu'au quarantième. Au nord, l'air
est sec & froid ; les terres, fort né-
gligées & naturellement peu fertiles, ne produisent presque rien,
& les peuples qui les habitent vivent à peu près comme les Tartares leurs voisins, desquels ils des-
cendent. Au midi, les chaleurs sont
vives & continuelles, le sol bas,
souvent humide, & l'air assez mal-
sain : les provinces du milieu sont
les plus tempérées ; c'est où l'on
trouve la plus belle race d'hommes,
les Mogols vraiment dits, auxquels
les Indiens ont donné ce nom, par-

ce qu'ils font blancs d'origine , &
que leur teint , quoique plus bafanné
que celui des Européens , n'approche pas de la teinte obfcure de
celui des autres Indiens des prefqu'ifles. Ils ont auffi de très-belles
femmes, de races Georgiennes ou
Circaffiennes, qui renouvellent &
entretiennent la beauté du fang.
Le fol eft fertile , fur-tout en coton,
dont on fait un commerce confidérable, & les plus belles toiles du
monde; en foie, en riz , en millet,
en légumes & en fruits de toute
efpèce, dont les naturels du pays
font plus habitués à fe nourrir que
de chair. Tous en général font lâ-
ches, fainéans & fuperftitieux. Il
eft vrai que s'ils travaillent peu, ils
mangent très-peu : trois Indiens des
provinces méridionales ne confom-
meroient pas la nourriture qui fuffi-
roit à peine à un de nos payfans.
Sans doute qu'en cela ils fuivent
l'indication de la Nature : les fibres
de l'eftomac, relâchées par les effets
d'une chaleur habituelle, & par l'u-

fage immodéré des femmes, ne pourroient pas digérer une plus grande quantité d'alimens, ou même des fubftances plus folides que celles dont ils fe nourriffent.

On prétend que l'agriculture étoit autrefois très-floriffante aux Indes, mais que depuis la conquête des Mogols, la barbarie & les incertitudes du gouvernement l'y a fait beaucoup dégénérer. On y a toujours regardé comme une loi politique la fanction religieufe qui défend de manger des animaux, & fur-tout de ceux qui fervent au labourage, qui y font en grande vénération : étant foibles & peu nombreux par le défaut des pâturages, ils feroient bientôt détruits s'ils étoient dans le nombre des alimens permis. Ainfi la religion favorife par ce moyen l'agriculture, à laquelle la plupart des Indiens font encore fort attachés, à en juger par le foin avec lequel ils cultivent & arrofent leurs terres, qui bien qu'arides ne fe reposent jamais, & donnent d'ordinaire deux récoltes par an. Ce climat est peut-être le plus favorable du monde à la nature humaine ; il n'est pas rare d'y voir des vieillards de cent à cent vingt ans. Quiconque est sobre dans ce pays, jouit d'une vie longue & saine. L'horreur de répandre le sang des bêtes, augmente chez cette antique nation celle de verser le sang des hommes. La douceur de leurs mœurs en fit toujours de mauvais soldats ; c'est une vertu qui a causé leurs malheurs, & qui les a fait esclaves. Les Tartares & les Persans les ont assujettis à une quantité de petits tyrans différemment qualifiés, qui sont très-riches, tandis que le peuple est très-pauvre. Les Marattes sont presque les seuls dans ces vastes pays, qui soient libres. Ils habitent des montagnes, derrière la côte de Malabar, entre Goa & Bombai, dans l'espace de plus de sept cens milles. Ce sont les Suisses de l'Inde ; aussi guerriers, moins policés, mais

plus nombreux, & par-là plus redoutables : les vice-rois, qui se font
souvent la guerre, achetent leurs
secours, les payent & les craignent.
Tous ces Indiens, en général, font
tels qu'on les a vus il y a quatre
mille ans : leurs usages font les mêmes, & répondent à l'égalité de la
température de leur climat ; il n'y
en a point au monde où les saisons
soient plus réglées.

Il n'y a aucune région dans l'univers où la superstition se montre sous
un aspect plus frappant : les chemins
font couverts de caravanes de pé-
lerins, dont les uns ont toujours
les mains jointes sur la tête ou sur
le cou, d'autres les ont liées au
dos, quelques-uns en portent une
toujours tendue en l'air, on en voit
qui ont la tête penchée en avant
ou en arrière, ou sur une épaule ;
enfin ils se tiennent dans mille
postures extravagantes, pour observer le vœu qu'ils ont fait de demeurer ainsi le reste de leur vie ;
de sorte qu'après une longue suc-

ceffion de temps , leurs membres
prennent tellement ces plis, qu'ils
ne peuvent plus les remettre autrement. Quand une fois la fuperftition les a conduits à ce point, ils
font affurés des refpects & de la
charité du refte du peuple, qui juge
toujours du degré de leur fainteté,
par la difformité de leurs corps.
Il y en a qui pouffent cette folie
jufqu'à la fureur la plus redoutable.
Armés d'un poignard large & tranchant, ils courent par les chemins,
& immolent ceux dont ils imagi-
nent que la mort fera agréable à la
divinité à laquelle ils fe font dé-
voués, & ils finiffent par fe tuer
eux-mêmes. Quand deux de ces furieux fe rencontrent au terme qu'ils
ont fixé à leur courfe meurtrière,
ils fe défient à qui bravera la mort
avec plus de fermeté : ils attachent
leur tête par le toupet de cheveux
qu'ils portent tous, à la cime d'une
canne de bambou, & prétendent
qu'elle rira encore après qu'elle fera
féparée de leur corps. Leurs poi-

gnards font fi tranchants , & leur réfolution eft telle , qu'ils manquent rarement leur coup ; la canne, en fe redreffant, emporte la tête , tandis que le tronc refte à terre. Tels font les effets du fanatifme fur des têtes fuperftitieufes à l'excès , affoiblies par des jeûnes longs & auftères , & échauffées par un foleil brûlant.

Cependant les Bramines & les Banians ne font point idolâtres : ils ont toujours adoré un feul Dieu créateur , que leurs livres appellent l'Eternel ; ils le reconnoiffent encore au milieu de toutes les fuperftitions qui défigurent leur ancien culte. Les figures monftrueufes expofées dans leurs temples à la vénération publique , ne font que des repréfentations fymboliques , ou des emblêmes des vertus. La vertu en général eft figurée par une belle femme , montée fur un dragon , avec dix bras pour réfifter aux vices. On peut juger des altérations qu'a éprouvées cette ancienne religion, s'il eft vrai que ce foit d'elle que les Egyptiens, les Grecs & les Romains aient emprunté leur mythologie, leurs cérémonies religieuses & leurs idoles.

Par ce que nous venons de dire, on doit se faire une idée de l'ignorance & de la grossièreté de ces nations, qui en général fuient le travail & la peine, laissant à leurs esclaves, autant qu'ils peuvent, tout soin pénible. Les anciens habitans du pays, les vrais Indiens, quoiqu'ils aiment éperduement leurs femmes, qu'ils soient jaloux & brutaux, ne touchent cependant point leurs nouvelles épouses, qu'elles n'aient été déflorées par un esclave Chrétien, ou un autre blanc, qu'ils appellent Mogol ; ce seroit pour eux un ouvrage trop pénible. Si c'est une reine, on choisit pour cet exploit le plus notable d'entre les Bramines. Après cela, si une femme est convaincue d'adultère, on la punit de mort ; ordinairement on l'enterre toute vive. Voilà ce que nous apprennent les meilleures relations,

de la température, des mœurs &
des usages de cette partie du monde, riche par ses productions, ses
mines de diamans, & d'autres pierres précieuses, & plus encore par la
quantité d'argent & d'or qui y circule; on y en apporte de tous les
côtés de l'univers, & il est défendu
sous peine de mort d'en laisser sortir.

§. X X.

Autres régions de l'Asie, situées dans la zone torride.

Le climat du Tonquin, qui est
à l'est des Indes orientales, devroit
être très-chaud, puisqu'il est situé
sous le tropique, entre le dix-
septième degré de latitude septentrionale & le vingt-troisième. Cependant l'air y est fort tempéré; ce
que l'on doit attribuer au grand
nombre de rivières dont il est arrosé,
& aux pluies régulières qu'il re-

çoit, fans compter que l'on n'y voit
point de ces grandes montagnes
ftériles & fablonneufes qui caufent
une chaleur extrême dans plufieurs
endroits du golfe Perfique, fitué
bien en-deçà du tropique du cancer.
L'air y eft fain & tempéré depuis
le mois de Septembre, jufqu'en
Mars, fouvent très-froid aux mois
de Janvier & de Février, quoiqu'on
n'y voie jamais de neige ou de
glaces; mais le vent du nord, qui
vient de la Tartarie, s'y fait alors
vivement fentir. Il devient affez
mal-fain pendant le cours d'Avril,
de Mai & de Juin, autant à caufe
des pluies & des brouillards, que
parce que le foleil arrive à fon
zénith. Dans cette faifon, le vent
de fud domine fur ces climats, &
apporte dans l'atmofphère une quantité de particules impures & hétérogènes qui en changent les qualités.
Les pluies qui tombent affez régulièrement aux mois de Mai, Juin,
Juillet & Août, humectent la terre,
facilitent les progrès de la végéta-

tion, qui fe fait avec une rapidité étonnante, & rend l'afpect du pays délicieux ; mais elles fervent fi peu à rafraîchir l'air, que la chaleur au contraire eft infupportable pendant les mois de Juillet & d'Août : les vapeurs épaiffes qui dérobent fouvent la vue du foleil, femblent redoubler l'activité de fes rayons ; ce qui dure jufqu'à ce que le vent tourne au nord au mois de Septembre, & rétabliffe l'atmofphère dans fa belle température & fa falubrité.

On diftingue donc dans ce royaume, comme en tous ceux qui font fitués entre les tropiques, deux faifons, l'une fèche, l'autre pluvieufe ; la première commence au mois de Mai, & dure jufqu'à la fin d'Août ; il y a des momens d'une chaleur exceffive & d'autant plus dangereufe quand le foleil fe dégage des nuages qui le couvrent, que les vents font alors prefqu'infenfibles. Depuis Septembre jufqu'en Janvier, l'air eft affez tempéré, les mois suivans sont quelquefois sujets à des brouillards épais & à des pluies froides; dans le mois d'Avril, on y jouit de la plus belle température. Un des fléaux de ce pays, de même que de plusieurs autres endroits des Indes orientales, sont les vents furieux qui s'élèvent d'ordinaire de sept en sept ans : ils excitent des ouragans qui abattent les maisons, arrachent les arbres, & causent d'horribles dégâts. Ils ne durent communément que vingt-quatre heures, & ne se font sentir que sur les mers du Japon & de la Chine, à la Cochinchine, au Tonquin, & dans les isles Manilles ; ils tourmentent rarement les autres mers. Les astrologues, qui sont en très-grand nombre, & fort en crédit parmi ces peuples crédules, disent que ces vents impétueux & terribles prennent naissance des exhalaisons qui se forment dans les mines du Japon; une suite d'épreuves constantes peut au moins leur avoir laissé entrevoir la vérité.

Comme ces vents sont tout d'un d'un coup orageux, les pilotes qui en sont surpris en mer, n'ont pas trouvé de moyen plus prompt de se soustraire à leur fureur, que de couper promptement les mâts, pour qu'ils aient moins de prise sur eux.

Quoique le Tonquin soit très-fertile, il est si peuplé que souvent les pauvres sont obligés de s'y vendre pour avoir de quoi se nourrir. Ses habitans ne paroissent avoir formé anciennement qu'une même nation avec les Chinois, leurs traits principaux annoncent une origine commune ; ils sont cependant plus grands & mieux faits que les Chinois, & n'ont pas le nez & le visage aussi plats. Ils ont le teint basanné comme tous les Indiens, mais la peau si belle & si unie, que l'on peut s'appercevoir du moindre changement que les passions excitent sur leurs visages, ce qui n'est pas aisé à reconnoître dans les autres Indiens ;

malgré cet avantage., ils ne regardent pas leur couleur olivâtre comune perfection', car ils admirent fort la blancheur des Européens.

Si du Tonquin nous paſſons à l'autre extrémité de l'Aſie & dans un climat très-éloigné de la ligne, ſous le tropique du cancer, au vingt-troiſième degré de latitude; ne ferons-nous pas étonnés d'y trouver une température plus ardente que dans les pays les plus voiſins de l'équateur ? A Maſcate, ville de l'Arabie heureuſe, ſur le golfe Perſique, & dans les campagnes qui l'environnent, la chaleur eſt d'une violence extrême : les ſables & les hautes montagnes y réfléchiſſent les rayons du ſoleil avec tant de force, qu'on peut donner au pays la qualité de zone torride, plutôt qu'à tout autre lieu ſitué entre les tropiques. Les voyageurs aſſurent qu'un petit poiſſon mis dans le trou d'un rocher vers le milieu du jour, y eſt rôti en très-peu de temps : on peut juger par là

là du degré de chaleur qui s'y fait
sentir. Ce pays est naturellement
aride, il y pleut très-rarement, &
il seroit tout-à-fait stérile, si les
fortes rosées qui tombent pendant
la nuit, ne rafraîchissoient pas la
terre; elles entretiennent dans les
plantes la fraîcheur nécessaire à la
végétation, & rendent les fruits
excellens. Toutes les montagnes
voisines de Mascate, sont d'une sécheresse & d'une stérilité qui inspi-
rent de l'horreur; on y voit ni arbres ni buissons ni en aucun temps
des herbes ou des fleurs; mais lorsqu'en approchant de la côte, on
jette les yeux sur les vallées, on
est surpris de les voir ornées d'une
verdure perpétuelle & couvertes
de toutes sortes de plantes utiles
& agréables & de bons fruits; ce
qui est dû à l'industrie des habitans qui ont trouvé le moyen de
creuser une infinité de canaux, qui
rassemblent l'eau des sources & des
pluies, la répandent de toutes parts,
& en fournissent pour arroser deux

Tome I.   R

fois le jour. Il n'est pas douteux que ce travail ne contribue beaucoup à la bonté de l'air, qui malgré ces chaleurs habituelles, est fort sain. Elles sont même beaucoup plus supportables dans les vallées que sur la montagne ; les eaux qui y sont répandues & l'évaporation des plantes, portent dans l'air une fraîcheur salutaire qui modère la trop grande activité des rayons du soleil. Ces peuples laborieux sont encouragés dans leurs entreprises, par l'égalité fort constante de leur climat : ils ne craignent ni les gelées, ni la neige, ni les frimats qui leur sont inconnus ; ils cultivent avec une certitude presque entière de recueillir les fruits de leurs travaux, dès que l'eau peut suffire à leurs arrosemens, & ils y ont sagement pourvu. Ils semblent dans ce petit coin du monde s'être rendus maîtres de la Nature & des élémens.

Si l'on fait exception de quelques intempéries locales, & qui ne font pas continuelles, on peut dire que dans toutes les régions diverfes des Indes orientales, la chaleur eft fupportable , & attaque moins vivement la fanté & le tempérament des naturels du pays & même des Européens qu'elle ne le fait en Amérique fous les mêmes latitudes ; foit que le corps s'y accoutume dans le féjour que l'on y fait, foit parce qu'il y règne toujours de petits vents frais, tantôt nord-eft, tantôt fud-eft , foit enfin par une certaine conformité qui fe trouve entre tous les pays d'un même hémifphère, quoique la température , les productions , les mœurs & la manière de vivre, foient très-différentes ; ce qu'il y a de certain , c'eft que les colonies que l'on y a faites, ont plutôt manqué par le peu de foin que l'on a pris de les maintenir , que par la contrariété des élémens. Les Européens y confervent plus aifément leurs forces & leur fanté, & les Indiens eux-mêmes, fous un gou-

R ij

vernement mieux entendu, ſeroient plus actifs & plus laborieux,
leur induſtrie ſe perfectionneroit;
naturellement ils ſont aſſez vigoureux & capables de réſiſter à la
fatigue. Les animaux mêmes ſont
plus forts & de plus grande taille
aux Indes orientales qu'en Amérique: toutes ces circonſtances prouvent que l'air y eſt auſſi ſalutaire
qu'en aucune autre région du globe, ce que l'on ne peut attribuer
qu'à l'heureuſe poſition de ces
contrées, à la qualité des vapeurs
& des exhalaiſons qui ſe répandent
dans l'atmoſphère, & ſans doute
encore à ce qu'il y a beaucoup
plus long-temps que ces pays ſont
habités & cultivés, que l'Amérique.

§. XXI.

Observations sur l'Archipel des Indes Orientales.

Si nous nous arrêtons un inftant à confidérer cette multitude d'ifles qui forment l'Archipel Indien, nous remarquerons que quoique fituées entre les tropiques, les unes plus près de l'équateur que les autres, la température de l'air y dépend plutôt des qualités du fol que du voifinage de la ligne. Aux Philippines l'air eft fort tempéré quoique fous une latitude peu avancée; le fol en eft fertile pour toutes fortes de grains & de pâturages, fans que la végétation y foit auffi forte qu'à Ceilan ou dans la prefqu'ifle de l'Inde. A Manille l'air eft fort fain, & les eaux paffent pour les meilleures du monde. La chaleur eft affez tempérée à Mindanao, principalement fur les côtes de la mer, quoiqu'elle ne soit au plus qu'au septième degré de latitude septentrionale ; on y a d'ordinaire le jour des vents de mer, & la nuit des vents de terre assez frais. En expliquant avec quelques détails par quels progrès l'humidité succède à la sécheresse, & par quels moyens l'été remplace l'hiver dans cette grande isle, nous pourrons donner une idée du changement des saisons dans la plupart des régions situées entre les tropiques.

Les vents d'ouest s'y font sentir en Mai & ne se fixent qu'un mois après, ils sont toujours suivis de pluies, de grains & de grosses tempêtes. Ils ne soufflent d'abord que foiblement, & immédiatement ensuite les grains arrivent. Les grains sont de petites nuées qui donnent des pluies orageuses, accompagnées de tonnerres. Ils commencent par s'élever contre le vent, & ils le font changer de direction. Ces premiers grains étant passés, le vent reprend son cours ordinaire & le ciel redevient clair & serein. Cependant entre les vallées & sur la croupe des montagnes , il s'élève un brouillard épais qui couvre la terre : les grains reparoissent par intervalles & continuent ainsi une semaine ou deux : ensuite ils se forment plus souvent & on les voit deux ou trois fois par jour , avec des coups de vent de la dernière violence & des éclats de tonnerre épouvantables. Ils se succèdent enfin si promptement , que le vent se fixe à l'ouest , au point d'où ils viennent , & ne change plus qu'en Octobre ou en Novembre. Les vents étant ainsi déterminés à l'ouest , le temps devient sombre & se couvre de nuages noirs , suivis de pluies excessives , & quelquefois mêlées d'éclairs & de tonnerres effrayans. Ils sont si furieux & si violents qu'ils déracinent les plus gros arbres , & les pluies enflent tellement les rivieres , que sortant de leurs lits , elles inondent les terres basses , &

entraînent les arbres dans la mer. Dans cette saison, il se passe quelquefois une semaine entière sans qu'on voie le soleil ni les étoiles; le fort de ces tempêtes est vers la fin de Juillet & en Août; il semble alors que les villes soient bâties dans un grand lac, & l'on ne peut aller qu'en canot d'une maison à l'autre; les orages & cette abondance d'eau font cause que toutes les maisons sont basses & placées sur des pieux, ou des troncs d'arbres. Tant que ces pluies orageuses durent, le froid est morfondant relativement au climat, il devient plus tempéré en Septembre, parce que les vents ne sont plus si furieux, ni les pluies si violentes. Le ciel commence alors à être plus serein, les jours sont plus agréables : les matinées sont pourtant encore obscurcies de brouillards épais, & il est dix ou onze heures avant que le soleil se montre, sur-tout quand il a plu durant la nuit. Les vents d'est récommencent à souffler en Octobre, & peu à peu ils ramenent le beau temps, qui dure jusqu'en Avril (*a*).

On voit par ce récit, que les changemens qui arrivent dans l'atmosphère de cette isle, l'une des plus grandes des Manilles, sont occasionnés par une évaporation forte, que l'action des vents d'ouest condense subitement. Le mouvement que les orages fréquens mettent dans la masse de l'air, y excite une fermentation violente, toujours accompagnée de tonnerres & d'éclairs, & suivie de pluies excessives; état qui seroit continuel dans cette isle, si les vents d'est plus secs que les vents d'ouest, ne prenoient le dessus & ne raréfioient les vapeurs que l'on voit s'élever long-temps après la saison pluvieuse, avec autant d'abondance, qu'immédiatement avant qu'elle

____

(*a*) *Voyez* le Voyage de Dampier, autour du monde, tom. 1, c. 2.

R v

commence ; ce qui prouve que partout ce sont les vents qui décident de la sérénité de l'air & des effets de l'évaporation. Le peuple de ces isles aime sa liberté avec passion, sur-tout dans celles où il l'a conservée, & les étrangers qui y sont jettés par la tempête, ou qui y abordent sans les connoître, doivent s'en défier, à moins qu'ils ne soient les plus forts : ils exercent sur tous un ressentiment qu'ils ne devroient avoir que contre les Espagnols ou ceux des Européens qui se sont emparés d'une partie de leur pays, & qui ne les ont pas mieux traités que les Américains.

L'air des Moluques est extrêmement chaud & passé pour mal-sain, leurs richesses sont la canelle & le gérofle ; le sol est aride, brûlant & peu fertile d'ailleurs. On voit dans l'isle de Banda, un volcan qui jette du feu, du soufre, & quelquefois des pierres calcinées, en telle abondance, qu'une partie du terrein en a été recouverte, &

même un espace de la mer , de
quarante brasses de profondeur, en
a été comblé & mis à sec. Est-ce
aux qualités que les exhalaisons
de ce volcan établissent dans l'atmosphère , que les habitans de
cette isle doivent , suivant les relations des voyageurs Hollandois,
le rare privilège de vivre plus long-
temps que les autres Indiens , puisque quelques-uns d'entr'eux poussent
leur carrière jusqu'à cent trente
ans , & que plusieurs approchent
de ce terme , quoiqu'en général ,
ces insulaires, comme presque tous
les habitans des pays chauds, soient
très-fainéans , & passent leur vie
à dormir ou à se promener , tandis que leurs femmes sont occupées
à tous les travaux , tant de la campagne que de la maison ?

Aux isles de la Sonde , l'air est
très-chaud , & souvent fort mal-
sain , sur-tout à Sumatra, à cause
de la quantité de lacs dont cette
isle est entrecoupée , & dont l'é-
vaporation abondante fournit la

matière aux pluies & aux orages qui
se répandent de-là dans les mers d'a-
lentour. Les Anglois y ont un
comptoir à Bencouli, où le climat n'a aucun agrément pour eux;
ils y éprouvent alternativement de
grandes pluies & des chaleurs vives; lorsque les vents de terre
s'élèvent, ils sont humides & froids,
parce qu'ils passent sur des marais,
qui leur communiquent encore une
odeur insupportable; en un mot,
c'est une habitation mal-saine, où
les Anglois vivent peu & ne sont
jamais sans maladies.

L'isle de Java, dont Batavia,
ville Hollandoise, est regardée avec
raison comme la capitale, est située
à six degrés au sud de la ligne,
& n'est qu'à environ cinq lieues
de Sumatra, dont elle est séparée
par le détroit de la Sonde. Quoique si près de l'équateur, le climat
en est tempéré, & l'air fort sain. Les
vents d'est & d'ouest soufflent toute
l'année le long du rivage, indépendamment des vents réglés de

terre & de mer ; mais dans le mois de Décembre, la côte est très-dangereuse à tenir, à cause de la violence des vents d'ouest. Dans le mois de Février, le temps est fort variable, & on essuie beaucoup d'orages, accompagnés de tonnerres & d'éclairs. En Mai, les pluies sont quelquefois si fortes, pendant trois ou quatre jours de suite, que tous les endroits bas sont inondés ; mais outre que cet inconvénient ne dure pas assez long-temps pour altérer la pureté de l'air comme à Siam, en Egypte, & dans tous les autres pays qui sont sous l'eau une partie de l'année, il est compensé par un grand avantage, c'est que cette inondation détruit une infinité d'insectes, qui sans cela dévoreroient tous les fruits de la terre. Les mois de Juillet & d'Août sont les temps de la récolte, qui est toujours abondante. Ce pays n'est bien connu que par le magnifique établissement qu'ont les Hollandois à Batavia. Les environs de cette ville font rians, fertiles, & de la plus grande beauté. On y refpire avec fatisfaction un air affez pur, parce que les terres font bien cultivées, que les eaux ont partout un écoulement libre. Les Hollandois n'ont pas étendu bien loin dans la campagne leurs foins & leur induftrie ; le paffage, dans l'intérieur des terres, eft prefque par-tout fermé par des forêts impénétrables, ou par des montagnes élevées, & d'un accès très-difficile. Les naturels du pays qui ne voient pas fans peine une colonie d'Européens, faire la loi même à leurs fouverains, font ce qu'ils peuvent pour les tenir éloignés du centre de leurs établiffemens. A peu près au milieu de cette ifle, eft un volcan dont on dit que les phénomènes ont beaucoup de rapport avec ceux du Véfuve, & qui fans doute contribue à fon heureufe température.

Dans les forêts épaiffes dont

elle est couverte en grande partie, on trouve une nation singulière, connue sous le nom de Chacrelas, dont les hommes sont blancs & blonds, ils ont les yeux si foibles qu'ils ne peuvent supporter la lumière du soleil ; au contraire, ils voient bien la nuit, & le jour ils ne marchent que les yeux baissés & presque fermés ; ce qui vient sans doute de ce qu'ils habitent dans les bois & le creux des rochers, n'ayant aucune habitation connue.

Les nations commerçantes se plaignent que les naturels de l'isle de Java, sous l'esclavage des Hollandois leurs maîtres, sont devenus traîtres, orgueilleux & menteurs ; mais ils sont en petit nombre, sur-tout à Batavia, qui est l'endroit de l'isle le plus fréquenté, car ses habitans sont un ramas de toutes sortes de nations. Les Hollandois y sont les plus puissans & les plus riches. Après eux, les Chinois, qui sont les plus spirituels fripons qu'il y ait au monde, tiennent en quelque forte le premier rang, ils font intéressés dans toutes les affaires qui peuvent rapporter le moindre profit. Les Malais, qui, après les Chinois, font les plus riches, & font le plus de commerce, font vêtus comme les Chinois, & font reconnoissables en ce qu'ils mâchent continuellement le béthel. Les Mardiques ou Topafes, ainfi nommés à caufe de leur couleur, font des idolâtres de différentes nations, qui habitent dans la ville ou aux environs, ils paroiffent d'un caractère doux & facile, s'accommodent fans peine aux mœurs & aux ufages des peuples au milieu defquels ils vivent ; ils s'habillent à peu près comme les Hollandois.

On trouve encore à Batavia, des habitans de prefque toutes les nations connues, tant de l'ancien que du Nouveau-Monde, qui ont chacuns des ufages, des mœurs, & des fuperftitions différentes ;

ce mêlange forme un spectacle curieux & extraordinaire, dont il est difficile de se faire une idée à ceux qui ne l'ont pas vu : mais ce qu'il y a de plus singulier encore, c'est que tous se louent également de la bonté de l'air dans lequel ils vivent, & qu'ils ne font sujets à aucune maladie, qu'ils puissent attribuer à sa température ; ce qui nous apprend que par-tout sous la ligne comme dans la zone tempérée, & même très-avant dans le nord, on trouve des climats fortunés qui conviennent à tous les hommes, dans quelques régions qu'ils soient nés : tandis qu'il y en a d'autres où le peu d'hommes que l'on y rencontre, ne paroissent destinés par les qualités de l'atmosphère & la nature du sol, qu'à mener une vie misérable & languissante, exposés à toutes les intempéries d'un ciel rigoureux, & à toutes les misères qu'entraîne une terre stérile, de laquelle encore aucune induſtrie ne cherche à tirer un meilleur parti.

Les habitans des côtes de ces terres au ſud de la ligne, connues ſous le nom de Nouvelle-Hollande, & qui paroiſſent être une eſpèce dégénérée de ces Chacrelas de Java dont nous avons parlé plus haut, ſont peut-être les gens du monde les plus miſérables, & ceux de tous les humains qui approchent le plus des brutes. Ceux qui habitent la partie de ces terres, la plus voiſine de la ligne, à ſeize degrès quinze minutes de latitude méridionale, ſont grands, droits, menus; ils ont les membres longs & déliés, la tête groſſe, le front rond, les ſourcils épais, leurs paupières ſont à demi-fermées, habitude qu'ils prennent dès leur enfance pour ſe garantir les yeux des moucherons. Ils ne ſçauroient voir de loin, à moins qu'ils ne lèvent la tête comme s'ils vouloient regarder au-deſſus d'eux. Auſſi noirs que, les nègres de Guinée, ils ont comme eux les cheveux courts, noirs & crépus. Ils n'ont point de maisons, couchent à l'air sans couverture, n'ayant pour lit que la terre. Ils demeurent en troupe de vingt ou trente hommes, femmes & enfans pêle-mêle. Ils n'ont ni pains, ni fruits, ni grains, ni légumes, leur unique nourriture sont de petits poissons, qu'ils prennent en faisant des réservoirs de pierre, dans de petits bras de mer. Ceux que l'on trouve à l'autre extrémité de cette terre, au vingt-deuxième degré environ de latitude sud, ne paroissent pas plus heureux que les premiers, ils leur ressembleroient en tout, s'ils n'étoient encore plus laids, & s'ils n'avoient tous le regard de travers. Aucun navigateur n'a été assez curieux pour faire des observations sur la température de ce pays, qui n'a certainement pas des effets favorables sur ceux qui y sont continuellement exposés, à en juger

par ce que l'on en connoît. Ces
tristes climats, quoique situés comme une partie de l'Archipel Indien,
entre la ligne & le tropique du
capricorne, n'ont aucun des avantages des isles dont nous avons
déja parlé.

Les Maldives, qui sont de l'autre
côté de la ligne au nord, & a
peu de distance du Cap Comorin,
sont fertiles & assez peuplées, quoique l'air y soit mal-sain, sur-tout
pour les étrangers; toutes les nuits
il y tombe une rosée abondante,
qui rafraîchit le sol & contribue
à sa fécondité, mais qui occasionne
en même-temps un serein fort
dangereux; il paroît que ces rosées
fournissent toute l'eau bonne à boire
que l'on trouve dans ces isles, car
il n'y a point de sources, mais en
creusant des puits à trois ou quatre
pieds de profondeur, on y trouve
de l'eau douce, même sur les bords
de la mer, & dans les lieux qu'elle
inonde; sans doute que c'est cette
facilité à trouver de l'eau qui les

a fait habiter , car celles qui en font privées font encore défertes.

L'ifle de Ceilan , la principale & la plus grande des Maldives , renommée par la richeffe de fes productions , & par l'abondance de la canelle que les Hollandois y recùeillent , a des fingularités très-remarquables , par rapport à la température & aux pluies de fes différens quartiers : elle n'eft qu'au cinquième degré de latitude , & divifée en deux parties à peu près égales par une montagne très-élevée. Quand les vents d'oueft commencent à fouffler , la partie occidentale a de la pluie , & c'eft alors le temps de labourer la terre & de femer : mais dans le même-temps la partie orientale jouit d'un air fec, d'un ciel pur & ferein , & on y fait la récolte. Au contraire , lorfque le vent d'eft règne , on prépare les terres orientales de l'ifle, & les grains fe recueillent dans la partie tournée à l'occident : ainfi la moiffon & le labourage

occupent les insulaires pendant toute
l'année, quoique dans des saisons
opposées. Le partage de la pluie
& de la sécheresse, se fait ordinairement dans le milieu de l'isle,
& on peut dire que c'est le sommet de la montagne qui en règle
les saisons & qui établit la différence de la température, de manière qu'il n'y a que peu d'espace
entre la saison sèche & la saison
humide. Les vapeurs & les exhalaisons chassées par les vents, s'y
rassemblent & refluent ensuite sur
les terres basses, alternativement
des deux côtés, à une distance de
cinquante lieues, ce qui fait qu'il
pleut beaucoup plus sur les hauteurs
que dans les plaines; celles-ci en
font dédommagées par des rosées
abondantes, qui ne forment pas
un serein aussi à craindre que celui
des autres Maldives; ce qui prouve que les effets du serein & de
la rosée tiennent aux qualités du
sol d'où ils s'élèvent.

La partie septentrionale de Cei-

lan n'eft pas fujette aux variations
réglées dont nous venons de parler;
il y règne quelquefois pendant trois
ou quatre ans entiers, une fi grande
fécherefle, que la terre ne peut y
recevoir aucune culture. Alors la
température en eft très-mal-faine,
ce que l'on ne peut attribuer qu'à
la qualité des exhalaifons terreftres
dont l'atmofphère eft chargée, &
qui font fi pernicieufes, que non-
feulement elles infectent l'air, mais
qu'il eft même difficile de creufer
des puits affez profonds, pour en
tirer de l'eau qu'on puiffe boire;
la plus potable conferve une
âcreté qui la rend très-défagréable
au goût, pendant que tout le refte
du pays, arrofé à l'ordinaire par
les pluies réglées, jouit d'un air
fort pur, & a de très-bonnes eaux.
Une fécherefle fi longue feroit fuivie par-tout d'une intempérie mar-
quée; à plus forte raifon doit-elle
fe faire fentir dans un climat fitué
fous la zone torride, où la chaleur
doit dans ce cas être exceffive. On

peut regarder comme un prodige de végétation, l'arbre de Tallipot, qui croît dans cette isle, dont une seule feuille séchée suffit à couvrir douze ou quinze hommes & à les garantir de la pluie ; aussi les Chingulais ne vont jamais ni en voyage ni à l'armée, sans s'être munis d'une de ces feuilles, qui leur sert de tente & de couverture contre les injures de l'air ; ce qui est d'autant plus facile qu'étant fort légères, elles conservent en se séchant assez de souplesse pour être pliées à volonté comme des évantails.

Les naturels de Ceilan, moins noirs que les Malais, sont fort basannés, ils ont l'air doux, sont naturellement fort agiles, adroits & spirituels, mais orgueilleux & fainéans : les gens du peuple y sont presque nuds, de même que tous les habitans des climats aussi chauds, où les habits sont plutôt pour la parure que pour la nécessité. Dans la partie septentrionale de l'isle, on trouve une espèce de Sauvages appellés

appellés Bédas ; ils habitent un petit canton couvert de bois si épais , qu'il est fort difficile d'y pénétrer , & où ils se tiennent cachés : ils sont blancs comme les Européens,& on en a même vu quelques-uns de roux. Ils n'ont ni villes, ni villages , ni aucune communication avec les autres habitans de l'isle, qu'ils fuient. On sçait seulement qu'ils se servent de l'arc & de la flèche, pour tuer des cerfs & des sangliers , dont ils ne font pas cuire la chair , ils la mangent crue , après l'avoir laissé confire dans le miel qu'ils trouvent en abondance dans leurs forêts. Voilà ce que l'on sçait de cette nation singulière , peu nombreuse , mais dont la couleur, les usages & même la défiance , porte à croire qu'elle est nouvellement établie dans ces forêts. On présume que ce pourroit bien être une peuplade de Tartares, qui multiplieroit davantage sans les intempéries du climat qu'elle habite. Que l'on ne demande pas par quelle aventure des Tartares ou des hommes blancs quelconques, ont pu s'établir à Ceilan, & y former un peuple séparé? La mer occasionne des hasards singuliers, & peut transplanter dans un climat très-éloigné des navigateurs ignorans, qui ne devoient naturellement jamais l'habiter. On a vu échouer, il y a très-peu de temps, près du port d'Archangel, un navire extraordinaire, construit d'os de baleines & de peaux de poissons. Il avoit à bord des sauvages qui parloient un langage inconnu, mais qui faisoient cependant assez connoître par leurs signes, qu'ils venoient du côté du pole arctique; dans un pays policé, ces sauvages ont été traités humainement, & on pourra sçavoir un jour qui ils sont & d'où ils viennent; peut-être même tirera-t-on d'eux quelque lumière sur la possibilité du passage par le nord, dans la grande mer du sud.

§. XXII.

Idée de quelques isles & contrées de l'Afrique, situées dans la zone torride.

Les régions brûlantes de l'Afrique méridionale vont nous offrir un spectacle encore plus étonnant que tout ce que nous avons vu & observé au sujet de la partie des Indes orientales & occidentales, située entre les tropiques.

A la même latitude que les Antilles, entre le quinzième & le vingtième degré de l'équateur au nord, sont les isles du Cap-Verd, le long de la côte méridionale de l'Afrique, entre le Cap-Blanc & le Cap-Verd, vis-à-vis de l'embouchure du Sénégal, dans l'Océan occidental. L'air y est d'une chaleur extrême & fort mal-sain. Sir Richard Hawkins, navigateur Anglois, prétend que le climat est un des plus pernicieux à la santé des hommes qui foient connus dans l'univers. Il y avoit abordé deux fois avec le chagrin d'y perdre la moitié de fes gens par des fièvres malignes & par la dyſſenterie, avec des tranchées violentes & douloureufes (*a*). Comme il y pleut rarement, la terre y eſt ſi brûlante qu'on ne ſçauroit poſer le pied dans les endroits où tombent les rayons du foleil. Le vent du nord qui s'y fait fentir un peu avant quatre heures après midi, apporte une fraîcheur foudaine, dont les effets font fouvent mortels. Malgré la chaleur du climat, les habitans pour s'en garantir, fe couvrent la tête d'un bonnet qui leur defcend jufqu'aux épaules, & le corps d'une robe fourrée ou doublée de coton : on ne peut attribuer cette intempérie qu'aux exhalaifons

______

(*a*) Hiſtoire générale des voyages, tom. 2, *édit. in*-4°.

sèches dont l'atmosphère est chargée, qui, pendant que le soleil
est élevé sur l'horison, rendent l'effet de sa chaleur plus insupportable encore qu'elle ne devroit l'être
à cette latitude, & qui retombant
dès qu'elle cesse de les tenir en
mouvement, agissent sur les corps
de la manière la plus cruelle, sur-
tout pour les navigateurs qui n'y
sont pas habitués & qui n'ont pas
autant d'attention à s'en garantir
que ceux qui habitent ce pays depuis long-temps. Ce serein dans
les pays chauds, secs & sablonneux,
est toujours extrêmement dangereux : dans la zone tempérée, il a
dans quelques climats les effets les
plus marqués. Ce n'est pas que
l'atmosphère de ces isles ne soit
agitée par les vents les plus impétueux, mais ils ne changent
rien à la qualité des exhalaisons
dont elle est infectée ; il y a apparence qu'elles ne s'élèvent jamais
assez haut pour être dissipées dans
l'air : d'ailleurs les exhalaisons ne

S iij

ſont pas ſuſceptibles du même degré de raréfaction, & par conſéquent de légèreté que les vapeurs.

Le mois de Septembre amène aux iſles du Cap-Verd, mais avec beaucoup de variété, des vents impétueux d'eſt, de ſud-eſt, & de ſud-ſud-eſt, accompagnés de pluies : vers la fin du même mois ils deviennent oueſt-nord-oueſt, & nordoueſt, avec des tonnerres, des éclairs, de groſſes pluies, & quelquefois des ouragans d'une violence extrême, mais qui durent peu. Dans l'intervalle de ces pluies & dans le temps qui les précède immédiatement, l'air eſt ſerein & moins mal-faiſant ; les exhalaiſons ſont en quelque ſorte enveloppées par l'abondance des vapeurs aqueuſes ; les vents ſont doux & variables, & cependant alors un petit vent de ſud ſoulève plus la mer qu'un vent impétueux du nord en autre ſaiſon ; ce qui ſemble indiquer que ſes eaux ont un principe intérieur de mouvement, dont la moindre caufe accidentelle facilite le développement, & que la faifon des pluies eft précédée d'une évaporation abondante. Au mois de Novembre s'il tombe un peu de pluie, elle eft auffi-tôt fuivie d'un vent frais du nord, qui devient quelquefois très-violent, mais une pluie plus forte l'abat promptement, & rend la mer très-unie: ce qui prouve que ce vent n'étoit occafionné que par l'abondance des vapeurs réunies en nuages, & qui preffant l'air dans cette direction, lui donnoient un cours précipité: ces vapeurs diffoutes, le vent doit ceffer. Après la faifon des pluies, il eft fort ordinaire que le temps fe tourne aux brumes, fur-tout pendant le jour, & fi les pluies ceffent dès le commencement de Novembre, cette difpofition de l'air commence alors, & dure fouvent jufqu'à la fin de Janvier. Dans tout cet intervalle, les vents font impétueux à différens points du nord. La température de l'air n'en eſt ni plus ſaine, ni plus agréable; ces brouillards ne ſervent qu'à la rendre plus triſte, quoiqu'ils contribuent aux progrès de la végétation & à l'entretien de la verdure qui pare ces iſles & les côtes voiſines. Aux mois de Février, Mars & Avril, les vents ſont aſſez conſtans au nord-eſt-quart-nord, & de là juſqu'au temps de pluies preſque toujours à l'eſt. A meſure qu'ils deviennent plus Eſt, ils s'affoibliſſent, & c'eſt alors le temps de la plus grande intempérie de ces iſles; ſouvent même elle eſt peſtilentielle. En 1639, la flotte des Portugais qui alloit défendre le Breſil contre les Hollandois qui travailloient à s'en emparer, en raſant les côtes d'Afrique entre ces iſles & le Cap-Verd, prit une eſpèce de peſte qui fit périr trois mille ſoldats de cinq mille qu'elle portoit, le reſte arriva malade & preſque mourant, à San-Salvador.

Ces iſles ſont d'ailleurs très-fertiles en fruits de toutes ſortes

d'espèce, on y trouve de la volaille
en abondance, des bestiaux, enfin
tout ce qui peut servir au rafraîchissement des vaisseaux, & à la
nourriture de ses habitans; on en
tire une grande quantité de sel,
& il ne faut pas juger de leurs
richesses naturelles par l'extérieur
misérable des peuples qui les habitent. A San-Jago, la plus grande
de ces isles & la mieux peuplée,
ils vivent dans l'abondance, & la
fertilité du sol leur fournit non-
seulement toutes les denrées nécessaires à la vie, mais encore ce
qu'en d'autres pays on regarderoit
comme un objet de luxe. Ce qui
leur donne cet air de pauvreté &
de misère, c'est le manque d'é-
toffes pour s'habiller, & qui sont
assez inutiles dans un climat aussi
chaud : mais la vanité des nègres
est d'avoir au moins des haillons
pour se couvrir & pour quelques
vieux habits, sur-tout s'ils sont
noirs, on est sûr d'avoir des pro-
visions de bouche de toute espèce,

dont la valeur excède au moins de dix fois celle du vieux habit. Ce goût pour la parure est celui de tous les peuples sauvages , ou qui vivent sans aucune police , ainsi que la plupart des nègres. Quand les Canadiens des peuplades les plus reculées venoient à Québec, soit par curiosité , soit pour quelques affaires , on les voyoit ramasser dans les balayures de vieilles perruques , & des haillons de toutes couleurs , dont ils se faisoient des ceintures ou d'autres ajustemens bisarres qu'ils reportoient dans leurs habitations , & dont ils se paroient comme d'un ornement qu'ils assuroient leur avoir été donné par distinction pour leur mérite ; quelque ridicules que semblent ces effets de l'amour-propre , ils nous apprennent que le sauvage & l'homme policé , pensent à peu près de même.

Sur la côte d'Afrique où est situé Rufillo , entre le Cap-Verd & l'isle de Gorée , à quatorze degrés de

la ligne, la chaleur eſt inſupportable pendant le jour, & ſur-tout
à midi, même dans le cours du
mois de Décembre, lorſque le
ſoleil en eſt à ſon plus grand éloignement. Du côté de la mer, le
calme eſt ordinairement ſi profond
qu'on n'y reſſent pas le moindre
ſouffle, & les forêts dont les côtes
ſont couvertes, arrêtent également
le mouvement de l'air du côté
des terres. Auſſi les hommes &
les animaux n'y peuvent-ils reſpirer, ſur-tout le long de la côte,
dans la baſſe marée, car la réver-
bération du ſable y écorche le vi-
ſage & brûle la ſemelle des ſou-
liers. Ce qui rend encore l'air de
ces côtes plus dangereux, c'eſt la
puanteur d'une prodigieuſe quantité de petits poiſſons corrompus,
que les nègres y jettent, & qui
répandent au loin une infection
mortelle. Ils les y mettent exprès
pour les laiſſer tourner en pourriture, ils ne les mangent que dans
cet état, & ils prétendent que le

sable leur donne une saveur nitreuse qu'ils estiment beaucoup. Ce goût & cette manière de vivre, nous apprennent comment les naturels de ce pays peuvent subsister dans une intempérie continuelle, que la préparation de leur nourriture ne fait que rendre plus dangereuse, même pour eux, quoique l'habitude les empêche de s'en appercevoir; ils sont naturellement forts & robustes, & cependant leur carrière n'est pas aussi longue que celle de quantité d'autres peuples situés sous les mêmes latitudes; ce que l'on doit rapporter autant à l'action de l'air qui les détruit insensiblement, qu'à leurs usages. C'est sans doute encore ce qui les tient dans une inaction continuelle, tant qu'ils sont dans leur pays, au point que l'on n'imagineroit pas qu'ils fussent capables de suffire aux travaux continuels & pénibles, auxquels on les emploie dans les climats étrangers où on les transporte, si on ne sçavoit par expé-

rience quelle est leur force, quand
dans un autre air, & avec d'autres alimens, ils sont une fois
habitués à l'ouvrage. La suite de
nos observations va nous donner
de nouvelles lumières sur cette partie de l'ancien continent, situé
dans la zone torride.

On trouve sur les frontières des
déserts d'Ethiopie, dans les pays
inconnus, qui s'étendent des montagnes de la Lune, à la côte occidentale de l'Afrique, environ au
cinquième degré de latitude septentrionale, un peuple de malheureux Africains qui habitent des
terres absolument stériles, & qui
ne vivent que des sauterelles que
les vents chauds de l'ouest leur
amènent tous les ans en grande
quantité; ils les ramassent, les sau-
poudrent de sel, qu'ils trouvent à
la surface de la terre, à l'extrémité
orientale des déserts qu'ils habitent, & les gardent pour s'en
nourrir toute l'année, parce qu'ils
n'ont ni bétails, ni grains, ni

poiſſons, ni fruits. Ces hommes ſont petits, noirs, maigres, & très-légers à la courſe. Quand même ils habiteroient un climat dont la température ſeroit très-ſaine, de quelle utilité leur ſeroit ce bienfait de la Nature, puiſque leur nourriture habituelle eſt pour eux une ſource de maladies inévitables qui ſont ſuivies d'une mort prématurée ? Ces hommes vivent à peine quarante ans, & lorſqu'ils approchent de cet âge, il s'engendre dans leur chair des inſectes aîlés, qui ſe multiplient en ſi grand nombre, qu'en très-peu de temps toute leur chair en fourmille, de ſorte qu'après s'être nourris d'inſectes pendant quelques années, ils finiſſent par en être rongés à leur tour (a) (b).

(a) *Voyez* les voyages de l'Amiral Drack, autour du monde.

(b) On trouve dans la bibliotheque de Photius, un extrait fort long d'un ouvrage d'Agatarchide, écrivain Grec, qui vivoit cent quatre-vingt ans avant l'ère chré-

Tout le reste de l'Afrique, du nord au sud, depuis l'Ethiopie & les régions situées sous la même latitude, jusqu'aux forêts occu-

---

tienne. Cet auteur parle fort au long de l'Afrique & des animaux qu'elle nourrit, sur-tout du rhinoceros, dont il a le premier donné une description fort exacte. Il parle aussi des Acridophages, peuple malheureux de l'Afrique, qu'il place à l'occident de l'Ethiopie, dont ils sont séparés par les Nomades, ou peuples pasteurs qui n'ont point d'habitations fixes.

Les Acridophages, dit-il, sont plus petits que les autres Africains, minces, fort maigres & extraordinairement noirs. Environ l'équinoxe du printems, les vents apportent sur les sables qu'ils habitent des nuages de grandes sauterelles, qui viennent de régions encore inconnues, & dont le vol ne diffère pas beaucoup de celui des oiseaux, quoique leur forme soit tout autre. Ces peuples se nourrissent en tout temps de cette espèce d'insectes, qu'ils salent, ou qu'ils préparent d'autres façons. Ils les font tomber par le moyen de la fumée qui les étourdit, & les prennent ensuite. Ces hommes passent pour agiles & fort vîtes à la course; mais ils

pées par les Hottentots, tant en-
deçà de la ligne qu'en de-là, est
dans une température & un air
qui varient suivant les latitudes,

---

ne vivent pas au-delà de quarante ans,
car aussi-tôt que le temps de leur vieillesse
approche, il se forme dans leur corps
une sorte de poux volans qui les dévorent,
ils ressemblent aux tiques ou poux de bois,
plus petits cependant que ceux qui s'attachent sur le corps des chiens : ils attaquent
d'abord le ventre & les intestins, & rongent ensuite promptement toute la surface
du corps, & la face même. La première
attaque de ces animaux a l'effet de la plus
violente démangeaison de la galle, de
sorte que ces malheureux nègres n'y pouvant plus tenir se déchirent eux-mêmes.
Enfin la maladie approchant de son dernier
période, est accompagnée d'une éruption
de pustules, de l'écoulement d'une sanie
claire, & de douleurs affreuses qui annoncent le moment de la mort. Telle est la
fin de tous les Acridophages, que l'on
peut également attribuer aux influences
de l'air, à leur nourriture ordinaire, &
à la qualité de leurs humeurs qui se portent à ce degré extrême de corruption.

Ces sauterelles sont communes dans
toute l'Afrique, & on continue de les

les qualités du fol , & la féchereffe plus ou moins grande. Ajoutons encore que la manière de
vivre des peuples qui habitent cette

---

manger. » Il paffe (dit M. Adanfon, Mé-
» moires de l'Académie des Sciences, ann.
» 1757,) des nuages de fauterelles dont
» les habitans fe nourriffent, mais qui
» détruifent les herbes & même rongent
» les arbres. La fève répare avec une
» promptitude prodigieufe les pertes qu'ils
» ont faites, & je n'ai jamais été plus
» furpris que lorfque defcendant à terre
» après ce paffage terrible de fauterelles,
» je vis les arbres couverts de nouvelles
» feuilles, ils ne paroiffoient pas avoir
» beaucoup fouffert : les herbes portèrent
» un peu plus long-temps les marques de
» la défolation, mais peu de jours fuffi-
» rent pour qu'on ne s'occupât plus du mal
» que les fauterelles avoient fait. Elles
» font entièrement brunes, de la groffeur
» & de la largeur du doigt, armées de
» deux mâchoires dentées comme une fcie,
» capables d'une grande force ; elles ont
» les ailes beaucoup plus longues que celles
» de toutes les fauterelles connües ; c'eft
» fans doute à leur grandeur qu'elles doi-
» vent leur facilité à voler & à fe foutenir

partie de l'Afrique , & leur plus ou moins d'industrie ou d'activité, contribuent à rendre plus sensibles les qualités de l'atmosphère.

» dans l'air. «... Ces insectes sont fort communs dans tous les pays secs & chauds de l'orient, & on en fait le même usage. En Perse on les mange dans la saison où ils passent, & on les vend au marché cuits ou cruds. Quand le blé manque aux habitans de la Mecque, qui le tirent de l'Egypte, ils y suppléent par d'autres alimens tels que les sauterelles : ils les réduisent en farine, & en composent avec de l'eau une pâte qu'ils font cuire sur une plaque de fer, après lui avoir donné la forme d'un gâteau mince. Cela leur tient lieu de pain ; il leur arrive aussi d'en manger sans nécessité, de même qu'en Perse, mais pour lors ils les font bouillir dans l'eau, & les fricassent ensuite avec de l'huile ou du beurre. (Voyage dans le Levant par Hasselquist, 1769.) C'est donc à tort que l'on a avancé autrefois que ces insectes n'étoient point une nourriture naturelle à l'homme, que saint Jean n'en avoit point mangé, ainsi qu'il est dit expressément dans l'Evangile ; que c'étoit un oiseau ou une plante qui avoit le nom

Les chaleurs au Sénégal font excessives. M. Adanson a observé que la liqueur du thermomètre de Réaumur y montoit au trente-qua-

---

de fauterelle : fi ces doctes interprêtes eussent connu les relations des voyages faits en Egypte, en Arabie, en Perfe ou en Afrique, ils n'euffent pas révoqué ce fait en doute. Les coutumes de l'Orient qui ne changent point, & où les fauterelles font toujours un aliment en ufage, en affurent la vérité.

Ces infectes fe multiplient & paroiffent quelquefois dans l'Europe méridionale en grande quantité. Dans l'été de 1758, la Capitanate, la terre de Bari, & celle d'Otrante, au royaume de Naples, furent ravagées par des fauterelles, qui dévorèrent toutes les productions de la terre, vignes, blez, oliviers & bois, & toute la verdure. Elles fe retirèrent dans les terres hautes, arides & à l'abri de l'humidité, pour y dépofer leurs œufs dans de petites foffes qu'elles creufèrent. Les mères y moururent, & laiffèrent leurs œufs enveloppés dans une efpèce de gaîne de la forme & de la groffeur du petit doigt, chacune contenoit une trentaine d'œufs. On prit divers moyens pour s'en délivrer,

trième degré à l'ombre : cet instrument plongé dans les sables brûlans, sur lesquels il falloit marcher sans cesse, en indiquoit plus de soixante dans les temps ordinaires. Les souliers desséchés & racornis, s'y réduisent bientôt en poudre : les pieds des nègres s'y crevassent malgré une longue habitude, & la seule réflexion de la chaleur des sables y fait lever la

---

on alluma des feux de paille dans les endroits qui en étoient infectés, où on brûla les œufs & les jeunes sauterelles que l'on y chassoit ; d'autres les ramassoient en tas, les écrasoient & les enfouissoient profondément en terre. Le meilleur moyen fut de labourer en Septembre & en Octobre les terres où ces œufs étoient cachés, pour les découvrir & les brûler. Les pluies d'hiver faisoient périr les gaînes qui avoient échappé. Au mois de Mars suivant on les cherchoit encore avec la pioche, & on mettoit ensuite les porcs dans ces terres, qui, pour découvrir ces œufs, dont ils sont très-frians, les retournèrent par-tout. (*Voyez* les Mémoires de l'Académie des Sciences, ann. 1765.)

peau du vifage, en y occafionnant
des cuiffons douloureufes, qui durent quelquefois cinq ou fix jours.
Cette chaleur eft conftante, nous
ne concevons pas comment il eft
poffible de la fupporter & d'y vivre : cependant on a obfervé qu'elle
eft néceffaire, non-feulement à la
production, mais encore à la confervation des nègres. Dans nos
colonies de l'Amérique méridionale, fur-tout dans les Antilles,
où la chaleur, quoique très-forte,
n'eft pas comparable à celle du
Sénégal, les enfans nouveaux nés
des nègres font fi fufceptibles des
impreffions de l'air, qu'on eft obligé de les tenir pendant les neuf premiers jours après leur naiffance, dans
des chambres bien fermées & bien
chaudes : fi l'on ne prend pas ces
précautions, & fi on les expofe à
l'air au moment de leur naiffance,
il leur furvient une convulfion à
la mâchoire, qui les empêche de
prendre de la nourriture & qui
les fait mourir. Les nègres adultes

cherchent pourtant à se garantir de l'action immédiate de la chaleur. Leurs cases sont fort sombres & construites de manière que ceux qui les habitent sont à l'abri de l'ardeur du soleil, & y jouissent même d'une certaine fraîcheur : elles n'ont d'autre ouverture que deux portes très-basses, percées à leur extrémité. C'est dans cet air toujours brûlant que naissent & croissent l'éléphant & l'autruche, des serpens qui ont jusqu'à quarante & cinquante pieds de longeur, & environ un pied & demi de largeur ; mais aucune des productions de la Nature n'y est plus étonnante que le baobab ou pain de singe, arbre monstrueux & le plus gros de l'ancien continent, dont le tronc a jusqu'à soixante-seize pieds de circonférence. (*Voyez* les Mémoires de l'Acad. des Sciences, année 1757, pag. 55 & la Théorie du Système Animal, ff. 4. 1758.)

C'est sur-tout dans l'Inde méridionale & dans l'Afrique orien-

tale , le long des rivières & dans
les forêts , que l'on trouve le plus
d'éléphans ; ils s'éloignent des fables brûlans dont ils ne pourroient
fupporter l'ardeur. Aux Indes , les
plus puiſſans & les plus courageux
de l'eſpèce , dont les armes font
les plus fortes & les plus grandes ,
connus ſous le nom d'éléphants
de montagne , habitent les hauteurs , où un air tempéré , des eaux
moins impures & des alimens plus
fains , déterminent leur nature à arriver à ſon plein développement ,
à acquérir toute ſon étendue & ſa
perfection. En Afrique ils font
moins grands , mais beaucoup plus
nombreux ; ils font moins défians ,
moins ſauvages , moins retirés dans
les ſolitudes qu'aux Indes. Ils ſemblent qu'ils connoiſſent l'impéritie
& le peu de puiſſance des hommes auxquels ils ont affaire dans
cette partie du monde. Ils viennent tous les jours , & fans aucune
crainte , juſqu'à leurs habitations;
ſouvent ils traverſent les villages

pendant la nuit , & craignent fi peu les lieux fréquentés , qu'au lieu de fe détourner quand ils voient les maifons des nègres , ils paffent tout droit & les renver-fent en marchant , comme une coquille de noix.

Ils traitent les nègres avec cette indifférence naturelle & dédaigneufe qu'ils ont pour tous les animaux : ils ne les regardent pas comme des êtres puiffans , forts & redoutables , mais comme une ef-pèce cauteleufe qui ne fçait que dreffer des embûches , n'ofe les attaquer en face , & ignore l'art connu de tout temps des autres orientaux , de les réduire en fervitude. (*Voyez* l'Hiftoire Naturelle du cabinet du Roi, Tom. 22 *Edit. in*-12. & le Voyage de le Maire, pag. 98.)

La Nigritie , fituée dans la zone torride feptentrionale , quoique dans un climat très-chaud , eft dans un air plus fain que tous les pays qui l'avoifinent ; on va le refpirer pour

pour y rétablir la santé , & le fol rafraîchi par les débordemens du Niger , produit beaucoup par-tout où il eſt cultivé. Il n'en eſt pas de même de la Guinée ; ce pays plus voiſin de la ligne , quoiqu'aſſez fertile en grande partie , eſt dans une température ſi mal-ſaine que les étrangers ne peuvent la ſoutenir long-temps , les nègres même qui l'habitent , ne vivent pas au-delà de cinquante ans ; ce que l'on attribue encore à la pareſſe , à la débauche , & à l'uſage prématuré des femmes. Ce pays eſt riche en or & en ivoire.

Le royaume de Biafara , ſur la côte de Guinée , qui s'étend du troiſième degré de latitude nord au ſecond de latitude ſud , eſt dans un air extrêmement chaud en tout temps ; ſon hiver eſt la ſaiſon où tombent les pluies violentes , qui durent depuis le mois d'Avril juſqu'en Août. Parmi les monſtres qu'on y trouve , les ſerpens y ſont d'une groſſeur énorme. Les peuples qui font prefque fauvages, paffent pour être fourbes & voleurs. Les rois pour paroître plus beaux, s'y frottent le vifage & les mains avec de la craie. Les Romains reprochèrent autrefois à Pompée, de porter des bottines blanchies de craie, prétendant que par cette diftinction il tranchoit du fouverain. On voit par-là que les ufages des peuples les plus éloignés fe raprochent par quelques endroits....

C'eft dans les forêts de Guinée que l'on trouve l'ourang-outang, grand finge, fi femblable à l'homme, que les habitans du pays font perfuadés que ce font des hommes, qui, féparés fort anciennement de tout commerce, font devenus fauvages, au point d'oublier leur langue originale ; quoique plufieurs foient perfuadés que ces finges s'entendent entr'eux, & ne parlent pas dans la crainte qu'on ne les force au travail ; idée bien digne des inclinations de ceux auxquels elle s'eft préfentée. D'autres ont ima-

giné qu'ils étoient la postérité des
Satyres & des Pygmées : cette opinion a été soutenue pendant quelque temps. On en trouve de semblables à Bornéo, l'une des isles
de la Sonde, & on ne les y regarde que comme des singes. De
nos jours on a poussé la plaisante-
rie jusqu'à chercher dans cette espèce de brutes, les premières inclinations de l'homme. Le Congo
ou Basse-Guinée, situé au-delà de
la ligne, ne jouit pas d'une température plus saine, & la chaleur
y seroit insupportable, si l'air n'é-
toit souvent rafraîchi par les vents
impétueux qui soufflent de l'Océan
occidental : ses habitans sont grossiers, mais assez doux & fort robustes.

L'isle de Saint-Thomas, dans
le golfe de Guinée & sous la ligne, quoique très-fertile en sucre,
en fruits de différentes espèces,
& sur-tout en vignes, qui sont
continuellement chargées de fleurs
& de fruits, les uns mûrs, les au-

tres encore verds , est dans un air
si mal-sain pour les Européens ,
qu'à peine y vivent-ils jusqu'à cinquante ans. Il est arrivé que plusieurs fois la mort y a enlevé presque subitement des garnisons entières que les Portugais y tenoient ;
il ne leur est pas possible de se
livrer aux travaux de la campagne ,
ils y emploient des esclaves nègres
qu'ils tirent du Congo. Malgré la
chaleur du climat , il y a dans le
milieu de cette isle une montagne
assez haute , pour que la neige s'y
conserve toute l'année , ainsi que
sur les sommets des Andes au
Pérou.

Le Monoé-Mugi , royaume peu
connu sur la côte orientale de l'A-
frique , au sud de la ligne ; le Monomotapa , presque à l'autre extrémité du tropique ; & en général
tout le pays des Caffres sont dans
une température assez douce. Les
pluies & les vents contribuent également à la salubrité de l'air & à
la fertilité du sol , qui produit

beaucoup de grains : on dit même
que ces régions font fort riches en
or & en argent; mais la difficulté
de pénétrer dans les montagnes qui
renferment les mines, la défiance
des naturels du pays, fur les entreprifes des étrangers, font caufe
que l'on ne juge de l'abondance
des mines que fur la quantité de
poudre d'or que les nègres de ces
côtes apportent aux Européens en
échange d'autres marchandifes : on
ofe d'autant moins s'y engager, que
les forêts & les rochers de ce pays,
font peuplés d'une multitude de
lions & de tigres furieux, qui en
rendent les approches difficiles &
périlleufes. Ce font les dragons de
la Fable, qui gardent les pommes
d'or des Hefpérides.

§. XXIII.

Réflexions sur les effets de l'Air, relativement à la couleur & aux inclinations des Nègres.

Ces régions différentes & quelques autres dont nous parlerons dans le discours suivant, font habitées par des peuples noirs, dont la couleur plus ou moins foncée, est un effet du degré de la chaleur du climat : car on ne doit attribuer la noirceur de la peau des nègres, qu'à l'action de l'air. Leurs enfans naissent blancs, ou plutôt rouges comme ceux des autres hommes ; mais deux ou trois jours après qu'ils font nés, la couleur change, & ils deviennent d'un jaune basanné, qui s'obscurcit peu-à-peu, & au septième ou huitième jour ils font tout-à-fait noirs. On sçait que deux ou trois jours après leur naissance, presque tous les enfans ont une espèce de jauniffe qui, dans les blancs, n'a qu'un effet paffager & ne laiffe à la peau aucune impref-fion durable : dans les nègres, au contraire, cette difpofition natu-relle, promptement fecondée par les qualités de l'atmofphère don-ne à leur peau une couleur inef-façable & qui noircit toujours de plus en plus.

Cette différence entre les en-fans des noirs & ceux des blancs, ne doit pas porter à croire qu'ils fortent d'une autre efpèce d'hom-mes, & que les Africains de la zone torride aient dans leur con-formation une caufe particulière de noirceur. Il eft vraifemblable que les premiers hommes qui ont habité ces contrées, étoient de la même couleur que les Afia-tiques, dont il eft probable qu'ils tirent leur origine, & qu'infenfi-blement les qualités de l'air & du fol, les ont rendus tels que nous les voyons aujourd'hui. Il faut fans

doute un certain espace de temps,
& un nombre de générations, pour
qu'une race blanche prenne par
nuances la couleur brune, & devienne tout-à-fait noire ; on pour-
roît en juger par les familles actuellement noires, quoique Portugaises
d'origine, qui se sont établies aux
isles du Cap-Verd, dans le quinzième siècle, & dont la postérité
s'y conserve encore : on prétend
que dès la troisième génération,
leur couleur étoit plus que basannée.
Cela étant ainsi, il est comme démontré qu'un peuple blanc, trans-
porté du centre de la zone tempérée à la zone torride, dans les
terres ardentes de l'Afrique, deviendroit très-promptement brun,
& successivement tout-à-fait noir,
sur-tout si ce même peuple adop-
toit les usages & n'avoit plus pour
aliments que les productions du
pays chaud, dans lequel il auroit été
transplanté. Certaines familles noir-
ciroient plutôt, comme nous voyons
parmi nous des hommes plus bruns

les uns que les autres, quoiqu'ils
ayent les mêmes occupations & se
nourriffent des mêmes denrées. On
trouvera dans le même village &
souvent dans la même famille, des
hommes qui conservent un teint
net & des couleurs vives , tandis
que d'autres font d'un rouge brun ,
qui en s'obscurciffant un peu plus,
approcheroit de la teinte des nègres. La différence des traits , la
groffeur du nez , l'épaiffeur des lèvres , ne doivent être regardées que
comme accidentelles ; les nègres
défigurent leurs enfans , pour les
rendre à leur gré , plus beaux ; &
nous voyons encore parmi nous ,
quantité de visages dont les traits
en approchent beaucoup.

Les cheveux tiennent à la nature de la peau , & à la modification qu'ils reçoivent de l'air extérieur. Parmi les gens de la campagne de notre zone tempérée, on
en trouve qui ont les cheveux plats
& liffes , comme les sauvages du
Canada ; d'autres qui les ont natu-

T v

rellement courts , crépus , & prefqu'auffi fins que les nègres. Toutes
ces différences ne font donc qu'extérieures , & la race des nègres tire
fon origine d'une fouche commune
avec tous les autres hommes répandus fur le globe de la terre. On
fçait encore que dès qu'ils ceffent
d'être quelque temps expofés à l'action immédiate de l'air , ou qu'il
arrive quelque changement dans
leur conftitution, la Nature femble
les rapprocher de la couleur des autres hommes : les nègres même les
plus noirs lorfqu'ils fe portent bien ,
changent de teint dès qu'ils font
malades ; ils deviennent alors couleur de biftre, ou couleur de cuivre (*a*).

Les effets de l'air , relativement
à leurs mœurs & à leurs occupations, mettent entr'eux & les autres hommes des différences peut-

---

(*a*) *Voyez* le difcours 3 , §. VII, tom.
2 de cette Hiftoire.

être encore plus remarquables que
la couleur & les traits. Quel fpectacle nous préfentent les diverfes nations qui habitent toute l'Afrique
méridionale? Les arts & l'induftrie
y font entièrement ignorés ; toute
l'efpèce humaine y eft enfevelie
fous la barbarie & l'ignorance la
plus épaiffe : on n'y connoît ni les
loix, ni la liberté : les hommes ne
fçavent pas même ufer des reffour-
ces que leur offrent quelques contrées, dont l'heureufe pofition dans
le voifinage des fleuves, les met à
couvert de cette aridité brûlante
qui détruit les germes des plantes
avant qu'elles aient pu s'élever à
la furface du fol où elles étoient
cachées. Le foleil, par-tout ailleurs
l'ame de la Nature & le principe
de la fécondité, ne paroît dans ces
climats que pour y exercer un empire tyrannique : la violence de fon
ardeur y détruit tout ; elle agit de
la manière la plus frappante fur les
figures ; elle anéantit la fleur de la
beauté dans fa fource : à ces cou-

T vj

leurs vives & féduifantes, qui en
font le partage le plus cher, à des
traits délicats, elle fubftitue des
teintes fombres, obfcures & triftes :
on n'y trouve que des traits groffiers,
des figures hideufes. Les émanations
mêmes de la plupart de ces corps
vivans, rendent une odeur fétide,
& peut-être contagieufe pour tous
autres que pour ceux d'où elle fort.
Les nègres d'Angola fentent fi mauvais lorfqu'ils font échauffés, que
l'atmofphère refte infectée de leur
odeur long-temps après qu'ils y ont
paffé.

Ce n'eft pas tout encore ; fi ces
peuples reftoient dans une ftupide
inertie, s'ils végétoient tranquille-
ment, accablés fous le poids de la
mifère volontaire où ils croupiffent,
on les plaindroit : mais les caprices
infenfés & fouvent cruels de leurs
efpèces de fouverains font des mo-
dèles qu'ils imitent & les effets
de la tyrannie la plus ridicule fe
répandent dans un monde d'efclaves, qui deviennent les uns à l'é-

gard des autres, cruels, jaloux, vin-
dicatifs, & souvent furieux. Aussi
terribles dans leur vengeance barbare & leur aveugle rage, que les
tigres & les lions dont ils sont environnés, les hommes & les brutes
semblent brûler d'un feu également
horrible. Dans ces climats ardens,
on ne connut jamais les charmes
de la tendresse conjugale, ni les
devoirs empressés & satisfaisans
de l'amitié. Les vertus sociales, qui
par-tout ailleurs font les délices de
l'humanité, sont ignorées parmi
ces nations féroces, où le droit du
plus fort est le seul que l'on y connoisse : l'amour même n'y soupira
jamais ; ses expressions sont des ru-
gissemens. Le nègre ne commence
à connoître & à sentir son existence,
que par la force de ses desirs brutaux & intéressés ; & si quelque
obstacle s'oppose à la satisfaction
de ses sens voluptueux, bientôt ses
desirs effrenés se changent en une
fureur sauvage, dont les effets se
tournent souvent contre le mal-

heureux qu'elle anime. Que l'on
ne croie pas ce tableau trop chargé :
il est tracé d'après l'idée que nous
en donnent les relations diverses de
l'Afrique, qui toutes nous présen-
tent ces climats brûlans , comme
peuplés d'une foule d'esclaves, li-
vrés à une indolence stupide , d'où
la fougue des passions ne les tire
par intervalles, que pour les précipiter dans les excès de la fureur.

Il est vrai qu'il y a quelques exceptions à faire , que l'on rencontre en Afrique quelques peuplades
séparées des autres , sur-tout dans
l'intérieur des terres, où on trouve
plus de douceur de caractère, & le
germe de quelques vertus; les femmes même y semblent mériter la
préférence sur les hommes : mais
c'est le petit nombre. Car les peuples du Sénégal , qui sont les plus
grands & les mieux faits de tous
les nègres, ne font cas que de leur
beauté & du noir éclatant de leur
couleur ; mais quoique forts &
robustes, ils sont si paresseux, qu'ils

se contentent pour toute nourriture d'un peu de poisson & de
millet : ils ne cultivent d'ailleurs
ni grains, ni fruits, ne mangent
que rarement de la viande ; & quoiqu'ils aient peu de mets à choisir,
ils préféreroient peut-être de mourir de faim, plutôt que de manger
des herbes, dont ils ont une assez
grande quantité chez eux : ils com-
parent les Européens qui s'en nourrissent, aux chevaux. Semblables à
des animaux carnassiers & cruels,
il semblent recevoir de la température dans laquelle ils vivent avec
eux, les mêmes inclinations & les
mêmes goûts. Ils recherchent avec
avidité tout ce qui peut augmenter
l'ardeur qui les dévore : un de leurs
plus grands plaisirs est de s'enivrer
d'eau-de-vie ; ils l'aiment si pas-
sionnément, qu'ils vendent leurs
enfans, leurs parens, & se vendent
eux-mêmes pour en avoir. Comme ils sont orgueilleux à proportion de leur stupidité & de leur
brutalité, ils se croient les plus beaux

& les plus parfaits de tous les hommes, & leur pays le meilleur &
le plus heureux climat de toute la
terre. On dit encore qu'ils font
contens & gais : c'eft par-tout l'ap-
panage de la pauvreté volontaire ;
on en jugera par le trait fuivant.

Un vaiffeau François ayant re-
lâché à la côte de Guinée, quelques
hommes de l'équipage allèrent à
terre acheter des moutons. On les
mena au roi, qui rendoit la juftice
à fes fujets fous un arbre. Il étoit
fur fon trône, c'eft-à-dire fur un
morceau de bois, auffi fier que s'il
eût été affis fur celui du grand Mogol. Il avoit trois ou quatre gardes,
armés de piques de bois ; un parafol
en forme de dais le couvroit de
l'ardeur du foleil ; tous fes ornemens
& ceux de la reine fa femme con-
fiftoient en leur peau noire, & en
quelques bagues. Ce prince, plus
vain encore que miférable, deman-
da à ces étrangers fi l'on parloit
beaucoup de lui en France. Il croyoit
que fon nom devoit être porté d'un

pole à l'autre (Lett. Persan. 42).
Il ne faut pas s'en étonner. L'habitude a un certain attrait qui l'emporte sur tout. Un air a beau être
pernicieux, un pays stérile, si l'on
commence à y vivre, si l'on y est
né, il paroît préférable à tout autre.
Ce petit roi, dont les connoissances étoient plus bornées que le
pouvoir, étoit un despote.

On voit d'autres nègres qui n'ont
de goût que celui des femmes, &
de desir que celui de ne rien faire;
au point que pour ne se pas déran-
ger, & dans la crainte du moindre
travail, ils préfèrent d'habiter des
lieux sauvages, & des terres stériles
où ils ont de misérables chau-
mières, à des vallées riantes & fertiles, à des collines couvertes d'arbres, ou à de belles campagnes, en-
trecoupées de ruisseaux : mais comme ils ne se font pas d'idée des
avantages qu'ils y trouveroient, la
vûe de ces beaux lieux n'est pas
capable d'exciter en eux le moindre
desir, ni aucune sensation agréable.

Ils ne connoissent pas même le prix du temps, & ils n'ont pas encore imaginé de le diviser ou de le mesurer. Quoique tous ces peuples passent pour forts, & paroissent jouir d'une santé assez constante, cependant leur vie est courte, & un nègre de cinquante ans a parcouru la plus longue carrière ; ils commencent à ressentir les incommodités de la vieillesse dès l'âge de quarante ans, & même plutôt ; ce que l'on attribue à l'usage prématuré des femmes, & aux excès en tous genres auxquels ils se livrent dès qu'ils en trouvent l'occasion.

Depuis un certain temps, ils semblent sortir de leur état ordinaire de stupidité & d'inaction ; mais c'est pour devenir plus méchans, & faire le métier cruel de pirates à l'égard des navigateurs que la tempête jette sur leurs côtes. Voici un fait tout récent qui permet de conjecturer que si une fois ils s'habituent à la rapine & aux avantages qu'ils y trouveront, ils ne feront aucun quartier à tous les vaisseaux qui auront le malheur d'échouer fur leurs rivages. Le 5 Mars 1767, le capitaine du navire le Zéphire, de Nantes, fe trouvant en danger de périr fur la barre qui règne le long de la côte de Galbar en Guinée, les habitans du pays, qui s'en apperçurent, vinrent à lui avec plus de cent pirogues, non pour le fecourir, mais pour le piller. Ils montèrent à fon bord, & lui enlevèrent fes marchandifes. L'équipage voulut en vain fe défendre; il y eut cinq hommes de tués, le refte fuccomba fous le nombre, & tous furent entièrement dépouillés, & tranfportés à terre, où ils fouffrirent pendant plufieurs jours la mifère la plus affreufe. Peu auparavant, un navire Anglois avoit fait naufrage fur cette barre, avec quatre cens efclaves dont il étoit chargé, & il avoit effuyé le même traitement de la part des nègres. Pareilles aventures doivent faire redouter ces parages aux navigateurs.

Tout ce que nous venons de dire des nègres, ne regarde que les habitans des côtes : l'intérieur de l'Afrique eſt inconnu ; on y trouve une eſpèce de noirs preſque ſauvages, que l'on appelle Zingues, & que Marmol dit multiplier ſi prodigieuſement, qu'ils inonderoient tous les pays voiſins, ſi de temps en temps les vents chauds n'établiſſoient dans leur climat une intempérie funeſte qui en fait périr la plus grande partie : ainſi malgré la ſtérilité de la plupart des terres voiſines de la mer, ce ſont peut-être encore les plus habitables de l'Afrique, celles où l'air eſt le plus ſain, quoiqu'il ſoit la cauſe ſenſible du peu de durée des nègres, & que les Européens ne puiſſent pas s'y habituer (*a*).

Ce que l'on peut dire encore ſur ces régions, relativement à leur température, c'eſt que ſi l'Afrique

---

(*a*) *Voyez* encore ſur l'Afrique le diſcours 3, § XIV, XV & XVII du tom. II.

n'étoit pas une des premières parties de l'univers qui eût été peuplée, elle n'auroit pas autant d'habitans qu'elle en a, sur-tout si on
la compare à ces contrées immen-
ses de l'Amérique septentrionale,
situées du trente-cinquième au qua-
rante-cinquième degré de latitude,
où l'on trouve à peine quelques peuplades fort éloignées les unes des
autres, & peu nombreuses, quoique l'air y soit fort sain, que la
terre fournisse abondamment tout
ce qui est nécessaire à la nourriture
des hommes & à celle des animaux de toute espèce, & que les
hommes y soient forts, vigoureux
& actifs, au moins quand il s'agit
de chasse ou de guerre entr'eux, ce
qui prouve que cette partie de l'A-
mérique est nouvellement habitée,

§. XXIV.

Observations sur le chaud & le froid des différens climats.

Après avoir donné une idée générale des variétés de la température de l'air, dans les régions diverses situées sous la zone torride, je crois qu'il est à propos d'établir quelque chose de plus fixe sur le chaud & le froid des climats différens, & les variations que l'on éprouve à ces deux égards dans les mêmes saisons respectives, & dans des contrées qui font à la même latitude.

L'antiquité étoit persuadée que des cinq zones qui comprennent tout le globe de la terre, il n'y en avoit que deux qui fussent habitables, croyant qu'il faisoit trop chaud entre les tropiques, & qu'aux cercles polaires le froid étoit insupportable. Les connoissances que

l'on a acquifes depuis fur le globe
& fur fa population, ont fait revenir de cette erreur. On a trouvé
au centre de la zone torride, des
peuples nombreux & des états policés, peut-être auffi anciens que
Rome & Athènes, d'où les fçavans
fixoient des bornes à la terre habitable. Mais quoique l'on n'ait pas
des obfervations affez exactes pour
faire une comparaifon jufte du chaud
& du froid des différens climats,
on en fçait cependant affez pour
pouvoir affirmer que les régions
fituées entre les deux tropiques, ne
font pas celles de notre globe où la
chaleur eft la plus grande, & que
d'un autre côté plufieurs endroits
fitués au-delà des cercles polaires,
ne fouffrent pas cet extrême degré
de froid que leur fituation femble
fuppofer ; c'eft-à-dire, que la température d'un pays quelconque, dépend beaucoup plus de quelqu'autre
caufe, que de fa diftance du pole,
ou de fa proximité de l'équateur.

Nous avons déja rapporté plus

d'une preuve de cette propoſition ,
en parlant des pays différens ſitués
ſoit ſous la ligne , ſoit entre les
tropiques ; il s'agit à préſent de lui
donner un peu plus d'étendue , en
conſidérant la température générale
des lieux par rapport à l'année entière.

Pour peu que l'on ait de connoiſſance de la ſuperficie du globe
& de ſes climats divers , on ne dou-
tera point que la ville de Londres ,
par exemple , n'ait des ſaiſons plus
chaudes que la partie méridionale
de la baie de Hudſon , qui ſe trouve
à peu-près à la même latitude , c'eſt-
à-dire , au cinquante-unième degré
trente-une minutes. Cependant , ſuivant les voyageurs Anglois , la température de la baie de Hudſon eſt
ſi rigoureuſe , que les plantes des
jardins de Londres qui réſiſtent le
mieux au froid de l'hiver , ont peine
à s'y conſerver. Si l'on compare la
côte du Breſil avec la côte occidentale de l'Amérique , la baie de
Tous-les-Saints avec Lima , la différence

rence sera encore plus frappante ;
car quoique la chaleur soit très-
grande sur la côte du Bresil, celle
qu'on éprouve dans les mers du
Sud & sur la côte du Pérou à la
même latitude, est peut-être aussi
tempérée qu'en aucune autre partie
de notre globe. En rangeant cette
côte, la chaleur qu'éprouva l'escadre de l'amiral Anson, n'égala pas
une seule fois celle d'un jour d'été
un peu chaud en Angleterre ; ce qui
lui parut d'autant plus extraordinaire, qu'il n'y eut aucune pluie
qui rafraîchit l'air (*a*).

Les causes de cette température
ne sont pas difficiles à assigner. Dans
ce climat, tout contribue à rendre
l'air ouvert & la lumière du jour
agréable ; en d'autres pays, la chaleur insupportable du soleil en été,
fait qu'on ne sçauroit, la plus grande partie du jour, ni travailler, ni

____

(*a*) Voyages d'Anson, l. 2, c. 5, *édit. in-*
4°. 1751.

Tom. I. V

même prendre l'air ; & les pluies fréquentes ne font pas moins incommodes dans des faifons plus tempérées : mais dans ces heureufes régions, on voit rarement le foleil en été, non que le ciel y foit jamais couvert de fombres nuages, car il n'y en a précifément qu'autant qu'il en faut pour cacher le foleil, & tempérer l'ardeur de fes rayons perpendiculaires, fans obfcurcir l'air, ou diminuer en rien la beauté de fa lumière. Jamais il ne pleut à Lima & dans les vallées voifines ; jamais on n'y voit d'orages, & fes habitans qui n'ont pas voyagé dans les montagnes ou au Chili, ignorent ce que c'eft que le tonnerre ou les éclairs : leur frayeur eft égale à leur étonnement, la première fois qu'ils entendent l'un, ou qu'ils voient les autres ; c'eft je crois le feul climat du monde où ce terrible Météore ne fe faffe pas redouter.

La fraîcheur de l'air, qui dans les autres climats eft quelquefois une suite des pluies, ne se fait pas pour cela sentir moins agréablement à Lima. Ce même effet est produit par des brises qui viennent des régions plus froides situées vers le sud. On s'accorde généralement à supposer que cette température heureuse est principalement dûe au voisinage des Andes, qui étant parallèles à la côte dont elles sont peu éloignées, & s'élevant beaucoup plus haut qu'aucunes autres montagnes du monde, ont sur leur pente une grande étendue de pays, où, suivant qu'ils sont plus ou moins éloignés du sommet, on éprouve les températures de toutes sortes de climats, dans toutes les saisons de l'année, comme nous l'avons déja rapporté. Ces montagnes, en interceptant en grande partie les vents d'est, qui règnent généralement dans le continent de l'Amérique méridionale, & en rafraîchissant cette partie de l'air qui passe par-dessus leurs sommets couverts de neige, sont sans doute la

cause pourquoi les côtes voisines &
les mers du Pérou peuvent être
rangées dans la classe des régions
les plus tempérées. Car dès que l'on
se trouve à quelque distance de la
ligne, où les montagnes ne peuvent
plus communiquer à l'atmosphère
cette température favorable ; quand
on n'a plus rien pour se couvrir du
côté de l'est, que les hauteurs de
l'isthme de Panama, qui, comparées aux Andes, ne font que des
collines fort basses ; on éprouve en
moins de deux ou trois jours de
navigation, que l'on a passé de l'air
doux & agréable du Pérou, dans le
climat brûlant des Indes Occidentales ; c'est pourquoi la température d'une partie de la province de
Terre-Ferme, est si mal-saine, comparée à celle de Quito ou de Lima.

La seule latitude d'un endroit
n'est donc pas une règle sur laquelle
on puisse juger du degré de chaleur
ou de froid qui y règne ; nous en
trouvons la preuve dans la partie de
la Cordillière même située sous la

ligne, où la neige ne se fond en aucun temps de l'année, ce qui est la marque d'un plus grand froid qu'il n'en règne dans plusieurs pays situés bien au-delà du cercle polaire.

Mais pour faire une estime juste du chaud & du froid pendant le cours de l'année, dans quelque climat que l'on se trouve, ce n'est pas à sa propre sensation qu'il faut s'en rapporter, mais aux observations faites par le moyen des thermomètres, qui relativement au degré absolu du chaud & du froid, doivent être regardés comme infaillibles. Si l'on s'en rapporte donc à ces instrumens, on verra avec surprise que la chaleur dans des latitudes très-avancées, comme à Pétersbourg, qui est au soixantième degré de latitude septentrionale, est en certain temps beaucoup plus grande qu'aucune que l'on ait observée jusqu'ici entre les tropiques. A Londres, il fit un jour de 1746, pendant quelques heures, une chaleur supérieure à celle qu'éprouva un vaisseau de l'escadre d'Anson en allant d'Angleterre au cap Horn, & à son retour, ayant été obligé de passer deux fois sous la ligne. Car durant l'été de cette année, un thermomètre, gradué suivant la méthode de Farenheit, monta une fois à Londres jusqu'au soixante-dix-huitième degré; & la plus grande hauteur qu'un thermomètre semblable ait atteint dans le vaisseau dont je viens de parler, ne fut que de soixante-seize degrés. C'étoit à l'isle de Sainte-Catherine, sur la côte du Bresil, au vingt-huitième degré de latitude méridionale, vers la fin de Décembre, le soleil étant vertical à trois degrés près.

On lit dans les Mémoires de l'Académie de Pétersbourg, qu'en 1734, le 20 & le 25 Juillet, le thermomètre monta jusqu'à quatre vingt-dix-huit degrés à l'ombre, c'est-à-dire, vingt-deux degrés plus qu'à l'isle de Sainte-Catherine : chaleur si prodigieuse, que l'on seroit

tenté de révoquer le fait en doute,
si l'on pouvoit former le moindre
soupçon sur la fidélité des mémoires, & l'exactitude des observations.

Il faut expliquer à présent, pourquoi dans la plupart des climats
situés entre les tropiques, la chaleur passe pour si violente, quoiqu'il paroisse par les exemples
allégués, que souvent elle est éga-
lée & même surpassée, dans des latitudes peu éloignées du cercle
polaire. La cause en est, que l'estime du chaud en quelqu'endroit
particulier, ne doit pas être fondée
sur le degré de chaleur qui y règne
de temps en temps, mais doit
plutôt être déduite de la chaleur
moyenne, relativement à une saison & même à l'année entière.
En considérant la chose sous ce
point de vue, on verra aisément
combien un même degré de chaleur doit paroître incommode, en
durant long-temps sans variation
remarquable. Ainsi, comparant en-

V iv

femble l'ifle de Sainte-Catherine &
Pétersbourg, fuppofons qu'en été
la chaleur foit dans l'ifle de foixante-
feize degrés, & en hiver de cin-
quante-fix ; dans cette fuppofition
la chaleur moyenne pour toute
l'année, fera de foixante-fix degrés,
& cela peut être de nuit auffi-bien
que de jour avec peu de variations.
Ceux qui règlent leur eftime fur
le thermomètre, ne difconvien-
dront pas que ce degré de chaleur
continué long-temps, ne paroiffe
fuffoquant à la plupart des hommes.
Or, comme à Pétersbourg le thermomètre indique rarement une
chaleur plus grande que celle qui
a lieu à Sainte-Catherine, & comme
en d'autres temps le froid eft beaucoup plus confidérable, la chaleur
moyenne pour une année, ou même feulement pour une faifon,
fera bien au-deffous de foixante-fix
degrés ; car les variations des thermomètres dans les pays feptentrio-
naux, font au moins cinq fois plus
grandes entre les deux divifions les

plus éloignées, que celles qui ont lieu entre les tropiques, ou sous les latitudes voisines.

Mais n'y a-t-il pas quelqu'autre cause qui doive augmenter la chaleur apparente des climats les plus chauds, & diminuer celle des climats les plus froids? On ne peut la trouver que dans l'état habituel de l'atmosphère & des corps. La mesure de la chaleur absolue indiquée par le thermomètre, ne marque pas la sensation dont le corps humain est affecté; car comme une succession perpétuelle d'air frais est nécessaire pour que la respiration soit libre, ce qui n'arrive que lorsque l'atmosphère est à une juste température, il s'ensuit que lorsqu'il a fait chaud pendant quelque temps, l'air est imprégné d'exhalaisons & de vapeurs, qui ne manquent jamais d'exciter en nous l'idée, & peut-être le sentiment d'une chaleur étouffante, bien plus forte que celle, que la seule chaleur d'un air agité & pur auroit

V v

donné. On pourroit encore ajouter
à cette caufe générale, une raifon
particulière de cette fenfation incommode, refpectivement à quelques individus : c'eft que chaque
corps ayant une atmofphère formée des exhalaifons qui en fortent
immédiatement ou de celles qu'il
raffemble, les unes & les autres
peuvent contribuer à lui rendre
l'impreffion de la chaleur dominante, plus ou moins pénible.

Or, le thermomètre ne peut pas
déterminer la chaleur que cette
caufe fait éprouver aux corps humains ; & la température de la
plupart des climats fitués entre les
tropiques, doit être beaucoup plus
fatigante que le même degré de
chaleur abfolue dans une latitude
plus avancée vers le pole ; car l'u-
niformité & la durée du chaud
dans les pays voifins de la ligne,
contribue à imprégner l'air d'une
quantité prodigieufe d'exhalaifons
& de vapeurs fouvent très-mal-fai-
nes ; & comme dans ces climats,

les vents font foibles & réglés,
les exhalaifons changent feulement
de place fans être diffipées; ce qui
rend l'atmofphère moins propre
pour la refpiration, & produit la
fenfation d'une chaleur étouffante:
au lieu que dans les latitudes plus
avancées, où ces vapeurs s'élèvent
en moindre quantité, où des vents
irréguliers & violents les diffipent
de temps à autres, & renouvellent
les qualités de l'air, le même degré de chaleur dure peu, & n'eft
que rarement accompagné de cette
fenfation incommode.

Quelques expériences rapportées
dans les Mémoires de l'Académie
des Sciences, n'indiquent pas une
autre caufe à cette chaleur en apparence fi vive. Le 30 Juillet 1705,
le chaud fut tel à Montpellier,
que l'on ne fe fouvenoit pas d'a-
voir rien éprouvé d'approchant.
L'air fut ce jour là prefqu'auffi
brûlant que celui qui fort des
fours d'une verrerie; on ne trouva
d'autre afyle où l'on pût refpirer,

V vj

que les caves : en plusieurs endroits
on fit cuire des œufs au soleil. Les
thermomètres de Hubin furent caf-
fés par la liqueur qui monta jufqu'en haut. À Paris, le six Août
fut beaucoup plus chaud que le
30 Juillet. Un thermomètre dont
M. Caffini fe fervoit depuis trente-
fix ans, fe caffa fur les deux heures après midi ; de forte qu'il eft
certain qu'au moins de trente-fix
ans, il n'avoit pas fait un fi grand
chaud à Paris.

Néanmoins pendant ces chaleurs
exceffives, le grand miroir ardent
du Palais-Royal n'eut pas des effets auffi marqués qu'en autre
temps ; les rayons du foleil réunis
à fon foyer n'avoient prefque aucune force, tandis que ces feuls
rayons directs embrafoient l'air.
La raifon de ce phénomène, eft
que la grande chaleur élève de la
terre une infinité d'exhalaifons fulfureufes ou d'autre nature, & que
ces matières ayant une certaine af-
finité avec celle de la lumière,

embarraffent, arrêtent, & en quelque forte abforbent fes rayons,
foit qu'elles en interceptent abfo-
lument une partie, & les empêchent de tomber fur le miroir,
foit qu'elles aient à leur égard le
même effet que le fourreau fur une
épée, & qu'elles leur ôtent par-là,
leur extrême fubtilité néceffaire
pour divifer les corps durs.

Cette conjecture eft confirmée
par une expérience de M. Homberg:
il mettoit entre le miroir ardent
& le foyer, un réchaud plein de
charbons allumés, de forte que les
rayons qui fe rendoient au foyer,
traverfoient la vapeur de ce charbon,
& il éprouvoit conftamment que
l'effet du miroir en étoit confidé-
rablement affoibli. Voilà l'image
de ce qui fe paffe dans les grandes chaleurs, ou plutôt la chofe
même en racourci; auffi le même
Phyficien, a-t-il toujours obfervé,
même dans les chaleurs médiocres
& ordinaires à nos climats, que
quand le foleil a été découvert

plusieurs jours de suite, l'effet du miroir n'est pas si grand, que lorsqu'il vient à se montrer immédiatement après une grande pluie; c'est que cette pluie a précipité les matières sulfureuses & les autres exhalaisons, & nétoyé l'air. L'atmosphère inférieure purgée, en quelque façon, de tous les corps étrangers dont elle étoit chargée, est alors dans toute sa pureté. Aussi jamais ne respire-t-on plus à son aise & avec plus d'agrément, que lorsqu'on se met au grand air après une pluie un peu forte, sous un ciel serein & découvert

A toutes ces causes de la sensation incommode que produit une chaleur étouffante, ne pourroit-on pas encore ajouter que la quantité de vapeurs dont l'atmosphère se trouve remplie, en raison de leur matière & de leur configuration, réfléchissent en tout sens les rayons lumineux, en divisent le mouvement, sans cependant l'interrompre ni le diminuer par rapport

aux corps exposés à leur action,
qu'ils saisissent & attaquent de
toutes parts, & contribuent ainsi
à rendre le sentiment de la chaleur plus vif & plus fatigant ;
tandis qu'en même temps ils arrêtent, & rendent presque de nul
effet l'incidence directe de ces
mêmes rayons ? Cette supposition
est d'autant plus vraisemblable ,
que l'on sçait que les vapeurs qui
nagent dans l'atmosphère sont de
forme ronde, & que cette forme
est plus propre qu'aucune autre à
réfléchir en tout sens, & à diviser
l'action des rayons du soleil.

Fin du Tome premier.

TABLE
DES MATIERES
DU TOME PREMIER.

A

ACRIDOPHAGES, peuples de l'Afrique. Remarques sur leurs usages, leur nourriture, & le peu de durée de leur vie. *page* 417

AFRIQUE : qualités du sol & de l'air de quelques-unes de ses contrées, 420. —— Terribles effets de la chaleur en Afrique. —— Spectacle de la Nature & des mœurs dans ce pays, 438. —— L'intérieur en est inconnu, 448

AGRICULTURE dans les Indes orientales, 369

AIR : utilité de son Histoire Naturelle, & maniere de la concevoir, 1. —— Premiere idée de l'air, 119. —— comment il agit sur les corps, 120 —— sa nature & sa substance, 121 —— Air de l'atmosphere modifié par l'éther, 96. —— modifications & épaisseur de l'air, 130, 134. —— communication de ses parties entr'elles dans toute l'étendue du globe, 137. —— causes locales qui occasionnent des variétés dans la température, & ses effets, 334. — Air & matière subtile, leur action sur les corps, 160

AIR : ses qualités dans quelques régions de l'Amérique sous la zone torride, 186. —— aux environs de la ligne, 166. —— dans l'isthme de l'Amérique, 212. —— égalité de sa température & degré de sa chaleur au Pérou, 258. —— ses effets sur la couleur, la force & les mœurs des nègres, 434

AIR de quelque pays de l'Europe, comparé dans ses effets à celui de la zone torride, 190. —— ses effets nuisibles considérés dans différens climats, 236

ANAXIMENE, dit que l'air est Dieu, & pourquoi, 405

ANCIENS : manière obscure dont ils ont parlé de la physique, 50

ANDES, montagnes du Pérou : leur hauteur, 175

ANIMAUX : plus sensibles aux effets de l'air que les hommes, 121

ANTIGO, isle de l'Amérique : son état & sa situation, 320

ANTILLES : leurs saisons, qualité de l'air qu'on y respire, & température, 261

ARCHIPEL des Indes orientales, & sa température variée, 385. —— vents qui y règnent, 386

ATMOSPHERE : de quelles matières elle est formée, 128. —— sa hauteur & sa figure, 135, 143 & suiv. —— fluidité de sa matière, 138. —— action du froid sur elle,

470   T A B L E.

140. —— variations qu'elle peut éprouver, 149. —— ſes qualités variées relativement aux climats,   161, 163.
ATTRACTION : comment on l'a expliquée,
78. —— ce qu'il en eſt véritablement,
80. —— n'eſt que l'impulſion, où la ſuite
du mouvement général de la matière,
82, —— comment Newton l'a conçue,
       87 & 92

B

BARBADE, iſle : beauté de ſon climat,
état de l'air & du ſol,   269
BATAVIA : ſes habitans de diverſes nations,
ſon commerce,   395
BENGALE : ſes chaleurs, 359. —— état de
l'air, précautions à prendre pour le ſoutenir, 360. —— maladies propres à ce
climat,   362
BÉDAS, habitans des forêts de Ceilan, 405
BIAFARA, royaume ſur la côte de Guinée,
—— ſes ſerpens énormes, —— parure de
ſes rois,   429
BRAMINES & BANIANS : leur religion, 373
BRESIL : ſa température & ſes pluies, 196.
—— idées de ſes anciens habitans, 197.

C

CABESTERRE & BASSE-TERRE : ce que
l'on entend par ces termes,   180

CALLAO : ſes chaleurs & ſa température, 189

CARTHAGÈNE, en Amérique, ſon climat, 207. —— qualités nuiſibles de ſon air, & ſes ſaiſons, 208, 210. —— extérieur de ſes habitans, 208. —— état des armées à ſon ſiège en 1742, 209

CEILAN, iſle : ſes productions, richeſſes, ſaiſons & vents, 401. —— couleur & qualités de ſes habitans, 404

CHACRELAS, habitans de l'iſle de Java, 394

CHALEURS, de France comparées à celle de l'Amérique, à raiſon de leurs intenſités & effets, 218. —— chaleur & froid des différens climats comparés, 450. —— chaleurs extraordinaires des régions ſeptentrionales, état de l'air dans ces circonſtances, 461. —— chaleur, juſqu'à quel degré on y peut vivre, 348

CHERSONÈSE d'or des anciens, où ſituée, 342

CHEVAUX de Saint-Domingue, 303

CHILI : ſa température, & diſpoſition habituelle de l'air, 199

CHIMBORACO, montagne du Pérou, la plus haute du monde, 176

CONGO ou baſſe Guinée, région de l'Afrique, 431

CORDILIERE, ou montagnes de l'Amérique, comment diviſée, 184

COROMANDEL, (côte de) ſes vents brûlants, ſes pluies, 346, 350

472 T A B L E.

Corps mixtes: en quoi ils diffèrent des élémens, relativement à la modification de la matière, 25. — corps différens, comment ils sont formés, & pourquoi ils diffèrent, 32. — d'où viennent la cohésion & la dureté de leurs parties, 89. — corps organisés & vivans, en quoi ils diffèrent des corps insensibles, 34

Côtes d'Afrique entre les tropiques : leur chaleur ; air mal-sain, 414 — santé & force des naturels, 416

Coulées ou inégalités de quelques terres, 183

Crit, arme dangereuse des Malais, 345

E

Eau : manière de concevoir ses modifications, & ce qu'elle est, 40

Électricité : ses expériences démontrent la présence de la matière subtile & son action, 90

Élément : première idée, 11. — manière de le concevoir, 21. — sentiment des philosophes, 12. — ses modifications générales suivant eux, 26. — ce qu'il est essentiellement par rapport aux corps, 15. — formes qu'il peut prendre, 16

Élémens vulgaires ne méritent pas ce nom, 14

Éléphans : différence de ceux d'Asie & d'Afrique, 427

ÉTHER : matière éthérée ou fluide subtil, prise pour l'ame du monde, 48. — passage de Varron à ce sujet, 49. — & de Pacuvius, ancien poëte, 118. — principe du mouvement de tous les corps, & même du feu, 67. — agent général dans la modification de la matière, répandu par-tout, 54. son action universelle & ses modifications différentes, 60. — est cachée quoique sensible, 62. — comment il agit sur l'air & les liquides, 74. différence de sa fluidité & de celle des autres fluides, 76. — sous quelle forme on peut le concevoir, 65. — son action dans les mines & les profondeurs de la terre, 110. — variétés des effets qui l'annoncent, 114. — ce que les chymistes en ont dit, 115

EXHALAISONS terrestres & Météores, 9

EXHALAISONS sulfureuses, & leurs effets en quelques climats, 153

F

FORÊTS du Pérou, 179

FROID des montagnes de l'Amérique, entre le Pérou & le Chili, 198

G

GALLINAZZO : espèce de corbeau ou d'oiseau vorace, 217

GOA : chaleurs & maladies, 352

GOLCONDE : climat, chaleurs & pluies, 366

GRENADE : (nouvelle) sa température, 240. —— sol , air , fertilité , 242

GUADELOUPE, isle : sa division, 278. —— fertilité , 280. —— intempéries, 282. —— ouragans & leurs suites sur l'état de l'air, 284

GUINÉE : air mal-sain, où l'on vit peu, 429

H

HOLLANDE : (nouvelle) côtes, air & habitans , 398

J

JAMAÏQUE, isle, 323. —— ses brises ou vents de terre & de mer, 325. —— observations sur ses pluies & sa température, 328. —— ses ouragans & leurs effets, 331. —— effet singulier de quelques pluies de la Jamaïque, & de la zone torride , 326

JAVA, isle de la Sonde , Batavia sa capitale, air, saisons, vents, pluies & fertilité , 392 & suiv.

INDES orientales entre les tropiques, leur température, 336. —— l'air y est généralement bon , 383

INDIENS : leur superstition extravagante, 371. — effet contradictoire de leur paresse , 374

INSECTES & reptiles communs & dangereux en Amérique, 215. —— multiplient promptement dans tous les pays chauds, 291

ISLES : de la Gorgone, fort humide, 203. — de la Sonde, air & climat, 391. — du Cap-Verd en Afrique, & leur température, 407. — vent froid, serein, 408. —— saisons, pluies, chaleur, air mal-sain, 410

L

LIMA : ses saisons, ses brouillards, son hiver, 186 & *suiv.*

M

MACLAURIN : ce qu'il a dit de l'attraction, 86

MALABAR : sa température, 359

MALACA : (presqu'isle de) ses pluies & ses productions, 339. —— mœurs & férocité de ses habitans, 343

MALADIES particulières qui règnent à Carthagène & dans ses environs, 213

MALDIVES, isles : leurs rosées, 400

MARTINIQUE, isle : situation, qualités du sol, 270. —— conjectures sur les causes de sa formation, 271, 277. —— ses ouragans furieux, 272

MASCATE, ville de l'Arabie, 380. — ses montagnes arides, & ses plaines fertiles & riantes, 381

MASULIPATAN : ſes chaleurs, 347

MATIÈRE, eſt eſſentiellement la même, 11. —— conſidérée dans ſon état pri-mitif, 13. —— & par rapport à la for-mation du monde, 14. — les différentes qualités dont elle peut ſe revêtir, 23. —— comment on peut ſuppoſer qu'elle a été modifiée pour former les élémens principaux, 24. — quelle eſt ſa force véritable, 28. — comment elle ſe meut, & par quelle cauſe, 29. — ſes premières modifications générales, 32. — la ma-tière de tous les corps eſt la même, 39. — comment elle change de forme en reſtant la même, 42. — n'a point de modifications eſſentielles, 43. —— ce qui annonce ſon arrangement & le changement de ſes formes, 44

MATIÈRE, ou élément : ce qu'en ont penſé les anciens, 45. — comment ils ſe rap-prochent des modernes, 47

MATIÈRE de l'univers, ou élément pro-prement dit, 36

MATIÈRE éthérée, ou fluide ſubtil, pre-mière modification de l'élément, 37. —— ſes qualités eſſentielles, 70. —— comment elle pénètre par-tout, 71. — ſon action dans les corps différens, 72

MATIÈRES qui entrent dans la compoſi-tion de l'air où nous vivons, 130. —— qualités différentes de ces matières, 132

MATIÈRES inflammables qui ſortent de quelques terres ſous la zone torride, 228

MÉTÉORES !

MÉTÉORES : manière de les concevoir, 4.
—— combinaisons qui donnent lieu à
leur formation, 6. —— Météores|aqueux
plus communs que les ignées, 7
MINDANAO, isle de l'Archipel : ses saisons
& ses pluies, 386
MŒURS & manière de vivre des Espagnols
à Saint-Domingue, relatives à leurs
forces, à leur santé, & à l'état de
l'air, 315
MOGOL : (état du) sa température ; la
race des hommes y est belle, 365, 367
MOLUQUES, isles : leur sol, production,
air, 390
MONOÉ-MUGI, & MONOMOTAPA, royau-
mes d'Afrique, 432
MOUVEMENT répandu dans l'univers, sa
cause, 29. —— sa quantité toujours
égale, 94

N

NATURE : difficulté de la suivre & de
la concevoir, 18. —— manière de la
connoître en l'imitant, 38. —— son
spectacle dans quelques campagnes de
l'Amérique, 229. —— comparée à celle
des climats septentrionaux, 233
NÈGRES : leur couleur, mœurs & durée
de la vie, 435. —— cruauté & inclina-
tion pour le vol, 435
NEVIS, isle : ouragans, pluies, 322
NIGRITIE : salubrité de son air, 428

TABLE.

O

OISEAUX voraces, utiles en Amérique sous la zone torride, 217

ORAGES & pluies de Quito, 172

ORDRE général de la Nature, difficulté de le connoître, 52

OURANG-OUTANG, singe des forêts de Guinée, 430

P

PAYS où il ne pleut jamais, & pourquoi, 251

PARAGUAY : état de l'air, 200. —— voracité & maladies de ses habitans, 201

PÉROU : intempérie de ses terres basses, 203

PESTE de la côte de Coromandel en 1687, 352. —— ses effets sur ceux qui descendirent à terre, 356

PLAINES d'Afrique couvertes de sel, 159

PLINE : ce qu'il a dit de l'air en général, 123

PLUIES, orages & insectes de quelques terres de l'Amérique, 206. —— de la baie de Guyaquil & des terres voisines, 202. —— accidentelles dans les terres sèches du Pérou, 256

PORTO-BELO, & ses intempéries, 221. —— chaleur qui y règne, 224. —— orages & pluies, 223. —— maladie singulière, 222

Q

Quito : situation & climat, 168. —— chaleur modérée par l'élévation du pays, 170, 174. —— vents qui y règnent, 172. —— fertilité des terres, & temps des récoltes, 182

R

Respiration difficile sur les hautes montagnes, & pourquoi, 95. —— observations faites à ce sujet dans les quatre parties du monde, 96 & suiv. —— l'habitude peut éloigner les accidens qui en résultent, 106. —— exemples à ce sujet, 108
Rivières qui ne coulent que pendant le jour, 199
Rosées de l'Amérique ou Garuas, 254. —— à Saint-Domingue, & leurs saisons, 304

S

Saint-Christophe, isle : situation & agrémens, 321
Saint-Domingue, isle, 293. —— vents, température & pluies, 294. —— villes & habitations principales, 297. —— maladies particulières au climat, 298. —— sol & fertilité, 300. —— qualités de l'air par rapport aux Européens, 307. —— maladies originaires de ce climat,

308. —— la vérole en vient, preuves de fait, 309

SAN-JAGO, une des isles du Cap-Verd : grande, peuplée & fertile ; vanité de ses habitans, 413 & suiv.

SAINT-THOMAS, isle d'Afrique sous la ligne : fertilité, population, neiges, 432 & suiv.

SAISONS : leurs différences dans les mêmes climats, 245. —— réglées dans les montagnes du Pérou, 195. —— des pays situés entres les tropiques, à la Nouvelle-Grenade, 239

SAUTERELLES : nourriture d'usage en Afrique & en Asie, 420

SÉNÉGAL : ses chaleurs excessives & leur effet, 423. —— nécessaires à la conservation des enfans nègres, 425. —— productions monstrueuses de ce pays, 426

SIAM : climat & saisons, 337. —— vents, température & productions, 339 & suiv.

SUEURS de la Jamaïque, 333

SUMATRA, isle : son air mal-sain, 391

T

TALLIPOT, arbre remarquable de Ceïlan, 404

TEMPÉRATURE des pays situés des deux côtés de la ligne, 163. de tous les climats connus, se trouve du sommet des Andes à leur pied, 181

TERRAINS des Andes, leurs variétés relatives à leur hauteur, 178

TONNERRE : régions où il ne tonne jamais, 192

TONQUIN : état de l'air dans les saisons diverses, 375. ses vents furieux, 378. — population, couleur des habitans, 379

V

VENTS : première idée, 8. —— dangereux de l'Arabie Petrée, & du golfe Persique, 150. — de la côte de Guinée, 156. —— impétueux sur la Cordilière, & leur force, 260. —— de Lima, 191

VÉRITÉ : à quoi tient sa découverte, 88

VERTU : comment représentée aux Indes, 373

VIRGILE : ce qu'il dit de l'éther, après Pythagore, 66

VOLCANS, très-communs dans les Andes, 177. — de l'isle de Banda, 390

Fin de la Table du Tome premier.

CATALOGUE

De quelques livres de Sciences & Arts, & d'Histoire ; qui se trouvent chez les mêmes Libraires.

Entretiens sur les Sciences, par le P. Lamy, *in-12.*   3 l.

Histoire des Causes premières, & différens ouvrages Grecs des Philosophes anciens, avec la traduction, par M. Batteux, *in-8°. 2 vol.* 14 l.

Philosophie morale des Grecs, traduite par différens Auteurs, *sous presse.*

Philosophie de la Nature, *in-12,* 3 *vol.*   9 l.

Contemplation de la Nature, par M. Bonnet, *in-12. 2 vol.*   5 l.

Principes Mathématiques de la Philosophie de Newton, traduits par Madame du Châtelet, *in-4°. 2 vol. fig.*   30 l.

Manuel Philosophique, *in-12.* 3 l.

Principes Philosophiques.

Cours de Physique expérimentale,
par Musschembrok, nouvelle édit.
in-4°. 3 vol.   36 l.

Philosophie Rurale, par M. de Mi-
rabeau, in-12. broch.   2 l.

Grandeur de Dieu dans les merveilles de la Nature, par Dulard,
in-12.   2 l. 5 s.

Œuvres de Fontenelle, & pluralité
des Mondes, in-12. 11 vol. 33 l.

Elémens de Métaphysique sacrée &
profane, par Para, in-8°.   4 l.

Essai Analytique sur les facultés de
l'Ame, par M. Bonnet, nouvelle
édit. in-8°. 2 vol.

Entretiens Physiques du P. Regnault,
in-12. 5 vol. fig.   12 l. 10 s.

Leçons de Physique expérimentale,
trad. de l'Anglois, in-8°.   4 l.

La Nature dans la formation du
Tonnerre, in-8°.   5 l.

Dictionnaire de Physique, par le
P. Paulian, in-4°. 3 vol.   30 l.

——Abrégé, du même, in-8°. 2 v. 9 l.

Théologie de l'Eau, in-8°.   5 l.

——des Insectes, in-8°. 2 vol. 7 l.

Figures enluminées d'Histoire Naturelle, *in-fol. broch.* 12 l.

Mélanges d'Histoire Naturelle,
in-8°. 6 vol. 24 l.

Dictionnaire des Fossiles, par Ber-
trand, *in-8°.* 5 l.

Recueil sur l'Histoire Naturelle de
la Terre & des Fossiles, par Ber-
trand, *in-4°.* 10 l.

Traité des Pêches, & Histoire Naturelle des Poissons. par M. Duhamel : premier cahier, *in-fol. fig.*
13 l. 8 s.

Traité des Arbres fruitiers, par M.
Duhamel, avec 200 planches en
taille douce, *in 4°. 2 vol. grand
papier.* 96 l.

Maison Rustique, *in-4°. 2 vol. fig.*
24 l.

Prairies artificielles, *in-12.* 2 l. 10 s.

Recherches sur les Feuilles, par M.
Bonnet, *in-4°.* 18 l.

Dictionnaire des Drogues, par Lé-
mery, *in-4°.* 22 l.

Pharmacopée, du même, nouvelle édit. *in-4°. 2 vol.* 22 l.

Matière Médicale, par Geoffroy, *in-12. 10 vol.* 25 l.

Table de la même, *sous presse.*

Elémens d'Anatomie raisonnée, par Person, *in-8°.* 4 l.

Traité des Maladies des Enfans, traduit de Vanswieten, par M. Paul, *in-12.* 2 l. 10 f.

Œuvres Mathématiques de Trabaud, *in-8°. 4 vol.* 16 l.

Œuvres Mathématiques de Rivard.

Elémens d'Algèbre de Clairault, *in-8°.* 5 l.

— de Géométrie du même, *in-8°.* 5 l.

— Théorie de la Lune, du même, *in-4°. broch.* 7 l.

Analyse des Infiniment petits, par le Marquis de l'Hôpital, *in-8°.* 6 l.

Amusemens Mathématiques, *in-12.* 3 l.

Nouveaux Essais pour déterminer les Longitudes en mer, *in-4°. broch.* 1 l. 10 f.

Description des Arts & Métiers,
par MM. de l'Académie des
Sciences, 45 cahiers.   397 l. 6 f.
La suite sous presse.
Histoire de l'Art chez les anciens,
par Winckelmann, *in-8°. 2 vol.*
                                12 l.
Elémens de Musique, par MM.
Rameau & d'Alembert, *in-8°.*
                              4 l. 10 f.
Dictionnaire Géographique de la
Martiniere, nouvelle édit. *in-fol.*
6 *vol.*   180 l.
—— Abrégé du même, *in-8°.*   5 l.
Géographie Ecclésiastique, Civile
& Politique, par D. Vaissette,
in- 12. 12 *vol.*   36 l.
Géographie universelle, par M.
Robert, *in-*12. 2 *vol.*   5 l.
Histoire moderne des Chinois, Ja-
ponois, &c. *in-*12. 18 *vol.* 54 l.
Histoire & Mémoires de l'Académie
de Montpellier, *in-*4°.   14 l.
Essai sur la population de l'Améri-
que, *in-*4°.   12 l.
—— Le même, *in-*12. 4 *vol.* 12 l.
Lettres sur le Cap Breton, *in-*12.
                                3 l.

Idée du Gouvernement d'Egypte ,
in-12. 2 *vol.*   3 l. 10 f.

Découvertes faites par les Européens
dans les différentes parties du
Monde , *in*-12. 12 *vol.*   30 l.

Histoire de la Jamaïque , *in*-12 2
vol.   4 l. 10 f.

Voyage aux Indes Orientales , par
Grose , *in*-12.   2 l. 10 f.

Histoire du Japon , par Kempfer ,
in-12. 3 *vol.*   9 l.

Description historique d'Italie , par
M. l'Abbé Richard , nouvelle
édition , *in*-12. 6 *vol.*   18 l.

Histoire de la Louisiane , *in*-12. 3
vol.   9 l.

Histoire de la Nouvelle - Ecosse ,
in-12.   2 l.

Histoire de l'Orénoque , *in*-12. 3 *vol.*
     7 l. 10 f.

Histoire du Paraguay , par le P.
Charlevoix , *in*-12. 6 *vol.*   15 l.

Essai sur les troubles de Perse , *in*-12.
broch.   1 l. 10 f.

Voyages & découvertes faites par
les Russes , *in*-12. 2 *vol.*   5 l.

Description de Surinam , *in*-8°. 2
vol. broch.   7 l. 4 f.

Hiſtoire des Navigations aux terres
Auſtrales , *in-4°. 2 vol.*   24 l.
Voyageur Philoſophe, *in-12. 2 vol.* 3 l.
Hiſtoire Eccléſiaſtique de Fleury ,
in-4°. 37 vol.   302 l.
—— La même , *in-12. 40 vol.* 120 l.
—— Abrégé de cette Hiſtoire par
Racine , *in-4°. 13 vol.*   130 l.
—— Le même , *in-12. 16 vol.* 56 l.
Hiſtoire Romaine de Rollin , *in-12.*
16 *vol.*   48 l.
—— des Empereurs par Crevier ,
in-12. 12 vol.   36 l.
—— Du bas Empire , par M. le Beau ;
in-12. 12 vol.   36 l.
La ſuite ſous preſſe.
Hiſt. de France de MM. Velly , Villa-
ret & Garnier , *in-12 20 vol.* 60 l.
La ſuite ſous preſſe.
—— La même , *in-4°. 10 vol.*
La ſuite ſous preſſe.
Hiſt. des Maiſons des Plantagenêts,
Tudor & Stuart , par M. Hume ,
avec la ſuite , *in-12. 23 vol.* 63 l.
—— La même , *in-4°. 6 vol.*   72 l.
Tableau hiſtorique des gens de Let-
tres , *in-12. 4 vol.*   12 l.
La ſuite ſous preſſe.

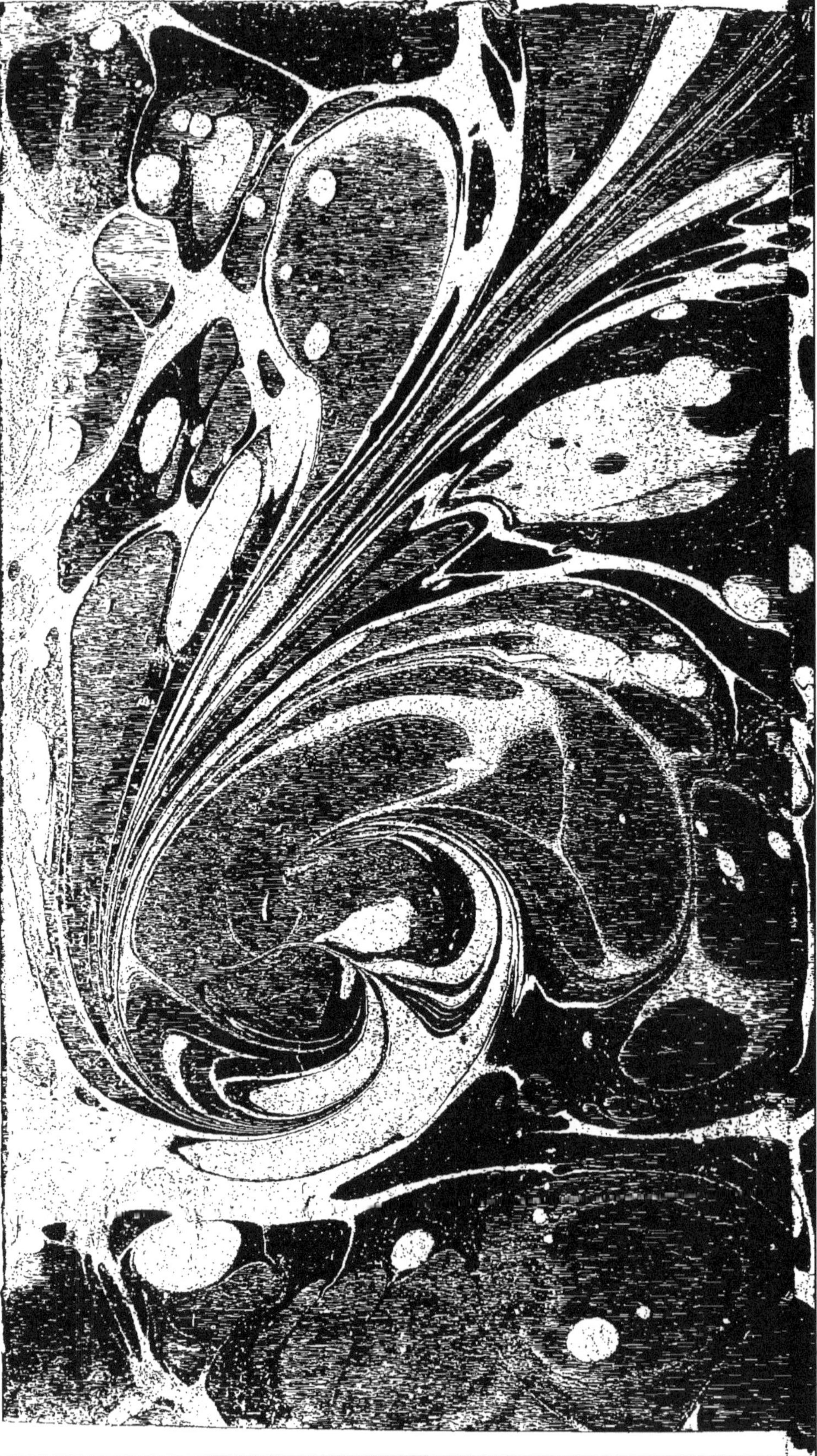

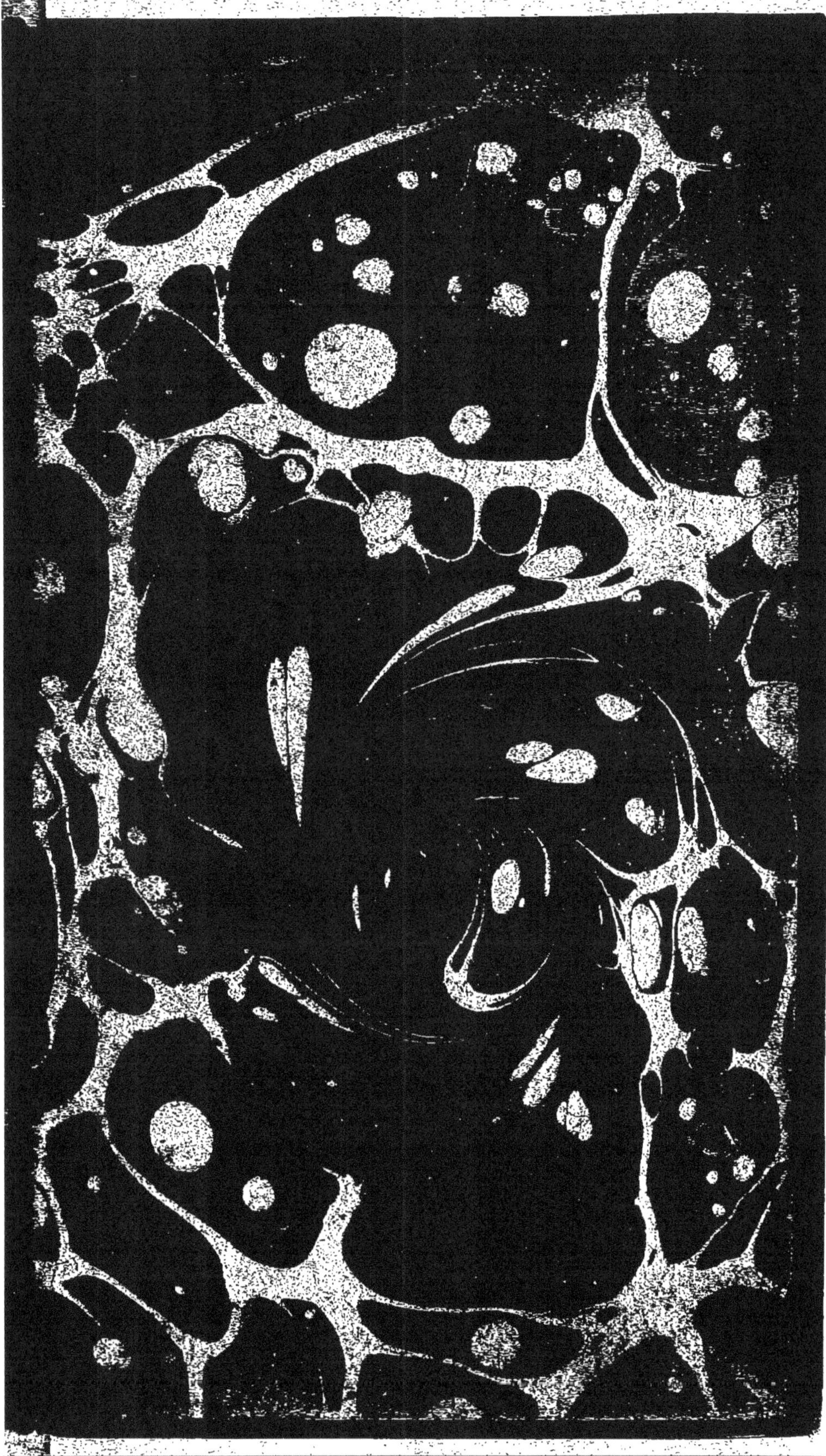